U0002653

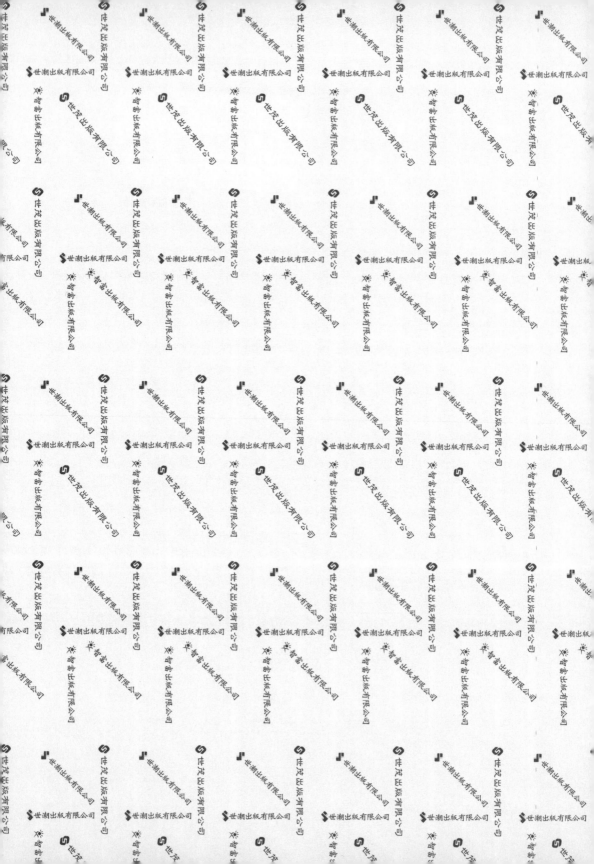

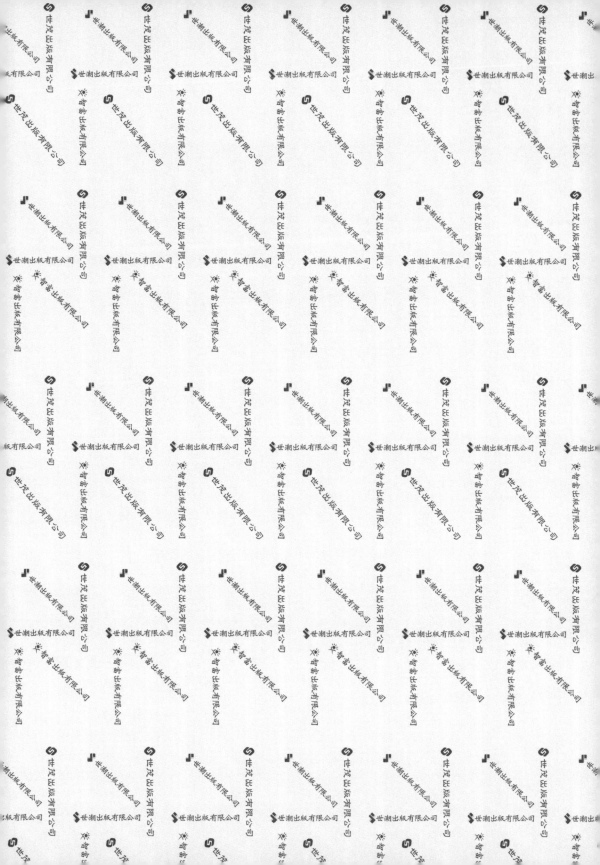

世界泡麵評鑑百科

若依照日本人的口味標準，十之八九都會覺得進口泡麵不是很好吃。會用生鮮拉麵的標準來要求泡麵品質的人，大概沒辦法接受大部分的泡麵。不過，蒐集、品嚐國外的泡麵是我的興趣。

泡麵是發源於日本的飲食文化，問世之後，很快席捲了全世界。但是，世界各國並沒有完全接收日本的口味，而是針對當地的喜好、風俗習慣、宗教等各種因素，各自發展改良。例如把口味加辣、變甜、味道調得更重。所以，用筷子夾起國外的泡麵時，就像打開驚奇箱一樣，有一種出其不意的樂趣，而且也能以管窺天，稍微窺探到每個國家的在地風貌。即使吃起來不甚美味，但透過這些產品，能想像其製作背景及參與人士，就有一種無窮的趣味；即使本是難以下嚥，也逐漸變得好入口了。

我蒐集泡麵的歷史已經有30年以上。剛開始的時候，我根本沒有注意在國外販售的產品，直到有一天收到有人送給我當作伴手禮的美國泡麵，我才首次大開眼界。到了1990年代，我萌生了積極蒐集泡麵的念頭，除了開始出入進口食品行，也會利用到國外出差的機會，去市場或超市大肆採購。到了今天，我甚至願意只為了蒐集泡麵專程出國。

國外的泡麵，就像驚奇箱一樣有趣；如果不打開，永遠不知道會吃到什麼。

我在2010年出版的拙作《泡麵百科全書》中，介紹了銷售至2000年為止的日本國產杯麵食記。之後，和出版社談到推出續集的時候，雖然我也願意以國外的泡麵為主題，再接再厲，但是考慮到我尚未涉獵的國家和地區還很多，所以希望對方能給我2～3年來補充新資訊。沒想到，一開始調查世界各國的泡麵，我才驚覺泡麵的世界竟是如此包羅萬象，無奇不有。我很確信，即使花上10年的工夫，我也不可能將全世界各國的泡麵一網打盡。即便如此，光是整理出目前現有的資訊，我想已是很有意義的。

目前我手邊擁有的國外泡麵包裝袋已經超過了1000種，如果要全都收錄在同一本書，根本是不可能的任務。因此本書從中精選了較為近期的538種袋裝麵。這次我總共介紹了31個國家的產品，其中有6個國家，是我專程為了蒐集泡麵而造訪。所以根據當時的體驗，本書應該也能發揮部分購物指南的功能。如果大家帶著本書到國外旅行，在超市或超商選購泡麵時能夠派上用場就好了。

接下來，就請大家跟著我吃過的泡麵，一起環遊世界吧！

世 界 泡 麵 評 鑑 百 科

SOKUSEKIM ENCYCLOPEDIA

本書的閱讀方式

Data Base No.	製造公司

商品名

⊙類別：
　商品類別
⊙口味：
　口味
⊙製法：
　麵條的製法
⊙調理方式：
　水煮時間等

評分

■總質量：麵的內容量　　■熱量：一份的熱量

[配料]湯頭、佐料等附屬品[麵]麵的評價[高湯包]高湯包的評價[其他]配菜、包裝、整體的表現等值得注意之處[試吃日期][保存期限][購買管道]購買地點、價格、如何購入的資訊，若無括號說明購買地點，則在日本當地購買。例（HK）代表在香港購買。

※本書資訊具有時效性，有可能與目前銷售的產品不同。
※評價都是基於本人當下品嚐的主觀意見，但是對出版宗旨並無影響。味覺和喜好會隨著年齡的增長改變，即使用最新的i-ramen.net資料，和我在Youtube的評分進行比較，也沒有任何意義。另外，我的評分並未把價格納入考量，所以可能會有價格愈昂貴，評價愈高的傾向。
※部分資訊有欠缺處，乃日文原書即有缺漏。

雖然泡麵的起源地是日本，之後才在全世界發揚光大，但是日本的既定觀念和世界的既定觀念卻不盡相同。首先，我要為大家歸納幾項接觸國外泡麵的重點。

⊙味道

只有想要做成日式口味的國外泡麵，才會區分為醬油、鹽味、味噌和豚骨口味，而且大部分都是以高湯口味來命名，例如畜禽肉品或海鮮。除了豬肉和雞肉，牛肉和海鮮也是世界各地常見的口味。有些地方會推出鮑魚口味、XO醬（蠔油）口味，偶爾也會看到難得一見的羊肉口味。另外，咖哩口味則是在全世界遍地開花，是大家都很熟悉的口味。常見的蔬菜口味包括香菇（或者是蘑菇）、番茄。

基於信仰問題，豬肉對回教國家的人絕對是禁忌，所以在回教區銷售的泡麵，幾乎都會出現HALAL的標示，表示沒有添加豬肉。此外，非基於宗教信仰的素食口味，在國外也很常見，上頭除了標示為蔬菜口味，也會用醒目的記號讓人一目瞭然。例如台灣的「素食（卍）」、泰國的「齋」、印度的綠色圓圈。世界有很多國家的泡麵都會強調產品不添加化學調味料（例如標示為No MSG）。以刺激度而言，韓國和泰國這兩國可說是特別突出，如果要吃這兩國的泡麵，看到包裝是「一片通紅」時，請先做好心理準備。

⊙麵

在東南亞圈，麵的種類很豐富，除了用麵粉製作的麵條，也普遍有用米粉製成的麵（越南的河粉、米粉等）和綠豆製作的麵條（冬粉）。配合近年來逐漸抬頭的健康意識，強調不經油炸的非油炸麵在世界各地也逐漸普及。

⊙調理方式

日本的主流產品是快煮麵，亦即把麵放進鍋子水煮3分鐘。不過在日本以外的國家，把滾水注入裝了麵條和湯包的碗公裡，蓋上碗蓋等待3分鐘即可享用的產品卻是壓倒性居多。有些國家的泡麵，幾乎都是此類沖泡麵。即使可以水煮調理，泡麵＝3分鐘就夠的原則並非放諸四海皆準，因為有些地區的標準是2分鐘，有些地方得超過4分鐘。有些產品還標示為了讓麵條入味，必須同時放入湯包和麵條。不過，也有些產品根本沒有標示調理方式，所以調理出來的成果是好是壞，一切都得概括承受。

⊙配料包

國外的泡麵幾乎都沒有附液體湯包，但是調味油包、佐料包、辣椒粉的數量倒是比日本還多，調理時可別忘了一一確認。另外，偶爾也會有品管不良，同時放入兩種相同配料包的情況。換句話說，除了我拿到的不良品，也有其他人包泡麵漏放了該有的配料包吧。

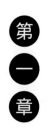

第一章

泰國

Thailand

泰國的泡麵

提到泰式料理，大概有不少人會立刻聯想到泰式酸辣湯。實際走訪泰國的泡麵賣場，放眼望去，泰式酸辣湯的產品也的確占據了廣大的棚架空間，看來似乎很受歡迎。泰式酸辣湯的特徵是，辣椒毫不留情的重砲攻擊，再搭配檸檬草的酸味。在泡麵界，堪稱和韓國泡麵並列為兩大火爆天王。多數的產品都附帶小包裝的辣椒粉，所以可以自行調整辣度。但若降低了辣度，酸味和甜度就會變得比較突出，因此不容易拿捏調配的尺度。泰式酸辣湯以外的種類，也大多是辛辣口味，尤其是以泰國東部的地方菜（依善料裡）為範本的泡麵，味道更是強烈。不過，泰國的泡麵也不盡然只有酸和辣，每間廠商都有出品口味溫和的雞肉和豬肉口味（在泰國大多寫成Minced Pork），看起來應有一定的銷量。素食口味的泡麵也很常見，完全不辣。這類產品大多是黃色包裝，上面寫著大大的「齋」，或者印有很大的香菇照片，很容易分辨。以泰國特有的口味而言，保證讓人難忘的還有「映豆腐（Yentafo）」口味。所謂的映豆腐，就是用紅麴發酵的紅色腐乳或豆腐。映豆腐更把湯汁染成鮮豔的粉紅色，在視覺上給人強而有力的震撼感，而且此類口味的產品包裝也大多以粉紅色或紫色為主。

泰國泡麵的調味基底，用的大多不是醬油，而是魚露（Tiparos）。除了麵粉製成的麵條，也有不少以米（米粉、河粉等）和綠豆（冬粉）為原料的產品。

說到泰國泡麵的調理方式，基本上就像日清食品的雞湯拉麵一樣，只要把滾水倒進碗公裡，蓋上碗蓋等待2～3分鐘就可以了。不過也有部分高級品標示要放入鍋內水煮。不曉得是不是泰國人習慣少量多餐，泡麵的分量比日本還少。另一項特徵是，很多泡麵的包裝都畫有女性插圖。

泰國泡麵的市場呈現三雄鼎立的局面。分別是：

- MAMA（Thai President Food / The President Rice Products）
- WaiWai（Thai Preserved Food Factory）
- YumYum（Ajinomoto / Wan Thai Foods）

尤其是MAMA，在泰國可說是泡麵的代名詞。還有另一間公司一樣使用MAMA的品牌名稱，不過卻是經營米粉等米製麵條（當然也屬於同一系列）。Thai President Food的出口業務也表現得相當活躍，除了針對穆斯林推出PAMA、PAPA這兩個喜感十足的品牌，還有Ruski，另外針對歐洲市場，也推出Thai Chef這個品牌。WaiWai的企業網站雖然做得很保守，但是從產品和廣告可以看出他們搶攻市場的企圖心。他們也和尼泊爾的CG Foods進行技術合作，相當積極於進軍海外市場。因此在泰國以外的地方，也有很高的能見度。為了進軍國際市場，YumYum則是和日本味之素共同出資，成立了Wan Thai Foods。很令人意外的是，泰國泡麵界的三大龍頭竟然都已大規模進軍海外市場。另外像The Decent Noodles Factory和Namchow這兩間公司的產品在泰國本土並不常見，而是以外銷為主。有些進口到日本的泡麵，包裝上並不會有製造廠商的名稱，而是用日文標示。除了味之素與泰國的泡麵廠合作，日清食品也在泰國設廠，進行生產販賣。而且也有對Thai President Food出資。日本的明星食品也曾經在泰國設廠，不過目前已經退出泰國。

泰國的首都曼谷，有很多像日本伊勢丹一樣大規模的百貨公司，還有Big C、Tops、Tesco Lotus等超市賣場。除了一袋有5包的袋裝泡麵，可以單包購買的種類也很多樣，所以很容易購買到各種泡麵。大型店鋪中也銷售有來自新加坡、台灣、香港、韓國等地的進口泡麵。在日資的零售店雖然看得到日本製的產品，但是和泰國製造的產品相比，價格高了10倍左右。

攝於泰國的超市

　　另外，泰國的超商以7-11為壓倒性居多，再來則是全家。在這兩間超商，都可以單包購買3大品牌的主力產品。

　　單包販售的價格平均落在5～6B，換算成日幣大約是15圓。走高級路線的袋裝麵大約是12B，杯麵的價格大概是10～15B（2013年初的匯率是1B≒¥3.0）。

　　曼谷的鐵路等交通網四通八達，移動行旅很方便，交通流量也相當驚人，乍看似是雜亂無章，但是車輛和日本一樣是靠左側通行，駕駛人的水準在東南亞中也不算太差。如果要以邊走邊買的方式採購泡麵，可以說是較為簡易的。

如果想在日本國內購買泰國泡麵,只要在進口食品店或透過網購,都可以買到3大主要廠牌的產品。至於二線廠商的產品,例如Goonk Gink/4-me的冬粉,可以到中華街找找看。另外,沒有收錄在

本書的Allied Thai,是特別針對日本市場企劃、銷售的品牌,所以辣味、香味、鮮味等都已經過調整,讓大部分的日本人都能容易接受。

泰國的泡麵品牌

☐ MAMA
（Thai President Foods / The President Rice Products）
EAN 條碼前 7 碼 8 850987 / 8 851876（米粉）

⊙http://www.mama.co.th/
⊙http://www.pr.co.th/（米粉的網站）
⊙http://www.pama.com.my/（針對馬來西亞的品牌 PAMA）

☐ YumYum
（Ajinomoto / Wan Thai Foods）8 850250

⊙http://www.ajinomoto.co.th/
⊙http://www.yumyumfoods.com/

☐ WAIWAI
（Thai Preserved Food Factory）8 850100

⊙http://www.waiwai.co.th/

☐ FF
（Fashion Food）8 850412

⊙http://www.ff.co.th/

Goonk Gink 4-me
（ICC International）8 850089

⊙http://www.icc.co.th/

Nissin
（Nissin Foods Thailand）8 852528

⊙http://www.nissinthailand.com

Kaset
（Thai Ha Public）8 852959

⊙http://www.kasetbrand.com/

Little Cook
（Namchow）8 852098

⊙http://www.namchow.co.th/

Sue Sat / iMee / Idles
（The Decent Noodles Factory）8 858829

⊙http://www.decentnoodles.com/

Thai Choice
（Monty & Totco）8 851978

⊙http://www.thai-choice.com/

No.4614　Thai President Foods　　　　　　　　8 850987 128301

MAMA Shrimp Creamzy Tom Yum Flavour

⊙類別：拉麵　⊙口味：泰式酸辣湯　⊙製法：油炸麵條　⊙調理方式：熱水冲泡3分鐘

■總重量：55g ■熱量：250kcal

[配料]調味粉包、調味油包[麵]油炸麵條偏細，吃起來有蓬鬆感，口感輕盈，但是輪廓分明[高湯包]俱備泰式料理特有的強烈酸和辣味，奶味雖然降低了刺激，對日本人而言還是很辣[其他]蝦子和香料的味道很容易被辣味掩蓋，但只要多吃幾次泰國泡麵，就吃得出來了[試吃日期]2011.05.26 [保存期限]2011.05.23 [購買管道]7-Eleven（Thailand）6.0B

No.4632　　Thai President Foods　　　8 850987 101021

MAMA Shrimp Tom Yum Flavour

⊙類別：
拉麵
⊙口味：
泰式酸辣湯
⊙製法：
油炸麵條
⊙調理方式：
熱水冲泡3分鐘

■總重量：55g ■熱量：250kcal

[配料]調味粉包、調味油包[麵]和其他的MAMA牌產品一樣，方形切口的油炸麵很有咬勁，稍帶蓬鬆感，分量不多[高湯包]湯頭清澈，辣味和酸味非常強烈，隱約吃得出蝦子的香味[其他]刺激度比Shrimp Cream口味更直接。兩者的分量相差不多，湯底的內容很類似[試吃日期] 2011.06.20 [保存期限]2011.06.25 [購買管道]7-Eleven（Thailand）6.0B

No.4617　　Thai President Foods　　　8 850987 128158

MAMA Tom Yum Pork Flavour

⊙類別：
拉麵
⊙口味：
豬肉
⊙製法：
油炸麵條
⊙調理方式：
熱水冲泡3分鐘

■總重量：60g ■熱量：270kcal

[配料]調味粉包（加了豬絞肉）、芝麻、調味油包[麵]方形切口的油炸麵有稜有角，嚼勁十足，分量不多[高湯包]湯頭清澈，口感溫和。以泰國製產品而言，辣度算是手下留情，甜味和酸味明顯[其他]5年前原本沒有添加芝麻，可惜的是，加了也幾乎吃不到芝麻的香氣[試吃日期] 2011.05.31 [保存期限] 2011.06.04 [購買管道] Gourmet Market（Thailand）5.75B

No.4627　Thai President Foods　8 850987 142611

MAMA Yentafo Tom Yum Mohfai Flavour

⊙類別：
拉麵
⊙口味：
映豆腐
⊙製法：
油炸麵條
⊙調理方式：
熱水沖泡3分鐘

■總重量：60g ■熱量：260kcal

[配料]調味粉包、調味油包[麵]口味層次分明，搭配咬勁十足的油炸麵，加上分量不多這點，標準的MAMA牌風格[高湯包]粉紅色的湯頭帶有甜味，口味頗辣。發酵味被辣味蓋住，所以感覺不明顯[其他]MAMA牌的杯麵和袋裝麵在湯頭上差異不大，印象中兩種幾乎都沒有配菜[試吃日期] 2011.06.13[保存期限] 2011.06.14[購買管道]7-Eleven（Thailand）6.0B

No.4560　Thai President Foods　8 850987 141201

MAMA Tom Saab Flavour

⊙類別：
拉麵
⊙口味：
豬肉
⊙製法：
油炸麵條
⊙調理方式：
熱水沖泡3分鐘

■總重量：55g ■熱量：250kcal

[配料]調味粉包、調味油包[麵]方形切口的油炸麵充滿個性，偏硬，很有嚼勁[高湯包]辣味和酸味都很強烈，雖然是豬肉口味，卻吃不出內臟的腥味。味道比泰式酸辣湯更具分量[其他]或許是為了去除腥味？吃得到清爽的薄荷味，喜歡與討厭的客層是非常分明的[試吃日期] 2011.03.06 [保存期限] 2011.04.11 [購買管道]Gourmet Market（Thailand）5.75B

No.3471　Thai President Foods　8 850987 128004

MAMA Moo Nam Tok Flavour

⊙類別：
拉麵
⊙口味：
豬肉
⊙製法：
油炸麵條
⊙調理方式：
熱水沖泡3分鐘

 ■總重量：55g ■熱量：No Data

[配料]調味粉包、調味油包、辣椒[麵]方形切口的油炸麵個性十足，雖然帶一點蓬鬆感，但很有嚼勁[高湯包]醬油＋豬肉的湯底，吃起來卻好像加了焦糖一樣甜，感覺很不協調。辣度還在可接受範圍內[其他]雖然我有些無法接受，但是說不定像包裝圖示那樣加了香草就會不一樣[試吃日期] 2006.10.15 [保存期限] 2006.11.10 [購買管道]日光食品

No.3360　Thai President Foods　8 850987 131493

MAMA Whole Wheat Noodles,Pork Flavour with Black Pepper

⊙類別：
拉麵
⊙口味：
豬肉
⊙製法：
油炸麵條
⊙調理方式：
熱水沖泡3分鐘

■總重量：55g ■熱量：270kcal

[配料]調味粉包、調味油包（加了黑胡椒）、辣椒[麵]顏色帶點咖啡色，屬於偏細的方形切口油炸麵。麵質輕盈，帶有蓬鬆感。分量較少[高湯包]黑胡椒和辣椒互相較勁，乾爽的辣度感覺不錯，也具備適度的鮮味[其他]南國風情和爽快感很不可思議地融為一體，對喜歡吃辣的人來說很過癮，但是沒有飽足感[試吃日期] 2006.05.21 [保存期限] 2006.06.15 [購買管道]來自Masako的饋贈

No.4622　Thai President Foods　8 850987 101014

MAMA Minced Pork Flavour

⊙類別：
拉麵
⊙口味：
豬肉
⊙製法：
油炸麵條
⊙調理方式：
熱水沖泡3分鐘

■總重量：60g ■熱量：280kcal

[配料]調味粉包、調味油包、辣椒粉包[麵]口感鮮明的油炸麵稍微帶點蓬鬆感，咬起來彈性十足，充滿生命力[高湯包]湯頭清澈，喝得到豬肉的鮮甜，沒有腥味。味道高雅，但也深具個性[其他]辣度以泰國產品而言算低，而且幾乎不帶酸味和甜味，所以日本人吃起來應該不會覺得突兀[試吃日期]2011.06.06[保存期限]2011.06.08[購買管道]7-Eleven（Thailand）6.0B

No.4592　Thai President Foods　8 850987 142369

MAMA Chicken Soup Flavour

⊙類別：
拉麵
⊙口味：
雞肉
⊙製法：
油炸麵條
⊙調理方式：
熱水沖泡3分鐘

■總重量：55g ■熱量：260kcal

[配料]調味粉包、調味油包、辣椒粉包[麵]油炸麵偏細，多少帶點蓬鬆感，但是輪廓分明，咬勁十足[高湯包]清澈的雞湯味，辣度以泰國製品而言算是溫和，吃起來辣得很舒服[其他]味道近似下方的Egg Noodles，雖然特色不鮮明，卻也不是淡而無味，味道很協調[試吃日期]2011.04.25[保存期限]2011.04.27[購買管道]Gourmet Market（Thailand）5.0B

No.4588　Thai President Foods　8 850987 101182

MAMA Pa-Lo Duck Flavour

⊙類別：
拉麵
⊙口味：
雞肉
⊙製法：
油炸麵條
⊙調理方式：
熱水沖泡3分鐘

■總重量：55g ■熱量：240kcal

[配料]調味粉包、調味油包、辣椒粉包[麵]切口是長方形的油炸麵，捲度很強，有膨鬆感。有嚼勁，分量少[高湯包]深色的湯頭乍看以為是豬肉口味，味道像加了牛奶糖一樣很甜[其他]以泰國麵而言不算很辣，辣得恰到好處。味道很強烈[試吃日期]2011.04.18[保存期限]2011.04.27[購買管道]Gourmet Market（Thailand）6.0B

No.4583　Thai President Foods　8 850987 142383

MAMA Egg Noodles

⊙類別：
拉麵
⊙口味：
雞肉
⊙製法：
油炸麵條
⊙調理方式：
熱水沖泡3分鐘

■總重量：55g ■熱量：250kcal

[配料]調味粉包、辣椒粉包[麵]氣泡感很細緻的黃色麵條。不知是否在運送途中被壓碎，還是本來就是如此，總之麵條很短[高湯包]大蒜口味的雞湯味。微微的辣意，和杯麵版的Egg Noodles感覺差不多[其他]加了乾燥的蛋花顆粒，分量也不多。外表樸實無華，入口滋味很平實耐吃[試吃日期]2011.04.11[保存期限]2011.04.25[購買管道]Gourmet Market（Thailand）5.0B

MAMA Dried Instant Noodles Pad Kee Mao Flavour

⊙類別：**乾麵**
⊙口味：**炒醉漢（泰式乾炒河粉）**
⊙製法：**油炸麵條**
⊙調理方式：**熱水沖泡3分鐘，再把水
瀝乾**

2.5

■總重量：60g
■熱量：610kcal

[配料]調味粉包、九層塔醬、辣椒粉[麵]乍看是質地紮實的寬扁油炸麵，切口扁平，口感吃起來卻有點脆[高湯包]辣椒的辣度很剛好，九層塔的香氣也適中，整體的比例很和諧[其他]麵質較YumYum的同類產品（No.4593）遜色，但是醬汁的表現略勝一籌，所以整體表現是難分軒輊[試吃日期]2011.05.09[保存期限]2011.05.13[購買管道]Krungdeb Coop Store（Thailand）6.0B

MAMA Vegetarian Instant Noodles, Shitake Flavor

⊙類別：
拉麵
⊙口味：
素食
⊙製法：
油炸麵條
⊙調理方式：
熱水沖泡3分鐘

3

■總重量：60g　■熱量：270kcal

[配料]調味粉包、調味油包[麵]切口為四角形的油炸麵，口感蓬鬆輕盈，但是形狀明顯，咬勁相當不錯[高湯包]鮮味十足，讓人很難相信沒有添加魚肉或肉類，而是只用香菇＋昆布？熬出來的高湯。吃得出麻油香[其他]很難得泰國也有用胡椒來調製辣味，而不是用辣椒的產品。應該很對日本人的胃口[試吃日期]2011.02.06[保存期限]2011.03.08[購買管道]Gourmet Market（Thailand）6.0B

MAMA Moo Sub Pork Flavour

⊙類別：
拉麵
⊙口味：
豬肉
⊙製法：
油炸麵條
⊙調理方式：
熱水沖泡3分鐘

2.5

■總重量：60g　■熱量：No Data

[配料]調味粉包、調味油包、辣椒粉[麵]油炸麵偏細，切口為四角形。麵質雖然柔軟，表面卻偏硬，充滿嚼勁[高湯包]湯頭清澈，基本上屬於溫和的豬肉口味，不過辣椒的辣味發揮了提味的效果[其他]原本以為酸味和甜味應該很重，吃了才知本產品不一樣。帶有椰子油和大蒜的焦味[試吃日期]2008.03.23[保存期限]2008.02.20[購買管道]日光食品。日幣90圓

No.2080 Thai President Foods · 8 850987 101755

MAMA Khao Sai

⊙類別：
拉麵
⊙口味：
咖哩
⊙製法：
油炸麵條
⊙調理方式：
熱水沖泡3分鐘

■總重量：60g ■熱量：No Data

[配料]調味粉包、調味油包[麵]口感很硬，湯頭也很不一樣，和日本的拉麵是兩種截然不同的食物[高湯包]椰子的甜味＋不可思議的酸味，再加上半調子的咖哩味＝災難[其他]完全不合日本人的口味，或者說需要練習才會習慣。曾閃過不要喝完湯的的念頭[試吃日期]2001.11.11[保存期限]2002.03.18？[購買管道]盤谷電腦市場的ERAWAN送我的

No.2087 Thai President Foods · 8 850987 101175

MAMA Yentafo Flavour

⊙類別：
拉麵
⊙口味：
映豆腐
⊙製法：
油炸麵條
⊙調理方式：
熱水沖泡3分鐘

■總重量：60g ■熱量：No Data

[配料]調味粉包、調味油包、辣椒粉包[麵]蓬鬆感十足，吃起來略乾。麵條吸了湯汁以後會變成粉紅色[高湯包]顏色像草莓果汁般鮮豔。香味很不自然，聞起來有樹脂味。強烈的甜味和高湯一點都不對味[其他]很抱歉，最後我還是沒喝完紅腐乳的湯，好險分量本來就少[試吃日期]2001.11.19[保存期限]2001.01.18[購買管道]盤谷電腦市場的ERAWAN送我的

No.2718 Thai President Foods · 8 850987 128202

MAMA Jade Noodles Roasted Duck Flavour

⊙類別：
炒麵
⊙口味：
雞肉
⊙製法：
油炸麵條
⊙調理方式：
熱水沖泡3分鐘，
再把水瀝乾

■總重量：60g ■熱量：No Data

[配料]膏狀調味包、七味辣椒粉[麵]淺綠色的麵條無法引起我的食慾。口感蓬鬆輕盈，但沒什麼油炸感[高湯包]酸味強烈的乾麵，感覺好像是棕櫚油、化學調味料、滷菜和魚露的綜合體？[其他]為了方便稱呼，我把它歸類為炒麵，正確來說應該是不需要平底鍋的拌麵。JADE＝翡翠，所以麵條才是綠色的嗎？[試吃日期]2003.10.16[保存期限]2004.06.02[購買管道]盤谷電腦市場的ERAWAN送我的

No.2719 Thai President Foods · 8 850987 128240

MAMA Poh Tak Flavour

⊙類別：
拉麵
⊙口味：
海鮮
⊙製法：
油炸麵條
⊙調理方式：
熱水沖泡3分鐘

■總重量：55g ■熱量：No Data

[配料]調味粉包、調味油包[麵]偏細的四角形切口，口感新奇。較沒什麼蓬鬆感。[高湯包]檸檬草、辣椒、山椒？刺激感很強，鮮味成分不算多，沒有厚重感[其他]Poh Tak的意思不明。雖然照片裡放了滿滿的海鮮，但是幾乎吃不出海鮮味[試吃日期]2003.10.17[保存期限]2003.11.06[購買管道]盤谷電腦市場的ERAWAN送我的

No.4656 Thai President Foods
8 850987 131141

MAMA Oriental Kitchen,Hot & Spicy Flavour 特辣

⊙類別：**拉麵**
⊙口味：**牛肉**
⊙製法：**油炸麵條**
⊙調理方式：**水煮4分鐘**

2.5

■總重量：80g ■熱量：380kcal

[配料]調味粉包、佐料包（紅蘿蔔‧蔥花）[麵]四角形切口的粗麵條，麵體細緻有黏性。口感強烈，在泰國泡麵中很少見[高湯包]鮮紅濃稠的特辣牛肉湯頭，喝起來酸味不重，泡菜的味道很淡，但好像是以韓國產品當作範本[其他]味道輕盈，和一般泰國泡麵很不一樣[試吃日期]2011.07.24[保存期限]2011.07.29[購買管道]Big C（Thailand）11.5B

No.4538 Thai President Foods
8 850987 131455

MAMA Oriental Kitchen,Mi Goreng 高龍麵

⊙類別：**拉麵**　⊙口味：**印尼撈麵**
⊙製法：**油炸麵條**
⊙調理方式：**水煮3分鐘後把水瀝乾**

2

■總重量：90g ■熱量：370kcal

[配料]液體醬汁、調味粉包、佐料包（玉米‧胡蘿蔔‧高麗菜？）、辣椒粉[麵]油炸過的偏硬粗麵，嚼起來頗硬，以泰國的產品而言，麵條的存在很搶眼[高湯包]比Indomie的印尼撈麵甜，蒜味較弱，層次感不足。辣度適中[其他]Oriental Kitchen走的似乎是MAMA旗下的高價位路線，不過我希望能再多點厚重感[試吃日期]2011.01.31[保存期限]2011.02.11[購買管道]Gourmet Market（Thailand）11.75B

No.4821 Thai President Foods
8 850987 128547

MAMA Shrimp Creamy Tom Yum Flavour（外銷歐洲版）

⊙類別：
拉麵
⊙口味：
泰式酸辣湯
⊙製法：
油炸麵條
⊙調理方式：
熱水沖泡3分鐘

2.5

■總重量：90g ■熱量：420kcal

[配料]調味粉包、調味油包、辣椒粉[麵]油炸麵偏細，口感蓬鬆輕盈，充滿油炸的香氣。以泰國製品而言算是分量較多的[高湯包]辣味和酸味比同名的泰國內銷產品溫和得多，味道和香氣很容易辨識[其他]加了奶味讓味道變得較溫醇的外銷版本，應該是多數人比較能接受的泰式酸辣湯[試吃日期]2012.03.19[保存期限]2012.05.12[購買管道]Sugiura特派員送我的

15

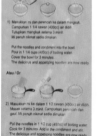

No.4957　Thai President Foods　　8 852523 208560

Ruski Perisa Tom Yam Kaw

⊙類別：拉麵
⊙口味：泰式酸辣湯
⊙製法：油炸麵條
⊙調理方式：水煮3分鐘 / 熱水冲泡
　3分鐘

■總重量：80g
■熱量：370kcal

[配料]調味粉包、調味油包、辣椒粉[麵]油炸麵條偏細，是難得也可以水煮的泰國製品。口感滑順細緻，吃起來很順口[高湯包]帶有奶味的泰式酸辣湯，吃起來不像泰國內銷產品那麼刺激，比較容易入口，接受度高[其他]Ruski和泰國第一品牌MAMA同屬一間公司，是針對伊斯蘭教徒開發的品牌[試吃日期]2012.09.22[保存期限]2012.10.07[購買管道]7-Eleven（Vietnam）1.5RM

No.2290　Thai President Foods　　8 852523 208157

Ruski Perisa Ayam （Chicken）

⊙類別：拉麵
⊙口味：雞肉
⊙製法：
　油炸麵條
⊙調理方式：
　水煮3分鐘，熱
　水冲泡3分鐘

■總重量：80g　■熱量：No Data

[配料]調味粉包、調味油包[麵]麵條細，吃得出油炸的香氣。想要做得像日本的拉麵，但是並不成功[高湯包]過於仰賴化學調味料。辣椒有畫龍點睛的效果，替溫和的雞湯味增添了刺激感[其他]口感輕爽。雖然和日本國產的泡麵不一樣，但日本人應該比較容易接受。完全沒有高級的質感[試吃日期]2002.07.07[保存期限]2002.06.01[購買管道]Dragon送的

No.4970　Thai President Foods　　9 557128 101818

PAMA Instant Noodles Thai Tom Yam

⊙類別：
　拉麵
⊙口味：
　泰式酸辣湯
⊙製法：
　油炸麵條
⊙調理方式：
　熱水冲泡3分鐘

■總重量：55g　■熱量：250kcal

[配料]調味粉包、調味油包[麵]油炸過的細麵吃起來像杯麵，蓬鬆感很明顯。口感清爽，但是分量太少，吃不過癮[高湯包]湯頭清澈，酸味很強。辣度和泰國本地的MAMA牌比起來是小巫見大巫，但是對日本人而言剛剛好[其他]味道和泰國內銷的MAMA好像有不太一樣，但是這個版本的泰式酸辣湯比較容易讓人接受[試吃日期]2012.10.01[保存期限]2013.07.05[購買管道]7-Eleven（Malaysia）1.5RM

泰國

PAMA Instant Rice Vermicelli Thai Tom Yam Flavour

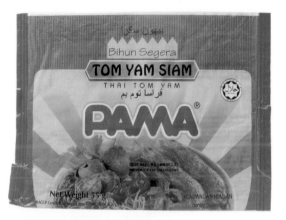

⊙類別：米粉
⊙口味：泰式酸辣湯
⊙製法：非油炸麵條
⊙調理方式：熱入沖泡3分鐘

■總重量：55g ■熱量：210kcal

[配料]調味粉包、辣椒醬[麵]米粉又細又硬，吃起來缺乏彈性。表面的質感粗糙，存在感十足[高湯包]酸度和辣度和泰國本土版相比都是小兒科，但是蝦子味也比較不會被蓋過去[其他]PAMA是泰國第一品牌MAMA經營馬來西亞市場的另一品牌，吃起來感覺像在吃點心[試吃日期]2012.09.24[保存期限]2013.08.14[購買管道]7-Eleven（Malaysia）1.5RM

MAMA Rice Vermicelli Clear Soup （Sen Mee Nam Sai）

⊙類別：河粉　⊙口味：雞肉
⊙製法：乾燥麵
⊙調理方式：熱水沖泡3分鐘

■總重量：55g ■熱量：No Data

[配料]調味粉包、調味油包、辣椒粉[麵]乾燥米粉極細。雖然細得像頭髮，但質地很硬，而且味道很淡[高湯包]單純的雞湯帶點魚露的香氣，但是辣度相當驚人[其他]滋味比越南河粉稍微豐富，但是麵條和湯頭感覺是各自為政[試吃日期]2006.12.31[保存期限]2007.06.12[購買管道]東急Hands日幣70圓

MAMA Rice Vermicelli Spicy Pork （Sen Mee Moo Nam Tok）

⊙類別：拉麵　⊙口味：豬肉
⊙製法：油炸麵條
⊙調理方式：熱水沖泡3分鐘／水煮1分鐘

■總重量：55g ■熱量：No Data

[配料]調味粉包、調味油包[麵]乾燥細米粉看起來像白髮一樣，質地很硬。表面粗糙，後刺激舌頭[高湯包]色澤和味道都很濃，味道像加了牛奶糖般甜。有加入大把的辣椒、韭菜等香辛料[其他]和日式調味差距很大，吃起來毫無滿足感，很想多放點料[試吃日期]2007.02.04[保存期限]2007.05.27[購買管道]東急Hands日幣70圓

No.3522 Thai President Foods 8 851676 3013

MAMA Rice Vermicelli Wunsen Yentafo

⊙類別：**河粉**　⊙口味：**映豆腐口味**
⊙製法：**乾燥麵**
⊙調理方式：**熱水冲泡3分鐘／水煮1分鐘**

■總重量：**40g** ■熱量：No Data

[配料]調味粉包、調味油包、辣椒[麵]雖然是很細的米粉麵，但是和No.3519不一樣，麵體充滿彈性，質感透明。較有黏性[高湯包]強烈的甜味和辣味中，夾雜著一股發酵味，類似台灣的臭豆腐。口感溫潤[其他]紫色湯頭讓人留下莫大的震撼。這種味道保證在日本找不到，能喚起在國外旅行的回憶，感覺很愉快[試吃日期]2007.01.08[保存期限]2007.05.23[購買管道]東急Hands日幣70圓

No.3476 Thai President Foods 8 850987 201059

MAMA Rice Vermicelli Clear Soup（Sen Lek Nam Sai）

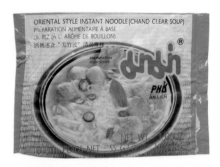

⊙類別：**河粉**　⊙口味：**雞肉**
⊙製法：**乾燥麵**
⊙調理方式：**熱水冲泡3分鐘**

■總重量：**55g** ■熱量：No Data

[配料]調味粉包、辣椒[麵]長方形切口的乾燥米粉，口感很突出，但是很會吸水，沒有異味[高湯包]有一股淡淡的焦糖甜味，完全沒有韭菜、大蒜、魚露的香氣和油脂[其他]味道太單調，如果不放點配菜進去會覺得太鹹。吃的時候腦中會浮現東南亞的田園風光[試吃日期]2006.10.22[保存期限]2006.07.19[購買管道]日光食品

No.2074 Thai President Foods 8 850987 201158

MAMA Flat Noodles Tom Yum Flavour（Sen Yai Tom Yum）

⊙類別：**米粉**　⊙口味：**泰式酸辣湯**
⊙製法：**乾燥麵**
⊙調理方式：**水煮3分鐘**

■總重量：**50g** ■熱量：No Data

[配料]調味粉包、調味油包、辣椒粉[麵]實測寬13mm的帶狀麵，很有咬勁，泡久了也沒有糊成一團。有點像餛飩皮[高湯包]辣是辣，但是甜味、酸味也很強，在口中形成三方稱霸的局面[其他]麵條和味道強烈的湯頭非常合拍，只是味道太嗆。是泡麵界珍貴的稀有動物[試吃日期]2001.11.04[保存期限]No Data[購買管道]盤谷電腦市場的ERAWAN送我的

No.2075 Thai President Foods 8 850987 201165

MAMA Flat Noodles Clear Soup（Sen Yai Nam Sai）

⊙類別：**米粉**　⊙口味：**雞肉**
⊙製法：**乾燥麵**
⊙調理方式：**水煮3分鐘**

■總重量：**50g** ■熱量：No Data

[配料]調味粉包、調味油包、辣椒粉[麵]和No.2074一樣，都是超寬的米粉麵。軟硬適中，吃得到濃濃的異國風[高湯包]顏色淡，味道清爽。所謂的「Nam Sai」就是用雞骨和豚骨熬成的湯，辣度非同小可[其他]有信心向大家推薦，本品值得一試。味道的濃淡可以調整[試吃日期]2001.11.05[保存期限]No Data[購買管道]盤谷電腦市場的ERAWAN送我的

No.4826　Thai President Foods　8 852523 206184

Thai Chef Curry Huhn （Chicken Curry）

⊙類別：
拉麵
⊙口味：
咖哩口味
⊙製法：
油炸麵條
⊙調理方式：
熱水沖泡3分鐘

■總重量：64g ■熱量：284kcal

[配料]調味粉包、調味油包、椰漿粉[麵]油炸過的細麵充滿蓬鬆感，口感和香氣的表現都不賴，可惜分量太少[高湯包]幾乎吃不出咖哩的香味，也不辣。主要都是化學調味料和椰奶的味道[其他]比較接近馬來西亞的叻沙，幾乎感覺不出來和泰國有什麼關係，但是整體的比例很不錯[試吃日期]2012.03.26[保存期限]2012.07.22[購買管道]來自Kihara特派員的餽贈

No.4851　Thai President Foods　8 852523 206092

Thai Chef Ente （Duck）

⊙類別：
拉麵
⊙口味：
鴨肉（Duck）
⊙製法：
油炸麵條
⊙調理方式：
熱水沖泡3分鐘

■總重量：63g ■熱量：279kcal

[配料]調味粉包、調味油包、辣椒粉[麵]油炸過的細麵切口明顯，很有蓬鬆感。油炸的香氣讓人胃口大開[高湯包]偏甜的醬油味，擁有強烈的自我主張，鮮味很濃[其他]似乎是針對德國市場的產品，但是確實做出了幾分泰國味。即使是Chef的產品，也偶有佳作[試吃日期]2012.05.01[保存期限]2012.08.15[購買管道]來自Kihara特派員的餽贈

No.4884　Thai President Foods　8 852523 206153

Thai Chef Shrimp ” Tom Yum ” ” Extra scharf ”

⊙類別：
拉麵
⊙口味：
泰式酸辣湯
⊙製法：
油炸麵條
⊙調理方式：
熱水沖泡3分鐘

■總重量：69g ■熱量：304kcal

[配料]味粉包、調味油包[麵]油炸過的細麵，口感分明，蓬鬆感很明顯，但是並沒有使用劣質油，沒有廉價品的感覺[高湯包]加了椰奶的泰式酸辣湯，口味變得溫醇。以泰國內銷產品而言，辣度和甜度都算低[其他]適合不喜歡口味過於刺激的人，整體味道的平衡感很好[試吃日期]2012.06.18[保存期限]2012.08.23[購買管道]來自Kihara特派員的餽贈

No.4925　Thai President Foods　8 852523 206030

Thai Chef Huhn （Chicken）

⊙類別：
拉麵
⊙口味：
雞肉口味
⊙製法：
油炸麵條
⊙調理方式：
熱水沖泡3分鐘

■總重量：62g ■熱量：280kcal

[配料]調味粉包、調味油包、辣椒粉[麵]油炸過的細麵頗有嚼勁，油炸的香氣也很重。可惜分量太少[高湯包]大蒜的香氣和辣椒的刺激為清淡的雞肉湯頭適度增添滋味[其他]雖然是泰國製，但畢竟是外銷歐洲的產品，有降低辣度。麵條和湯頭的香氣讓人食指大動[試吃日期]2012.08.14[保存期限]2012.09.16[購買管道]來自Kihara特派員的餽贈

No.4608　Thai Preserved Food Factory　　　8 850100 101143

WAIWAI Quick Zabb Tom Yum Mun Goong Flavour

⊙類別：拉麵
⊙口味：泰式酸辣湯
⊙製法：油炸麵條
⊙調理方式：熱水沖泡2分鐘

■總重量：60g ■熱量：No Data

[配料]調味粉包、調味油包[麵]油炸過的細麵形狀分明，有蓬鬆感，感覺有點不紮實，分量也少[高湯包]酸味是最強烈，其次是辣味。由於味道過於強烈，讓人無暇顧及鮮味的表現好壞[其他]吃不出來它和P22的No.3981，也就是Quick的一般系列有何不同。最大的特徵是包裝的圖案[試吃日期]2011.05.16[保存期限]2011.11.07[購買管道]Gourmet Market（Thailand）13.0B

No.4653　Thai Preserved Food Factory　　　8 850100 003713

WAIWAI Quick Zabb Hot and Spicy Shrimp Flavour

⊙類別：拉麵　⊙口味：蝦子
⊙製法：油炸麵條
⊙調理方式：繞水沖泡2分鐘

2.5

■總重量：55g ■熱量：No Data

[配料]調味粉包、辣椒醬[麵]油炸過的細麵口感輕盈，很蓬鬆。吃得出油炸的香氣，但是分量很少[高湯包]檸檬的酸味強過辣味，甜味不重，鮮味也不明顯，口味算是清爽[其他]強烈的刺激像是給身體當頭棒喝，很適合在炎炎夏日來上一碗[試吃日期]2011.07.1[保存期限]2011.09.03[購買管道]Gourmet Market（Thailand）6.0B

No.4677　Thai Preserved Food Factory　　　8 850100 121011

WAIWAI Quick Zabb Tom Klong Flavour

⊙類別：拉麵　⊙口味：魚
⊙製法：油炸麵條
⊙調理方式：熱水沖泡2分鐘

■總重量：60g ■熱量：No Data

[配料]調味粉包、調味油包[麵]大概是太拘泥於細麵只泡2分鐘的規定，所以覺得口感偏硬，但是質地不紮實，很蓬鬆[高湯包]辣度非同小可，酸味也非常強烈，吃得出類似鰹魚的海鮮味，有點類似日本的蕎麥麵[其他]對日本人來說太過刺激。這個系列的包裝插圖，每一款都很強烈[試吃日期]2011.08.22[保存期限]2011.11.08[購買管道]Gourmet Market（Thailand）6.0B

WAIWAI Quick Zabb Tom Yum Shrimp Flavour

⊙類別：**拉麵**　⊙口味：**泰式酸辣湯**
⊙製法：**油炸麵條**
⊙調理方式：**熱水沖泡2分鐘**

■總重量：60g ■熱量：No Data

[配料]調味粉包、調味油包[麵]油炸過的細麵嚼感不錯，帶有油炸物的香味，只可惜分量太少[高湯包]湯頭清澈的泰式酸辣湯，香味濃郁，不過辣度和酸度以泰國產品而言偏低，但是味道和香氣的辨識度高[其他]是這個系列中吃起來最為清爽，味道也最具協調性的。讓人吃了還想再吃[試吃日期]2011.09.24[保存期限]2011.11.29[購買管道]Gourmet Market（Thailand）6.0B

WAIWAI Quick Chili Paste Tom Yum Flavour

⊙類別：**拉麵**　⊙口味：**泰式酸辣湯**
⊙製法：**油炸麵條**
⊙調理方式：**熱水沖泡2分鐘**

■總重量：60g ■熱量：No Data

[配料]調味粉包、調味油包[麵]標準的東南亞油炸麵，又細又輕。只泡2分鐘還是泡不開，在吃的過成中才會變軟[高湯包]強烈的酸味、淡淡的化調鮮味、隱約的甜味。像是輕量級選手使盡全身解數，用力揮拳[其他]欠缺日本人講究的醇度，但這畢竟是依照泰國人的喜好所製作的吧[試吃日期]2003.10.11[保存期限]製造日2003.04.22[購買管道]盤谷電腦市場的ERAWAN送我的

WAIWAI Quick ！Tom Yum Shrimp Flavour

⊙類別：**拉麵**　⊙口味：**泰式酸辣湯**
⊙製法：**油炸麵條**
⊙調理方式：**熱水沖泡2分鐘**

■總重量：60g ■熱量：No Data

[配料]調味粉包、調味油包[麵]麵質又細又硬，感覺有彈性，並不追求柔軟度。聞得到油炸的香氣[高湯包]酸味很突出，辣度也夠刺激，就是甜味不重。感覺有放了提鮮的成分[其他]只能把它視為和日本拉麵是兩種截然不同的食品。不過我對它並沒有排斥感[試吃日期]2002.03.31[保存期限]2002.05.01[購買管道]Dragon送我的

WAIWAI Quick ！Tom Klong Flavour（spicy smoked dried-fish soup）

⊙類別：**拉麵**　⊙口味：**魚**
⊙製法：**油炸麵條**
⊙調理方式：**熱水沖泡2分鐘**

■總重量：60g ■熱量：No Data

[配料]調味粉包、調味油包[麵]麵條很細，以沖泡式而言，蓬鬆感不算明顯，口感比較平板。分量偏少[高湯包]湯頭為琥珀色。酸味和辣味都放得很豪氣，散發著乾貨海味。味道比一般泰式酸辣湯更霸道[其他]震撼力強。我猜應該很多人都無法接受這種味道。包裝上有英泰兩種語言標示[試吃日期]2003.03.14[保存期限]製造日2002.09.20？[購買管道]來自Kaneko特派員的禮物

No.3934　Thai Preserved Food Factory　8 850100 3713

WAIWAI Quick Hot and Spicy Shrimp Flavour

⊙類別：拉麵　⊙口味：蝦子
⊙製法：油炸麵條
⊙調理方式：熱水冲泡2分鐘

■總重量：55g ■熱量：No Data

[配料]調味粉包、調味油包[麵]不知道是否為了縮短沖泡時間，油炸麵很有蓬鬆感，而且很細。分量非常少[高湯包]辣味和酸味都很超過，已經不是一般日本人所能接受的程度。好在還有適中的甜度讓人喘口氣[其他]包裝的插圖讓人印象深刻，不曉得是不是設計當成零嘴吃，分量才會那麼少[試吃日期]2008.08.31[保存期限]製造日2008.06.24[購買管道]網購

No.3951　Thai Preserved Food Factory　8 850100 101075

WAIWAI Quick Tom Yum Shrimp Flavour

⊙類別：拉麵　⊙口味：泰式酸辣湯
⊙製法：油炸麵條
⊙調理方式：熱水冲泡2分鐘

■總重量：60g ■熱量：No Data

[配料]調味粉包、調味油包[麵]雖然只有沖泡2分鐘，但是這款油炸細麵的嚼感卻很不錯。分量不多，吃不飽[高湯包]辣度和酸味以泰國製品而言算是溫和，也在日本人的接受範圍之內。化學調味料加得有節制[其他]不曉得是不是專給小朋友吃的零食。最大的特徵就是包裝的插圖(背面也有)[試吃日期]2008.09.24[保存期限]製造日2008.07.25[購買管道]網購

No.3981　Thai Preserved Food Factory　8 850100 101143

WAIWAI Quick Tom Yum Mun Goong Flavour

⊙類別：拉麵　⊙口味：泰式酸辣湯
⊙製法：油炸麵條
⊙調理方式：熱水冲泡2分鐘

■總重量：60g ■熱量：No Data

[配料]調味粉包、調味油包[麵]油炸過的細麵，很有蓬鬆感，質地很硬，頗有咬勁，但分量很少[高湯包]辣味和辣度都比No.3951的鮮蝦酸辣湯還重，比較接近泰國的原汁原味[其他]這個系列最大的特徵是，包裝的圖案都看得很不像泡麵[試吃日期]2008.11.04[保存期限]製造日2008.07.16[購買管道]網購

No.4021　Thai Preserved Food Factory　8 850100 121011

WAIWAI Quick Tom klong Flavour

⊙類別：拉麵　⊙口味：魚
⊙製法：油炸麵條
⊙調理方式：熱水冲泡2分鐘

■總重量：60g ■熱量：No Data

[配料]調味粉包、調味油包[麵]油炸過的細麵，雖然吃得出蓬鬆感，但是表面很硬，所以算蠻有咬勁[高湯包]湯頭清澈，喝得出魚高湯。辣度很強，但酸味更明顯[其他]喜歡刺激的人能享受到異國風情，不過分量少到只能塞牙縫[試吃日期]2008.12.31[保存期限]製造日2008.06.18[購買管道]網購

No.2228　Thai Preserved food Factory　8 850100 101013

WAIWAI Oriental Style Instant Noodle

⊙類別：
拉麵
⊙口味：
東方口味
⊙製法：
油炸麵條
⊙調理方式：
熱水沖泡3分鐘

1.5

■總重量：55g ■熱量：No Data

[配料]調味粉包、香料、調味油包[麵]吃起來硬梆梆的，很像把受潮的麵丟到溫水裡泡不開的感覺（事實上我是用滾水泡的）[高湯包]又酸又辣。可能有用魚露？調鮮味，化學調味料放得不多，味道頗淡[其他]我發現背面的調理說明上用的是透明鍋呢[試吃日期]2002.04.30[保存期限]不清楚（03 05 01）[購買管道]Dragon送我的

No.4753　Thai Preserved Food Factory　8 850100 101044

WAIWAI Minced Pork Flavour

⊙類別：
拉麵
⊙口味：
豬肉
⊙製法：
油炸麵條
⊙調理方式：
水煮3分鐘／熱水沖泡3分鐘／900W微波爐加熱5分鐘

2.5

■總重量：60g ■熱量：290kcal

[配料]調味粉包、調味油包、辣椒粉[麵]咬勁十足，油炸的香味也充滿個性[高湯包]豬肉味濃烈，辣度適中，沒有酸味，但是蒜味很強，充滿獨特的個性[其他]WAIWAI只有在這產品用日文註明加了「豬絞肉」。日本人應該也會喜歡這個味道[試吃日期]2011.12.11[保存期限]2011.12.23[購買管道]7-Eleven（Thailand）6.0B

No.4745　Thai Preserved Food Factory　8 850100 101020

WAIWAI Soeng Kreung

⊙類別：
拉麵
⊙口味：
豬肉
⊙製法：
油炸麵條
⊙調理方式：
熱水沖泡3分鐘或水煮2分鐘

2.5

■總重量：50g ■熱量：No Data

[配料]調味粉包[麵]（水煮調理）油炸麵條偏細，吃不出蓬鬆感，口感爽脆[高湯包]頗為濃稠。分不出是雞還是豬，總之喝起來鮮味十足，除了辣椒的辣，也有胡椒的嗆[其他]溫和度在泰國產品中，稱得上是異類，感覺更接近日本的泡麵[試吃日期]2011.11.28[保存期限]2012.01.03[購買管道]Charoen（Thailand）5.0B

No.4612　Thai Preserved Food Factory　8 850100 101099

WAIWAI Vegetarain Noodles

⊙類別：
拉麵
⊙口味：
素食
⊙製法：
油炸麵條
⊙調理方式：
熱水沖泡3分鐘或水煮3分鐘

2.5

■總重量：60g ■熱量：150kcal

[配料]調味粉包、調味油包、辣椒粉[麵]油炸的細麵有些捲度，分量不多。可能是水煮的關係，吃起來有黏性，質地紮實[高湯包]昆布和香菇的味道很濃，但是沒有其他不好的氣味。除了有很強烈的辣椒刺激，也嚐得到胡椒的香氣[其他]雖然是素食麵，吃起來也是有滋有味。比MAMA 牌同類型的產品更夠味[試吃日期]2011.05.22[保存期限]2010.08.01[購買管道]Charoen（Thailand）6.0B

No.4691 Thai Preserved Food Factory　　8 850100 126016

WAIWAI Minced Pork Tom Yum Flavour

⊙類別：**拉麵**　⊙口味：**豬肉**
⊙製法：**油炸麵條**
⊙調理方式：**熱水冲泡3分鐘**

■總重量：60g ■熱量：270kcal

2.5

[配料]調味粉包、調味油包[麵]我挑戰放進鍋裡水煮。油炸過的細麵不會黏成一團，咬勁也不錯。泰國產品即使以水煮方式料理，成果還是相當不錯[高湯包]辣味、酸味、甜味不據一方，層次分明。喝起來比鮮蝦酸辣湯更溫醇[其他]以前的話我會給兩顆星，但是泰國泡麵吃多了，逐漸也能吃出其中的差異和優劣[試吃日期]2011.09.11[保存期限]2011.11.23[購買管道]Gourmet Market（Thailand）6.0B

No.4716 Thai Preserved Food Factory　　8 850100 101037

WAIWAI Tom Yum Shrimp Cream Soup Flavour

⊙類別：**拉麵**　⊙口味：**泰式酸辣湯**
⊙製法：**油炸麵條**
⊙調理方式：**熱水冲泡3分鐘**

■總重量：60g ■熱量：280kcal

2.5

[配料]調味粉包1、調味粉包2、膏狀湯包[麵]雖然是很有蓬鬆感的油炸細麵，但硬度適中，吃起來很痛快[高湯包]酸味和辣味都放得很豪邁，雖然沒有綿密感，還是喝得出細緻感，絕不是只有刺激感[其他]人工調味雖然重，但是調配的功夫了得，比競爭對手MAMA牌Shrimp Creamy Tom Yum的味道更沉穩[試吃日期]2011.10.16[保存期限]2011.12.10[購買管道]Gourmet Market（Thailand）6.0B

No.4557 Thai Preserved Food Factory　　8 850100 127013

WAIWAI Pad Char Baby Clam Flavour

⊙類別：**乾麵**　⊙口味：**蛤蜊**
⊙製法：**油炸麵條**
⊙調理方式：**熱水冲泡3分鐘，再把水倒掉**

■總重量：60g ■熱量：200kcal

3

[配料]調味粉包、調味油包[麵]雖然也是油炸的細麵，但是泡開後卻沒有蓬鬆感，口感清爽，和湯頭搭起來很對味[高湯包]重辣重酸，甜度倒是適中。蛤蜊的鮮味十足，還有香草植物的味道[其他]量少，也沒有配菜。雖然內容物相當簡單卻極為有力，讓人回味無窮，還想再吃[試吃日期]2007.02.27[保存期限]2010.08.09[購買管道]Krungdeb Coop Store（Thailand）6.0B

No.4671 Thai Preserved Food Factory　　8 850100 205032

WAIWAI Instant Rice Vermicelli Crab Flavour

⊙類別：**米粉**　⊙口味：**螃蟹**
⊙製法：**非油炸麵條**
⊙調理方式：**熱水冲泡3分鐘**

■總重量：55g ■熱量：200kcal

2.5

[配料]調味粉包、調味油包、辣椒粉[麵]乾燥的細米粉質地很柔軟，但是彈性不足，吃起來缺乏咬勁。而且表面粗糙[高湯包]除了魚露和大蒜的香氣，還有辣味，吃起來過糰。但是幾乎吃不出螃蟹味[其他]調味油功不可沒，雖然味道清淡，滋味卻很濃郁。不要看到照片中的螃蟹，就抱著很大的期待[試吃日期]2011.08.14[保存期限]2011.11.05[購買管道]7-Eleven（Thailand）6.0B

No.2200　Thai Preserved Food Factory
8 850100 101037

WAIWAI Sour Soup Flavour

⊙類別：
拉麵
⊙口味：
⊙製法：
油炸麵條
⊙調理方式：
**熱水冲泡3分
鐘，水煮2分鐘**

■總重量：60g ■熱量：No Data

[配料]調味粉包（含油）[麵]水煮調理和拉麵的麵條不一樣，又細
又硬，但不會黏在一起[高湯包]甜度不如一般泰國產品高，酸味和
辣味吃起來更豪爽，後勁十足[其他]從官網上發現本產品只在國
內販售，另外好像還有外銷的版本[試吃日期]2002.04.01[保存期
限]2002.05.01[購買管道]Dragon送我的

No.2703　Thai Preserved Food Factory
8 850100 2693

WAIWAI WAIWAI Quick kluck klick Stir-fried Chicken with Holy Basil Flavour

⊙類別：**拉麵**　⊙口味：**雞肉**
⊙製法：**油炸麵條**
⊙調理方式：**熱水冲泡2分鐘半，再把水倒掉**

■總重量：60g ■熱量：No Data

[配料]調味粉包、調味油包[麵]如果只泡2分鐘時間太短。四角形切
口的輕盈細麵，條條分明，油炸感強[高湯包]很類似印尼撈麵的鹽
味炒麵，散發出熱帶的香氣和清爽的香草味[其他]辣椒粒的辣度很
強，洋溢著日本沒有的熱情，感覺很不賴。當作正餐來吃分量太少
[試吃日期]2003.10.02[保存期限]2003.06.04[購買管道]盤谷電腦市
場的ERAWAN送我的

No.2704　Thai Preserved Food Factory
8 850100 2716

WAIWAI WAIWAI Quick kluck klick Laab Pork Flavour

⊙類別：**拉麵**　⊙口味：**豬肉**
⊙製法：**油炸麵條**
⊙調理方式：**熱水冲泡2分鐘半，再把水倒掉**

■總重量：60g ■熱量：No Data

[配料]調味粉包、調味油包[麵]看起來和No.2703一模一樣，但是切
口感覺是圓的？大概還在誤差的範圍內吧。吃起來覺得有一點詭異
[高湯包]酸味的強度壓過辣味，比例不協調。化學調味料加太多，
人工味過重，應該只要加半包就夠了[其他]為方便起見，我把它歸
類為炒麵，正確說法是杯裝炒麵的製法，搭配袋裝麵＋用碗盛裝[試
吃日期]2003.10.03[保存期限]製造日2003.05.21[購買管道]盤谷電
腦市場的ERAWAN送我的

No.2705　Thai Preserved Food Factory
8 850100 2785

WAIWAI WAIWAI Quick kluck klick Green Curry Chicken Flavour

⊙類別：**拉麵**　⊙口味：**咖哩**
⊙製法：**油炸麵條**
⊙調理方式：**熱水冲泡2分鐘半，再把水倒掉**

■總重量：60g ■熱量：No Data

[配料]調味粉包、調味油包、椰子粉？[麵]和No.2703、04感覺一
樣，都是只泡2分鐘仍太硬的細麵。分量太少吃不飽[高湯包]椰子
的甜味和辣味很鮮明，味道也不會讓人討厭，與其說是拉麵，反
而比較接近咖哩[其他]泰國泡麵的包裝都好有設計感，好時髦，
而且很有東南亞的風格[試吃日期]2003.10.04[保存期限]製造日
2003.06.02[購買管道]盤谷電腦市場的ERAWAN送我的

| No.4599 | Ajinomoto | | 8 850250 002895 |

YumYum Jumbo Tom Yum Minced Pork Flavour　酸辣碎豬肉湯麵

⊙類別：拉麵
⊙口味：豬肉
⊙製法：油炸麵條
⊙調理方式：水煮2～3分鐘／熱水沖泡3分鐘／
　微波加熱5～6分鐘

■總重量：70g ■熱量：No Data

[配料]調味粉包、調味油包[麵]油炸麵又細又捲，質地緊實，口感不錯[高湯包]濃稠的橘色湯頭喝起來雖然鮮醇，但是辣味和酸味很強烈[其他]豬肉的鮮味適中，也沒有過重的甜味，但是刺激太強，所以無暇細細品味[試吃日期]2011.05.04[保存期限]2011.05.04[購買管道]Krungdeb Coop Store（Thailand）5.5B

| No.4532 | Ajinomoto | | 8 850250 005834 |

YumYum Jumbo Tom Saab E-San Flavour
東北風味香辣即席麵

⊙類別：拉麵　⊙口味：豬肉
⊙製法：油炸麵條
⊙調理方式：水煮2～3分鐘／熱水沖泡3分鐘／微波加熱5～6分鐘

■總重量：67g ■熱量：No Data

[配料]調味粉包、調味油包[麵]水煮調理：油炸細麵的質地紮實，頗有咬勁，但是分量太少不過癮[高湯包]辣度和酸度以泰國產品而言算是適中，湯頭融合了豬肉、魚露，滋味複雜，質地濃稠[其他]雖然談不上完美，存在感很強，讓人彷彿置身於泰國街頭[試吃日期]2011.0.1.23[保存期限]2011.01.22[購買管道]Krungdeb Coop Store（Thailand）5.5B

| No.4972 | Ajinomoto | | 8 850250 002994 |

YumYum Jumbo Tom Yum Kung Flavour
酸辣蝦味湯麵

⊙類別：拉麵　⊙口味：泰式酸辣湯
⊙製法：油炸麵條
⊙調理方式：水煮2～3分鐘／熱水沖泡3分鐘／
　微波加熱5～6分鐘

■總重量：67g ■熱量：No Data

[配料]調味粉包、調味油包[麵]油炸過的細麵，口感細緻Q彈，存在感很強。放進鍋裡水煮最美味[高湯包]標準的泰式作風，喝起來酸辣有勁，蝦子的鮮味和香氣的比例得宜，展現精采演出[其他]吃完後我流了滿身大汗，有一種運動後的爽快。可惜分量實在太少[試吃日期]2012.10.03[保存期限]0212.09.17[購買管道]Okada特派員送我的

No.4552 Ajinomoto　8 850250 002079

YumYum Flat Shaped Noodles Suki Flavour

⊙類別：
拉麵
⊙口味：
泰式火鍋
⊙製法：
油炸麵條
⊙調理方式：
水煮3～4分鐘／熱
水沖泡4～5分鐘／
微波加熱5～6分鐘

2.5

■總重量：55g ■熱量：No Data

[配料]調味粉包、調味油包[麵]油炸細麵的切口扁平，捲度很強，以泰國產品而言，算是偏粗又有黏性。分量只有日本泡麵的一半[高湯包]甜味很強，因此辣味和酸味變得較不明顯，也吃得出泰式火鍋的味道[其他]屬口味溫和的火鍋大雜燴，和泰式酸辣湯大不相同，但是也很有趣[試吃日期]2011.02.21[保存期限]2011.04.24[購買管道]Krungdeb Coop Store（Thailand）5.5B

No.2710 Wan Thai Foods　8 852018 002284

YumYum Dried Noodles Laab Flavour 養養乾酸辣味麵

⊙類別：
炒麵
⊙口味：
打拋肉（Larb）
⊙製法：
油炸麵條
⊙調理方式：
熱水沖泡3分鐘，
再把水倒掉

2.5

■總重量：55g ■熱量：No Data

[配料]調味粉包、調味油包[麵]以沖泡式的吃法而言，麵質已達國際水準[高湯包]酸味明顯，洋溢著南國風情的香草味。雖然仰賴化學調味料，味道倒很清爽[其他]雖然不是日本人熟悉的香氣，不過可能還是有人會喜歡。若當作正餐來吃，分量有點上不下[試吃日期]2003.10.09[保存期限]製造日2003.05.10[購買管道]盤谷電腦市場的ERAWAN送我的

No.2081 Ajinomoto　8 852018 00761

YumYum Flat Shaped Noodles Pad Kee Mao Flavour

⊙類別：
炒麵
⊙口味：
泰式炒河粉
⊙製法：
油炸麵條
⊙調理方式：
熱水沖泡3～4分鐘，
再把水倒掉

2.5

■總重量：60g ■熱量：No Data

[配料]調味粉包、調味油包[麵]顏色偏黃，目測寬約3mm。麵體充滿韌性，有嚼勁，和其他泰國製泡麵不一樣[高湯包]吃得出九層塔、大蒜、洋蔥的香氣，辣椒的味道吃起來也很舒服，不過鮮味很人工[其他]優秀的麵質讓我留下好印象。即使味道稍微刺激了點，我還是覺得很值得推薦給喜歡吃辣的日本人[試吃日期]2001.11.12[保存期限]2002.03.24？[購買管道]盤谷電腦市場的ERAWAN送我的

No.4593 Ajinomoto　8 850250 00761

YumYum Dried Noodles Pad Kee Mao Flavour

⊙類別：炒麵　⊙口味：泰式炒河粉
⊙製法：油炸麵條
⊙調理方式：熱水沖泡3分鐘，再把水倒掉

2.5

■總重量：67g ■熱量：No Data

[配料]調味粉包、九層塔醬[麵]油炸麵稍硬，缺乏彈性，不過口感分明，很有個性[高湯包]九層塔和蒜味很重，辣椒也放得夠多。鮮味雖然是以化學合成，滋味卻很清爽[其他]即使沒有配菜，吃起來也不單調。畢竟有強調是Jambo包裝，分量以泰國製品而言，絕對屬於大分量[試吃日期]2011.04.26[保存期限]2011.05.04[購買管道]Krungdeb Coop Store（Thailand）5.5B

No.3283　Ajinomoto　　　8 852018 000754

YumYum Oriental Style Tom Yum Shrimp Flavour

⊙類別：拉麵　⊙口味：泰式酸辣湯：
⊙製法：油炸麵條
⊙調理方式：水煮3分鐘 / 熱水沖泡3分鐘 / 微波加熱5分鐘

■總重量：60g ■熱量：270kcal

[配料]調味粉包、辣椒粉[麵]油炸過的細麵，吃起來口感輕盈，分量很少。但起碼沒有蓬鬆感，所以基本上有達到一般水準[高湯包]甜味很濃，所以相對減弱不少原有的泰式刺激。帶有淡淡的人工鮮味[其他]幾乎吃不出蝦味，質感也馬馬虎虎。要我以這種重口味的素食麵當作正餐，實在很難消受[試吃日期]2006.01.23[保存期限]2006.03.15[購買管道]紫禁城亞洲中國食品店日幣95圓

No.4797　Ajinomoto　　　8 852018 101062

YumYum Oriental Style Vegetable Flavour
速食蔬菜味麵

⊙類別：拉麵　⊙口味：蔬菜
⊙製法：油炸麵條
⊙調理方式：熱水沖泡3分鐘

■總重量：60g ■熱量：290kcal

[配料]調味粉包（添加胡蘿蔔和海帶芽）、調味油包[麵]油炸麵的粗細中等，質地偏硬。蓬鬆感不明顯，吃起來很紮實，只是分量很少[高湯包]鮮味稍嫌人工，不過味道比想像中複雜，喝起來帶有溫醇的鹹味。主要出口到歐洲，所以不辣[其他]很難得看到添加海帶芽的泰國製袋裝泡麵，麵條和湯頭也沒有曬過的臭味，很不錯[試吃日期]2012.02.13[保存期限]2012.04.22[購買管道]來自Sugiura特派員的餽贈

No.4763　Ajinomoto　　　8 853662 005416

Exotic Food / Authentic Thai Noodle Soup,Chicken Flavour

⊙類別：拉麵
⊙口味：雞肉
⊙製法：油炸麵條
⊙調理方式：熱水沖泡3分鐘

■總重量：60g ■熱量：279kcal

[配料]調味粉包、調味油包、辣椒粉[麵]油炸細麵帶有蓬鬆感，口感輕盈，表面偏硬，頗有存在感。分量太少[高湯包]澄澈的雞湯，帶有濃濃的蒜味。鮮味稍嫌人工，不像一般的泰國泡麵，吃起來不辣[其他]這是我第一次嘗試Exotic Food的產品，雖然它也是泰國製，吃起來卻不辣。調味油包上印有YumYum的Logo[試吃日期]2011.12.25[保存期限]2012.01.29[購買管道]Sugiura特派員的餽贈

No.4661　Fashion Food　　8 850412 371326

FF Beef Flavoured Instant Noodles

⊙類別：拉麵
⊙口味：牛肉
⊙製法：油炸麵條
⊙調理方式：水煮2分鐘 / 熱水沖泡3分鐘

2.5

■總重量：60g ■熱量：270kcal

[配料]調味粉包、調味油包[麵]雖然是油炸細麵，卻條條分明，咬勁十足，存在感很強烈[高湯包]味道有些類似咖哩之類的香料，鮮味很夠。以泰國產品而言，辣度偏弱[其他]麵條和湯頭的表現都很搶眼，味道也很協調。日本人應該也會覺得很順口，不會排斥[試吃日期]2011.07.31[保存期限]2011.09.03[購買管道]Suvarnabhumi Bangkok Airport（Thailand）30.0B

No.4607　Fashion Food　　8 850412 360702

FF Palo Duck Flavoured Instant Noodles

⊙類別：**拉麵**　⊙口味：**雞肉**
⊙製法：**油炸麵條**
⊙調理方式：**熱水沖泡3分鐘**

2.5

■總重量：60g ■熱量：270kcal

[配料]調味粉包、調味油包[麵]表面粗糙的細油炸麵，帶有咬勁，吃得出油炸的香味[高湯包]稍帶甜味，也吃得出鮮味。味道相當厚重，以泰國產品而言，辣度算是小辣[其他]除了辣椒還有胡椒的刺激，辛辣和嗆辣保持絕妙的平衡。分量雖少，卻還是很滿足[試吃日期]2011.05.15[保存期限]2011.07.28（？）[購買管道]Suvarnabhumi Bangkok Airport（Thailand）30.0B

No.4734　Fashion Food　　8 850412 373467

FF Sardines Tom Yum Flavoured Instant Noodles

⊙類別：**拉麵**　⊙口味：**泰式酸辣湯**
⊙製法：**油炸麵條**
⊙調理方式：**水煮2分鐘 / 熱水沖泡3分鐘**

2

■總重量：55g ■熱量：250kcal

[配料]調味粉包[麵]雖然是油炸細麵，質地卻很滑順，具有黏性。只要以水煮方式調理，泰國泡麵的麵質也能有不錯的表現[高湯包]酸比辣味占上風，也有類似沙丁魚的味道，但是味道不重[其他]大概是沒附調味油的關係，質地非常清爽，但是麵條的分量很少，吃起來不過癮[試吃日期]2011.11.13[保存期限]2011.12.17[購買管道]7-Eleven（Thailand）5.0B

No.4651　Thai Ha Public　　8 852959 005672

Kaset Instant Vermicelli Shrimp Suki Soup Flavour

⊙類別：冬粉
⊙口味：泰式火鍋
⊙製法：非油炸麵
⊙調理方式：熱水沖泡2分鐘

■總重量：45g　■熱量：150kcal

[配料]調味粉包、液體湯包[麵]透明的細冬粉，即使只有沖泡2分鐘，也能泡得很軟，沒有不均勻的問題。咬勁十足[高湯包]酸味和甜味的比例抓得很好，海鮮和芝麻的香氣感覺很天然，有點像泰國版的壽喜燒[其他]蔬菜和海鮮等配菜的種類不少，卻不會彼此干擾，但是麵量太少[試吃日期]2011.07.17[保存期限]2011.08.26[購買管道]Gourmet Market（Thailand）10.0B

No.4706　Thai Ha Public　　8 852959 005962

KASET Instant Vermicelli Spicy Seafood Salad Flavour

⊙類別：乾冬粉　⊙口味：海鮮
⊙製法：非油炸麵條
⊙調理方式：熱水沖泡2分鐘，再把水倒掉

■總重量：42g　■熱量：140kcal

[配料]調味粉包[麵]剔透的細冬粉質地柔軟，彈性佳，口感紮實[高湯包]偏強的酸度和辣度組合絕佳，魚露、香草、大蒜組成的風味稱不上高雅，卻很有深度[其他]一打開湯包，迎面撲鼻而來的味道，讓我想起人聲雜沓的曼谷。可惜分量實在太少[試吃日期]2011.10.02[保存期限]2011.12.15[購買管道]Gourmet Market（Thailand）10.0B

No.4676　ICC International Public　　8 850089 840033

Goonk Gink 4-me Instant Glass Noodle / Dried Tom Yum Flavour

⊙類別：乾冬粉　⊙口味：泰式酸辣湯
⊙製法：非油炸麵條
⊙調理方式：熱水沖泡3分鐘，再把水倒掉

■總重量：45g　■熱量：444kcal

[配料]調味粉包、液體湯包[麵]透明的細乾燥冬粉，質感晶瑩滑順，韌性十足，咬勁也不錯。也沒有沖泡不均的情形[高湯包]甜味和酸味取得很好的平衡，雖然沒有配菜，吃起來也不嫌單調。鮮味的主要來源是化學調味料[其他]單吃的話分量嫌少，但如果加了蝦子和蔬菜，應該會變得很豐盛[試吃日期]2011.08.21[保存期限]2011.09.24[購買管道]Krungdeb Coop Store（Thailand）8.0B

No.4555 ICC International Public　　8 850089 840019

Goonk Gink 4-me Instant Glass Noodle / Chicken Flavour

⊙類別：冬粉
⊙口味：雞肉
⊙製法：非油炸麵條
⊙調理方式：**熱水泡泡3分鐘**

■總重量：45g ■熱量：No Data

[配料]調味粉包、調味油包、辣椒粉[麵]質地透明的細冬粉，吃起來Q彈有勁，口感不錯。沖泡出來的成品軟硬度也很均一[高湯包]滋味樸實，沒有刺鼻的味道，但也不是平淡無奇。辣度很強，但是可以調整[其他]沖泡的時候，冬粉會發出嘆哧嘆哧的聲音，很好玩[試吃日期]2011.02.25[保存期限]2011.04.23[購買管道]Krungdeb Coop Store（Thailand）8.0B

No.4491 ICC International Public　　8 850089 853019

Goonk Gink 4-me Instant Rice Vermicelli / Clear Soup Flavour

⊙類別：
米粉
⊙口味：
胡椒
⊙製法：
非油炸麵條
⊙調理方式：
熱水沖泡3分鐘

■總重量：55g ■熱量：No Data

[配料]調味粉包、調味油包、辣椒粉[麵]表面粗糙的細乾燥麵，質地偏硬，充滿嚼勁[高湯包]醬油和魚露的滋味很強烈，大蒜的香氣融合了辣椒和胡椒的刺激，很合拍[其他]味道樸實的麵條和滋味醇厚的湯頭搭配得天衣無縫。平實的好滋味[試吃日期]2010.11.21[保存期限]2011.03.24[購買管道]耀盛號 日幣90圓

No.4520 ICC International Public　　8 850089 853026

Goonk Gink 4-me Instant Rice Vermicelli / Tom Yam Flavour

⊙類別：
米粉
⊙口味：
泰式酸辣湯
⊙製法：
非油炸麵條
⊙調理方式：
熱水沖泡3分鐘

■總重量：55g ■熱量：No Data

[配料]調味粉包、調味油包、辣椒粉[麵]表面粗糙的乾燥米粉，沖泡後的成品保持適度的軟硬度，沒有均勻不一[高湯包]甜度很高，卻不會讓人反感。酸味也重，相對的，辣味就減弱了[其他]鮮味適中，味道整體的平衡感不壞，只是有點單調，容易吃膩[試吃日期]2010.12.31[保存期限]No Data[購買管道]耀盛號 日幣90圓

No.4646　The Decent Noodles Factory　8 858829 600091

Sue Sat Garlic Chicken Flavour

⊙類別：拉麵　⊙口味：雞肉　⊙製法：油炸麵條
⊙調理方式：水煮2～3分鐘 / 熱水冲泡3分鐘

■總重量：60g ■熱量：280kcal

[配料]調味粉包[麵]油炸細麵的表面光滑，質地緊實。舌尖的觸感和咬勁都不錯[高湯包]醬油湯底散發著濃濃大蒜味，配上爽快的辣度。滋味有些複雜，但是比例很協調[其他]分量太少，讓人意猶未盡。雖然湯頭和杯麵版一樣，但麵的品質很好[試吃日期]2011.07.10[保存期限]2011.08.25[購買管道]Gourmet Market（Thailand）5.75B

No.4910　The Decent Noodles Factory　8 858829 601524

iDles Instant Noodles Curry

⊙類別：拉麵　⊙口味：咖哩
⊙製法：油炸麵條
⊙調理方式：水煮3分鐘

■總重量：85g ■熱量：379kcal

[配料]調味粉包（有加蔥花）[麵]切口呈四角形的油炸麵，又粗又硬，條條分明。存在感強，卻也顯得笨重[高湯包]吃得到椰漿的香甜。咖哩味平淡，辣度和刺激都偏弱[其他]棕梠油的味道增添了南國風味，和泰國主要品牌的產品完全不一樣[試吃日期]2012.07.20[保存期限]2012.09.24[購買管道]Thuong Xa Tax（Vietnam）5,700VND

No.4967　The Decent Noodles Factory　8 858829 601081

iMee Beef Flavour

⊙類別：拉麵　⊙口味：牛肉
⊙製法：油炸麵條
⊙調理方式：熱水冲泡3～4分鐘

■總重量：70g ■熱量：316kcal

[配料]調味粉包、調味油包、辣椒粉包[麵]作法和左邊的iDles不同，切口呈四角形的油炸麵偏粗，外形的輪廓清晰，非常有咬勁。充滿生氣[高湯包]醬油湯底是牛肉味的，喝起來清爽不刺激，有八角的香氣。其他部分很接近日本產品[其他]可能是這間公司有很多專門出口的OEM產品，所以湯頭和麵條都不像一般的泰國產品[試吃日期]2012.09.30[保存期限]2012.12.10[購買管道]Coop Market（Vietnam）7,500VND

No.4692 Nissin Foods Thailand　　8 852528 2743

炒麵　Japanese Sauce Flavour

⊙類別：炒麵　⊙口味：醬汁
⊙製法：油炸麵條
⊙調理方式：熱水沖泡3分鐘，再把水倒掉／
　　　　　　炒到湯汁收乾

■總重量：65g　■熱量：No Data

[配料]調味粉包[麵]切口為圓形的油炸麵，條條分明，頗有存在感。吃起來有蓬鬆感，很像杯麵[高湯包]類似日式炒麵，雖然香味不突出，還是吃得出淡淡的酸味和辣味。和杯麵版的印象差不多[其他]本產品也推薦消費者放進平底鍋拌炒，但是用平底鍋炒過的味道應該大不相同吧[試吃日期]2011.08.29[保存期限]2011.10.22[購買管道]Gourmet Market（Thailand）8.0B

No.4232 Namchow　　8 852098 702036

Little Cook Instant Noodle ／ Mushroom

⊙類別：拉麵　⊙口味：蘑菇
⊙製法：油炸麵條
⊙調理方式：水煮3分鐘／微波6分鐘

■總重量：85g　■熱量：392kcal

[配料]調味粉包[麵]中等粗細的油炸麵，口感不是很分明，感覺麵條中參雜著飼料的味道[高湯包]湯頭中最突出的味道是類似玉米的甘甜，幾乎吃不出蘑菇的氣味[其他]如果不看包裝的說明，根本吃不出所以然來。也沒有辣味的刺激，幾乎不具備泰國泡麵的元素[試吃日期]2009.11.02[保存期限]2009.11.21[購買管道]Ueda駐在員送我的禮物（在瑞典買的）

No.4269 Namchow　　8 852098 702043

Little Cook Instant Noodle ／ Vegetable

⊙類別：拉麵　⊙口味：蔬菜
⊙製法：油炸麵條
⊙調理方式：水煮3分鐘／微波6分鐘

■總重量：85g　■熱量：393kcal

[配料]調味粉包[麵]彈性和嚼勁的表現都很一般的油炸麵，香味也顯得廉價[高湯包]湯頭人工單調，沒有什麼特色。以乾麵而言，給人一種很緊實的印象[其他]這個系列的每一種產品的味道都是如出一轍，如果不加點肉或蔬菜，單吃會很辣[試吃日期]2009.12.24[保存期限]2009.11.21[購買管道]Ueda駐在員送我的禮物（在瑞典買的）

No.2068 Thai Sanwa Food 　　8 852057 111114

KOKA Oriental Style Instant Noodle Sen Lek Chicken

⊙類別：
米粉
⊙口味：
雞肉
⊙製法：
乾燥麵
⊙調理方式：
水煮2分鐘／熱水冲泡4分鐘

■總重量：55g ■熱量：200kcal

[配料]調味粉包、調味油包、辣椒粉[麵]推斷切口的尺寸為1.3×0.7mm，質地頗硬，很有嚼感[高湯包]稍顯濃郁的淺色湯頭，口味單純，也是日本人能夠接受的辣度[其他]基本上屬於清爽型，但是漂浮在表面的調味油有點煞風景[試吃日期]2001.10.29[保存期限]2001.11.22[購買管道]盤谷電腦市場的ERAWAN送我的

No.2062 Thai Sanwa Food 　　8 852057 111091

KOKA Instant Rice Vermicelli Sen Mee Chicken

⊙類別：**米粉**　⊙口味：**雞肉**
⊙製法：**乾燥麵**
⊙調理方式：**水煮2分鐘／熱水冲泡3～4分鐘**

■總重量：55g ■熱量：200kcal

[配料]調味粉包、調味油包、辣椒粉[麵]細如毛髮，很容易吸附湯汁的味道，但是米粉很容易接糾結成一團，分量也少[高湯包]基本上是溫和的雞湯味，幾乎呈現透明。辣椒粉帶來適當的辣度，成為味覺的亮點[其他]香草的香氣、調味油縈繞嘴邊，久久不散。屬於一般日本人都能接受的口味[試吃日期]2001.10.21[保存期限]No Data[購買管道]盤谷電腦市場的ERAWAN送我的

No.2494 Thai Myojo Foods 　　8 852523 101052

Oriental Style Instant Noodles Artifical Duck Flavour Base

⊙類別：**拉麵**　⊙口味：**雞肉**
⊙製法：**非油炸麵**
⊙調理方式：**水煮3～4分鐘**

2.5

■總重量：60g ■熱量：No Data

[配料]液體湯包[麵]由明星食品提供技術指導的非油炸麵，品質和嚼勁幾乎和日本國產品沒有兩樣，很像塑形麵條，口感平板[高湯包]味道細緻的醬油湯汁中，散發著東方情調的香味，連日本人也可以接受。不是燉煮很久的雞肉味[其他]辣椒的力道很強，味道高雅。以英中泰阿拉伯四種語言標示，所以保存期限寫得很長[試吃日期]2003.02.24[保存期限]2004.09.27[購買管道]Paris Champion 0.76euro

No.2229 Thai Myojo Foods 　　8 852523 101359

叻沙口味　（都是泰文看不懂）

⊙類別：**拉麵**　⊙口味：**叻沙**
⊙製法：**非油炸麵**
⊙調理方式：**水煮3～4分鐘**

■總重量：60g ■熱量：No Data

[配料]調味粉包[麵]居然也有麵條斷面小的扁平非油炸麵。透光性強，質地較硬，欠缺彈性[高湯包]橘色湯頭充滿椰漿味。不讓椰漿專美於前的辣味也顯得勁道十足。吃不出雞肉味和酸味[其他]和其他泰國泡麵完全不同，味道接近泰式咖哩，不合日本人的口味[試吃日期]2002.05.01[保存期限]不明（16 1 44）[購買管道]Dragon送我的

第二章

越南

Vietnam

越南的泡麵

越南的泡麵消費量號稱是全球第四。不論超商或超市,泡麵的貨架數量都相當驚人,不難想像它在越南人飲食生活中所占的分量。提到越南的麵食料理,大家第一個想到的是河粉,其實,越南的米製麵食種類繁多,還有檬粉(bún)和粿條(Hu Tieu)等。路邊,有很多供應米製麵食的小攤,但就泡麵而言,米製麵條的勢力應該足以和麵粉製麵條分庭抗禮。越南本地的泡麵廠商超過30間,再加上有些企業會依照消費族群,分別使用幾個不同的品牌,所以走到賣場一看,產品的種類之多,實在讓人嘆為觀止。另外值得一提的是,越南文以英文當作補助記號,所以乍看之下好像能通,其實和英文相差十萬八千里,完全是有看沒有懂。如果沒有事先做好功課,簡直無從下手。口味以牛肉、雞肉、蝦子最常見。辣度通常都很溫和,怕辣的人也能夠接受。一般而言,米製泡麵的湯頭多清淡爽口,而麵粉製的泡麵剛好相反,大多屬於油膩的重口味。

大部分產品都只要倒入熱水,蓋上碗蓋等待3分鐘,便可開動,幾乎沒有放入鍋內水煮的類型。泡軟後,倒掉碗公裡的水,再加入醬汁把麵條拌勻的乾麵,似乎也有一定的市場。屬於乾麵之一的番茄口味義大利麵,種類不只一種,稱得上是越南特有的泡麵文化。另外,越南的泡麵雖然都是袋裝麵,但是幾乎都會附帶調味包,大多也會添加用大豆蛋白製成的素肉塊。

越南泡麵的主要廠牌如下(括弧內的是企業名稱):

■Vina Acecook(Acecook Vietnam)
市占率超過一半,其次是
■Vifon(Vietnam Food Industries)
■Vi Huong / 味香麵(Thien Huong Food)
■Omachi i,Tien Vua,Kokomi(Masan Food)
■A-One(Saigon Ve Wong)
■Colusa-Miliket
■Uni-President / 統一(Uni-President / 統一越南)
■Gaudo / Hello(Asia Food)

除了上述主要品牌,還有許多小廠牌。不用我說,我想大家也猜得到,Acecook Vietnam的母公司就是日本的Acecook。Acecook 一開始和Vifon合資成立公司,但是雙方的合作關係已經在2004年畫下休止符。Acecook Vietnam的成功,常被當作日本企業進軍越南的成功案例。Vifon為歷史悠久的國營企業,它和Vi Huong一樣,出口業務量很龐大,在世界各地都看得到。Masan Food依照購買族群分為好幾個品牌,在越南本土有很強的存在感。A-One和統一都是台灣在越南投資的品牌。日清食品在越南設立的工廠,從2012年夏天開始生產非油炸的沖泡式袋裝麵,價格也不算很貴,所以不難預期品牌之間的競爭會愈發激烈,一些小廠牌也可能會被淘汰。

胡志明市到處都有超市,想要採買泡麵並不費力。主要的購買地點有Maxi Mart、Coop Mart這類連鎖超市、Thuong Xa Tax(國營百貨店)。進入賣場選購之前,必須把隨身行李寄放在寄物處。除此之外,在隨處可見的超商Circle-K,也買得到主要品牌的產品。

攝於越南的超市

　　在越南蒐購泡麵的時候,很棒的一點是,不論是
超商還是超市,幾乎都可以單包零買。對於早已習
慣不管去到哪個國家,一次都得買5包的收藏迷而
言,簡直是喜出望外。但是,越南的交通卻會把人
搞得灰頭土臉。想到只要一出門,隨時得提高警
覺,避開川流不息的摩托車「大軍」,都快要搞得
人神經衰弱了。即使像胡志明這樣的大都市,市區
的交通設施仍不算完備,在炎熱的天氣中走上一段
路,就覺得精疲力竭。就算搭計程車也得慎選,否
則很容易被人大敲竹槓。走在街上的時候,動不動
就遇到來歷不明的大叔,用日語對我搭訕。我想,
要是能稍微摸清他們的底細,這個城市應該挺有趣
的。

　　在日本的進口食品店或透過網購,可以買到
VIFON、Vi Huong／味香麵、A-One的河粉;在
大創等百圓商店,也可以買到包裝上寫有日語、製
造廠商不明的河粉,但我想應該是這三家的其中一
間吧。不過,麵粉製的袋裝麵在日本就不好買了。
另外,Vina Acecook的產品雖然稱霸越南的國內
市場,但是我卻不曾在日本看過。或許是要避免模
糊日本的Acecook的品牌形象,所以才不開放進口
吧。

越南的泡麵品牌

Vina Acecook
（Acecook Vietnam）8 934563

⊙http://www.acecookvietnam.com/

GauDo, Hello
（Asia Food）8 934679

⊙http://www.asiafoods.vn/

VIFON
（Vietnam Food Industries）8 934561

⊙http://www.vifon.com.vn/

A-One / 味王
（Saigon Ve Wong）8 934684

⊙http://www.aone.vn/

Vi Huong / 味香麵
（Thien Huong Food）8 934663

⊙http://www.thienhuongfood.com/

Uni-President / 統一
（Uni-President / 統一 越南）8 936000

⊙http://www.uni-president.com.vn/

Omachi, Tien Vua, Kokomi
（Masan Food）8 936007

⊙http://www.masanfood.com/

Miliket, Colusa
（Colusa Miliket Foodstuff）8 934587

⊙http://www.vietnamhost.com/miliket-vn_goods/

⌷ Bichi Chi Food
8 934863

⊙http://www.bichchi.com.vn/

⌷ Greenfood
8 936021

⊙http://www.gfood.com.vn/

⌷ GOMEX, Reeva
（Viet Hung Food）8 936048

⊙http://viethungfood.com/

⌷ Lucky
（Anthaifood）8 934646

⊙http://anthaifood.com/

⌷ NewTedco, TOPA
（Bao Bi Phuong Dong / ORIENT FOOD & PACKAGING）8 935006

⊙http://www.newtedco.com.vn/

⌷ KRF153 Koreno
（Korea Ramen Foods）8 936028

⊙URL 不明

⌷ Binhtayfood
8 934566

⊙http://www.binhtayfood.com/

No.4929　Acecook Vietnam　　　　　　　　8 934563 138165

Vina Acecook HaoHao Mi Tom Chua Cay ╱ Sour-Hot Shrimp Flavour 酸辣蝦麵

⊙類別：拉麵
⊙口味：蝦子
⊙製法：油炸麵條
⊙調理方式：熱水沖泡 3 分鐘

2.5

■總重量：75g ■熱量：353kcal

[配料]調味粉包、調味油包[麵]油炸過的細麵條條分明，和其他越南泡麵稍有不同，Q彈又有韌性[高湯包]辣度適中，酸味溫醇順口，甜味很濃。口味比泰式酸辣湯溫和許多[其他]口味雖然很有個性，但很容易被人接受。是當地的人氣商品，由此可以了解越南人的喜好[試吃日期]2012.08.18[保存期限]2012.09.12[購買管道]Circle K（Vietnam）5,000VND

No.4965　Acecook Vietnam　　　　　8 934563 107161

Vina Acecook HaoHao Mi Ga ╱ Chicken Flavour 雞麵

⊙類別：拉麵　⊙口味：雞肉
⊙製法：油炸麵條
⊙調理方式：熱水沖泡 3 分鐘

2

■總重量：75g ■熱量：342kcal

[配料]調味粉包、調味油包[麵]油炸過的細麵質地偏硬，蓬鬆感明顯。吃起來雖然硬，但也充滿彈性。吃得出油炸的味道[高湯包]澄澈有雞湯味，顏色是淺咖啡色。雖然味道鮮明，但是鮮味劑用得太多，只喝得到淡淡的胡椒味[其他]偶一為之無妨，但若連吃幾餐，感覺好像會消化不良。標準的越南味道[試吃日期]2012.09.28[保存期限]2012.10.13[購買管道]Maxi Mart（Vietnam）3,400VND

No.4976　Acecook Vietnam　　　　　8 934563 805159

Vina Acecook HaoHao Mi Xao Kho Tom Hanh ╱ Fried Noodle Shrimp&Onion Flavour 蝦蔥炒麵

⊙類別：炒麵　⊙口味：蝦子
⊙製法：油炸麵條
⊙調理方式：熱水沖泡 3 分鐘

3

■總重量：75g ■熱量：361kcal

[配料]調味粉包、調味油包、佐料包（蔥花、胡蘿蔔）[麵]油炸過的細麵略帶蓬鬆感，但是拜當中的硬度和油炸的香氣所賜，還是覺得口感不錯[高湯包]蝦子的香味和麵條的味道讓食慾大開。香氣的成分很複雜，雖然喝得出人工鮮味劑，但並不引人反感[其他]辣度剛剛好，比印尼撈麵更接近中式料理的味道。很容易讓人一口接一口[試吃日期]2012.10.07[保存期限]2012.10.04[購買管道]Coop Mart（Vietnam）3,400VND

No.4397 Acecook Vietnam 8 934563 165185

Vina Acecook De Nhat Mi Gia Mi Thit Bam ／ Pork Flavour 碎肉麵

⊙類別：拉麵　⊙口味：豬肉
⊙製法：油炸麵條
⊙調理方式：熱水沖泡 3 分鐘

■總重量：90g・熱量：417kcal

[配料]液體湯包、調味粉包、調味油包、佐料包（玉米‧大豆蛋白‧蔥花）[麵]油炸過的細麵表面粗糙，口感輕盈，卻不會軟爛沒有嚼勁。麵條的香氣凸顯了它的存在感[高湯包]醬油湯底的豬肉口味，蠻接近日本的拉麵。鮮味雖然人工，不過味道卻強而有力[其他]說到越南的麵食，就想到滋味清淡的河粉，本產品給人的感覺比較油膩[試吃日期]2010.06.28[保存期限]2009.09.09[購買管道]旺角附近的路邊攤（HK）HK2.5

No.4947 Acecook Vietnam 8 934563 150181

Vina Acecook De Nhat Mi Gia Cua Rang Me 蟹炒酸子麵

⊙類別：拉麵　⊙口味：螃蟹
⊙製法：油炸麵條
⊙調理方式：熱水沖泡 3 分鐘

■總重量：90g・熱量：386kcal

[配料]調味粉包、佐料包（蔥花‧大豆蛋白‧魚板）、調味油包[麵]切口扁平的油炸麵，輪廓和口感都很分明，蓬鬆感不明顯。彈性很強，吃起來有點當調[高湯包]喝得出明顯的螃蟹味。酸味和辣味適中，但是鮮味卻相當突出[其他]重口味的湯頭讓人有點吃不消，雖然加了魚板，但是質地太軟沒有嚼勁[試吃日期]2012.09.12[保存期限]2012.09.30[購買管道]Thuong Xa Tax（Vietnam）5,700VND

No.4941 Acecook Vietnam 8 934563 270131

Vina Acecook De Nhat Pho Ga La Chanh ／ Chicken Lemon 檸檬雞河粉

⊙類別：河粉　⊙口味：雞肉
⊙製法：非油炸麵條
⊙調理方式：熱水沖泡 3 分鐘

■總重量：65g・熱量：250kcal

[配料]調味粉包、調味油包、佐料包（蔥花‧大豆蛋白顆粒）[麵]寬5mm左右的扁平米麵，具備適度的黏性。滑嫩的口感很討喜[高湯包]湯頭澄澈有雞湯味，喝得出香草的氣味和辣椒的辣。青檸的酸味和香味都不會過強[其他]湯汁的滋味比包裝看起來強烈，但是和麵條搭配得宜，偶爾會讓我想吃上一碗[試吃日期]2012.09.03[保存期限]2012.11.29[購買管道]Thuong Xa Tax（Vietnam）14,000VND

No.4853 Acecook Vietnam 8 934563 302153

Vina Acecook Mien Phu Huong,Thit Heo Nau Mang ／ Pork with Bamboo Shoots 豬肉煮竹筍粉絲

⊙類別：冬粉　⊙口味：豬肉
⊙製法：非油炸麵條
⊙調理方式：熱水沖泡 3 分鐘

■總重量：55g・熱量：201kcal

[配料]調味粉包、調味油包、佐料包（香蔥‧筍乾‧大豆蛋白‧蔥花）[麵]透明的細冬粉，口感溫和，質地還算是柔軟[高湯包]咖啡色的魚露散發著濃濃的發酵味，搭配豬肉和筍子的香氣。口味並不刺激，卻很有自己的特色[其他]佐料相當豐盛，雖然味道和高雅兩個字沾不上邊，卻充分表達出越南的特色[試吃日期]2012.05.06[保存期限]2012.05.01[購買管道]Coop Mart（Vietnam）8,500VND

No.4903　Acecook Vietnam　8 934563 455149

Vina Acecook Nhip Song Hu Tieu Huong Vi Nam Vang 金邊粿條

⊙類別：粿條　⊙口味：海鮮（Nam Vang）
⊙製法：非油炸麵條
⊙調理方式：熱水沖泡 3 分鐘

■總重量：70g ■熱量：289kcal

[配料]調味粉包、調味油包、佐料包（韭菜‧胡蘿蔔‧蔥花）[麵]米製的乾燥麵麵沒有河粉那麼寬，大約和拉麵同等粗細，嚼勁十足，很容易入口[高湯包]湯頭清澈，融合了雞肉和蝦子的味道。辣椒和大蒜的點綴發揮了很好的效果，形成了清淡卻十分強勁的好滋味[其他]大量的韭菜發揮提味的效果。滋味雖然樸實，卻有十足的存在感[試吃日期]2012.07.15[保存期限]2012.08.20[購買管道]Circle K（Vietnam）7,500VND

No.4927　Acecook Vietnam　8 934563 982157

Vina Acecook Hang Nga Bun Bo Hue 順化牛肉檬米粉

⊙類別：
　米線
⊙口味：
　牛肉
⊙製法：
　非油炸麵條
⊙調理方式：
　熱水沖泡 5 分鐘

■總重量：75g ■熱量：279kcal

[配料]調味粉包、液體湯包、佐料包（蛋白質人造肉‧蔥花）[麵]細細的米線口感滑順，讓人一口接一口。我的感覺是，雖然以粗米粉為範本，但是為了生產方便，所以才做成細麵？[高湯包]牛肉的鮮味夾雜著魚露味，再加上蔬菜和香草的氛味，呈現清爽的酸味和辣味[其他]味道的組成太雜，但是比例卻很均衡。辣味也是日本人可以接受的辣度，整體表現比預期還好[試吃日期]2012.08.16[保存期限]2012.09.08[購買管道]Thuong Xa Tax（Vietnam）6,000VND

No.4952　Acecook Vietnam　8 934563 130138

Vina Acecook Vao Bep Thit Bam 碎肉味麵

⊙類別：
　拉麵
⊙口味：
　豬肉
⊙製法：
　油炸麵條
⊙調理方式：
　熱水沖泡 3 分鐘

■總重量：65g ■熱量：65kcal

[配料]調味粉包、調味油包[麵]油炸過的麵條和麵線差不多一樣細，質地偏硬，彈性不佳，但也不是毫無咬勁，可說是很少見的口感[高湯包]湯頭清澈。豬肉的鮮味雖然人工，但表現不錯。辣度偏弱，口味溫和[其他]雖然是價格不到日幣10圓的廉價品，品質卻表現不壞。但是分量太少，當作正餐吃不飽[試吃日期]2012.09.17[保存期限]2012.09.30[購買管道]Coop Mart（Vietnam）2,400VND

No.4037　Acecook Vietnam　8 934563 204143

Vina Acecook 越之御品 Oh！Ricey Pho Instant Special Chicken Rice Noodle 特別雞肉河粉

⊙類別：
　河粉
⊙口味：
　雞肉
⊙製法：
　非油炸麵條
⊙調理方式：
　熱水沖泡 3 分鐘

■總重量：70g ■熱量：245kcal

[配料]調味粉包、肉醬、乾燥蔬菜、調味油包[麵]未經油炸的扁平河粉寬約5mm，具備河粉特有的黏性，散發著淡淡的味道和香氣[高湯包]油脂的力道加上辣椒的刺激，使湯頭充滿奔放活潑的滋味，卻又清爽不油膩[其他]香草味讓人感受到越式風情，而且也很符合日本人的口味[試吃日期]2009.01.26[保存期限]2009.05.08[購買管道]hamazaki特派員贈送

No.4945　Vietnam Food Industries　　　8 934561 020035

VIFON Pho Bo ╱ Vietnamese Style Instant Rice Noodle Beef Flavour

⊙類別：河粉　⊙口味：牛肉
⊙製法：非油炸麵條
⊙調理方式：熱水沖泡 3 分鐘

■總重量：65g ■熱量：193kcal

[配料]液體湯包、調味粉包、調味油包、佐料包（蔥花・
大豆蛋白）[麵]寬扁的河粉輪廓分明，溼潤度也夠。樸實
的米香顯得很有分量[高湯包]湯頭清澈，剛入口時覺得味
道很淡，仔細品味才發現滋味複雜。辣椒也不會太辣[其
他]湯頭和麵條表現得四平八穩，沒有突兀之處。愈吃愈順
口[試吃日期]2012.09.09[保存期限]2012.10.02[購買管道]
Thuong Xa Tax（Vietnam）3,700VND

No.4448　Vietnam Food Industries　　8 934561 000259

VIFON Oriental Style Instant Noodles Vegetarian

⊙類別：
　拉麵
⊙口味：
　蔬菜
⊙製法：
　油炸麵條
⊙調理方式：
　熱水沖泡 3 分鐘

■總重量：60g ■熱量：263kcal

[配料]調味粉包、調味油包、佐料包（高麗菜・胡蘿蔔・芹菜）
[麵]雖然也是油炸過的細麵，但是形狀分明，也吃得出油炸的香氣
[高湯包]湯頭澄澈清淡，特徵是芹菜味，所以增添了幾分西式的
味道[其他]聊勝於無的佐料，質感平平，卻意外爽口好吃[試吃日
期]2010.09.21[保存期限]2012.02.29[購買管道]Kihara特派員贈送
（購買於羅馬尼亞）

No.4601　Vietnam Food Industries　　8 934561 000327

VIFON Oriental Style Instant Noodles Chicken Soup Flavour

⊙類別：
　拉麵
⊙口味：
　雞肉
⊙製法：
　油炸麵條
⊙調理方式：
　熱水沖泡 3 分鐘

■總重量：60g ■熱量：263kcal

[配料]調味粉包、調味油包[麵]帶有蓬鬆感的細麵，稜角分明，咬
勁十足。分量少[高湯包]平凡的雞湯味，鮮味也仰賴化學調味料。
沒想到調味油包的辣度驚人[其他]以越南產品而言，算是少見的強
度刺激，所以給我有活潑奔放的印象[試吃日期]2011.05.06[保存期
限]2012.02.29[購買管道]Kihara特派員贈送（購買於羅馬尼亞）

No.4893 Vietnam Food Industries　8 934561 251279

VIFON Tu Quy Bo Sa Te ／ Beef Satay Flavour

⊙類別：
　拉麵
⊙口味：
　牛肉
⊙製法：
　油炸麵條
⊙調理方式：
　熱水沖泡 3 分鐘

■總重量：65g ■熱量：267.3kcal

[配料]調味粉包、調味油包[麵]油炸細麵雖然有蓬鬆感，卻也意外有黏性，不容易碎。也有油炸的香氣[高湯包]清爽的牛肉味。鮮味雖然很人工，但也足夠。辣椒和胡椒的刺激很強烈[其他]包裝和味道都顯得廉價，但是味道的平衡感卻抓得很好，各種滋味融為一體[試吃日期]2012.07.01[保存期限]2012.08.18[購買管道]Maxi Mart（Vietnam）2,800VND

No.2504 Vietnam Food Industries　8 934561 000570

VIFON Oriental Style Instant Noodle Curry Chicken Flavour 咖哩即食麵

⊙類別：拉麵　⊙口味：咖哩
⊙製法：油炸麵條
⊙調理方式：熱水沖泡 3 分鐘

■總重量：70g ■熱量：282kcal

[配料]調味粉包、香草、辣油[麵]印象幾乎和No.2502,03如出一轍，又細又輕，和拉麵是兩個世界的產物[高湯包]淡淡的咖哩粉香味和辣油雖然搶味，卻顯得平板單調。刺激過後只留下淡淡的甜味[其他]香草味不濃，麵條、雞湯味、咖哩味各走各的路，吃得到難得一見的平衡調配[試吃日期]2003.03.06[保存期限]No Data[購買管道]Paris THANH BINH（Asian Foods）0.3euro

No.2506 Vietnam Food Industries　8 934561 020028

VIFON Vegetable Style Instant Noodle Chicken Flavour 越南雞肉粉

⊙類別：米粉　⊙口味：雞肉
⊙製法：乾燥麵
⊙調理方式：熱水沖泡 3 分鐘

■總重量：60g ■熱量：204kcal

[配料]調味粉包、調味油包、佐料包（脫水雞肉？香草）[麵]河粉的寬度據目測為6mm，頗有咬勁但味道平淡，缺乏彈性[高湯包]淺色湯頭浮著黃色的油脂，搭配亞洲式的香氣。淡淡的雞湯味當然是化學調味劑的傑作[其他]軟趴趴的脫水雞肉吃起來讓人陷入時間變長的錯覺[試吃日期]2003.03.08[保存期限]No Data[購買管道]Paris THANH BINH（Asian Foods）0.38euro

No.2507 Vietnam Food Industries　8 934561 100010

VIFON Oriental Style Instant Noodle " WANTAN " 雲吞

⊙類別：餛飩　⊙口味：雞肉
⊙製法：乾燥麵
⊙調理方式：熱水沖泡 3 分鐘

■總重量：60g ■熱量：194kcal

[配料]調味粉包、蝦米、炸洋蔥、調味油包[麵]所謂的餛飩就是25mm小角的麵皮。表面的平滑度不比日本製品，但厚度還算正常[高湯包]湯頭呈淡茶色，散發魚醬的味道，雖然簡單，卻利用佐料做出變化。隱約帶有刺激感[其他]蝦米很小，氣味微弱。洋蔥也發揮了提味的效果。完成度不足的鄉村口味吃起來很新奇[試吃日期]2003.03.09[保存期限]No Data[購買管道]Paris THANH BINH（Asian Foods）0.30euro

| No.4864 | Thien Huong Food | | 8 934663 102318 |

Vi Huong 味香麵 Mi Ga Quay,Khoai Khau / Roast Chicken Flavour

HƯỚNG DẪN SỬ DỤNG / DIRECTIONS:

1. Cho mì, bột nêm, dầu gia vị vào tô.
Put instant noodles, soup powder, flavor oil into a bowl.

2. Thêm vào 400ml nước đang sôi.
Pour 400ml of boiling water.

3. Đậy kín tô lại 3 phút trước khi dùng.
Cover the bowl for 3 minutes before serving.

⊙類別：拉麵
⊙口味：鴨肉（Duck）
⊙製法：油炸麵條
⊙調理方式：熱水沖泡 3 分鐘

2.5

■總重量：70g ■熱量：300kcal

[配料]調味粉包（添加蔥花和大豆蛋白）、調味油包[麵]油炸過的細麵，形狀清楚，咬勁Q彈，油炸的香氣有開胃的效果[高湯包]鮮味稍嫌人工，但是有一股雞皮微炙的香氣。調味油的辣椒也很爽口[其他]價格折合為日幣約為11圓，但是味道很豐富，應該蠻符合日本人的喜好[試吃日期]2012.05.21[保存期限]2012.07.05[購買管道]Thuong Xa Tax（Vietnam）2,800VND

| No.4422 | Thien Huong Food | | 8 934663 101915 |

Vi Huong 味香麵 Mi Chay Rau Nam / Instant Noodles Vegetable Flavour

⊙類別：拉麵　⊙口味：蔬菜
⊙製法：油炸麵條
⊙調理方式：熱水沖泡 3 分鐘

1.5

■總重量：70g ■熱量：294kcal

[配料]調味粉包、調味油包[麵]油炸過的細麵，蓬鬆感很明顯，口感比廉價的杯麵還輕，但是味道很香[高湯包]湯頭清澈，味道溫和，只是化學調味劑的比重應該不少。辣椒的刺激只有一點點[其他]如果能再加強麵的存在感，整體印象一定會大為加分[試吃日期]2010.08.16[保存期限]2009.12.09[購買管道]旺角附近的路邊攤（HK）HK2.5

| No.4938 | Thien Huong Food | | 8 934663 102233 |

Vi Huong 味香麵 Mi Xao Potato Thap Cam / Fried Instant Noodles,Mixed Flavour

⊙類別：炒麵　⊙口味：　　　⊙製法：油炸麵條
⊙調理方式：熱水沖泡 3 分鐘，再把水倒掉

2.5

■總重量：80g ■熱量：336kcal

[配料]液體湯包、調味粉包、佐料包（蝦子、玉米、胡蘿蔔、薄荷、九層塔）[麵]切口扁平的油炸麵，帶有馬鈴薯澱粉的黏性，咬勁不錯，質感不比日本的杯麵遜色[高湯包]清新的香草味，夾雜著適度的辣味和大蒜味。味道過於複雜，但鮮味的感覺很天然[其他]價格折合日幣約為17圓，但是整體的平衡感很好，沒有廉價感[試吃日期]2012.08.30[保存期限]2012.09.26[購買管道]Coop Mart（Vietnam）4,300VND

Vi Huong 味香麵 Hu Tieu Nhu Vi Bo Kho

⊙類別：粿條　⊙口味：牛肉
⊙製法：非油炸麵條
⊙調理方式：熱水沖泡 4 分鐘

■總重量：60g ■熱量：184kcal

[配料]調味粉包、調味油包、佐料包（小麥蛋白質‧胡蘿蔔‧蔥花）[麵]2mm寬的乾燥米粉，韌性適當，咬勁十分紮實。味道樸實[高湯包]咖啡色的牛肉湯頭清澈，鮮味不足，缺乏油脂。喝起來很清爽，香菜的味道很濃[其他]適中的辣度統一整碗麵的味道。材料雖然簡單，卻取得完美的平衡，很具療癒的滋味[試吃日期]2012.10.08[保存期限]2012.11.30[購買管道]Coop Mart（Vietnam）4,000VND

Vi Huong 味香麵 / Instant Vermicelli Shrimp

⊙類別：拉麵　⊙口味：蝦子
⊙製法：非油炸麵條
⊙調理方式：熱水沖泡 3 分鐘

■總重量：No Data ■熱量：332kcal

[配料][麵]與其說是拉麵，不如更接近麵線。充滿個性[高湯包]以雞湯為底的溫和滋味，沒有辣度[其他]順帶一提，好像是Distributed by Russia East-Express[試吃日期]1999.05.06[保存期限]1999.09.06[購買管道]Masaya特派員贈送（購自德國）

Vi Huong 味香麵 Chicken Extract

⊙類別：
　拉麵
⊙口味：
　雞肉
⊙製法：
　油炸麵條
⊙調理方式：
　熱水沖泡 3 分鐘

■總重量：66g ■熱量：No Data

[配料]調味粉包、調味油包[麵]麵條很細，形狀清楚。油的品質不差[高湯包]味道高雅溫和。就日本人的味覺上來說也OK。雖然地理上很接近，越南的口味卻比極辣的泰國溫和多了[其他]包裝以英文和俄文（應該是）標示。不愧是社會主義國家？[試吃日期]1999.04.12[保存期限]1999.09.06[購買管道]Masaya特派員贈送（購自德國）

Vi Huong 味香麵 Mixed Chicken Flavour

⊙類別：
　拉麵
⊙口味：
　雞肉
⊙製法：
　油炸麵條
⊙調理方式：
　熱水沖泡 4 分鐘

■總重量：60g ■熱量：No Data

[配料]調味粉包、調味油包[麵]麵條極細。泡了4分鐘還是很硬。缺乏彈性，感覺油不新鮮[高湯包]溫和的雞湯味[其他]感覺麵好像在湯裡游泳[試吃日期]1999.07.05[保存期限]1999.06.09[購買管道]Masaya特派員贈送（購自德國）

No.4933　Saigon Ve Wong　8 934684 026167

A-One Huong Vi Thit Xao ／ Pork Flavor 肉燥麵

⊙類別：炒麵　⊙口味：豬肉
⊙製法：油炸麵條
⊙調理方式：熱水沖泡 3 分鐘

■總重量：85g ■熱量：388.4kcal

[配料]液體湯包、調味粉包、佐料包（大豆蛋白・蔥花・胡蘿蔔）[麵]切口為圓形的油炸麵，麵條偏細，蓬鬆感很強。彈性強到有如橡皮筋[高湯包]湯品是澄澈的豬肉味，沒有醬油味，但是炸洋蔥的氣味很濃。刺激性低[其他]鮮味仰賴化學調味料的比重很高。像很多越南泡麵一樣，也添加了以大豆蛋白製成的素絞肉[試吃日期]2012.08.23[保存期限]2012.09.23[購買管道]Coop Mart（Vietnam）4,500VND

No.4963　Saigon Ve Wong　8 934684 026518

A-One Satay Flavor 沙爹麵

⊙類別：拉麵　⊙口味：沙嗲
⊙製法：油炸麵條
⊙調理方式：熱水沖泡 3 分鐘

■總重量：85g ■熱量：410kcal

[配料]調味粉包、調味油包、辣椒粉[麵]油炸細麵的捲度很強，放久了也不會糊掉。蓬鬆感很明顯，和杯麵很類似[高湯包]湯頭顏色很淡，質地清澈。以越南產品而言，辣度非常強烈，有一種陰沉的刺激感[其他]雞湯的鮮味感覺很天然，無法從包裝想像這其實是地獄級的辣味泡麵[試吃日期]2012.09.26[保存期限]2012.10.09[購買管道]Thuong Xa Tax（Vietnam）4,400VND

No.4913　Saigon Ve Wong　8 934684 026570

A-One Huong Sen Mi Chay 素食麵 Mushroom Vegetarian Flavor

⊙類別：拉麵　⊙口味：素食
⊙製法：油炸麵條
⊙調理方式：熱水沖泡 3 分鐘

■總重量：85g ■熱量：211.3kcal

[配料]調味粉包、佐料包（大豆蛋白、蔥花·胡蘿蔔）、調味油包[麵]切口為四角形的油炸細麵，質地偏硬，所以很有嚼感，也吃得出油炸的香味[高湯包]湯底的醬油味，搭配香菇和昆布的香味，吃起來有滋有味，完全不覺得有缺憾[其他]加了大豆蛋白顆粒其實累贅，看樣子是針對無法壓抑吃肉慾望的素食者所設計[試吃日期]2012.07.29[保存期限]2012.09.14[購買管道]Thuong Xa Tax（Vietnam）5,000VND

No.4973　Saigon Ve Wong　8 934684 025429

A-One Kung Fu Ga La Chanh ／ Chicken Lemon Grass Flavor 檸檬葉雞肉麵

⊙類別：拉麵　⊙口味：雞肉
⊙製法：油炸麵條
⊙調理方式：熱水沖泡 3 分鐘

■總重量：75g ■熱量：339kcal

[配料]調味粉包、調味油包[麵]嚼勁適中的油炸細麵，具備彈性和黏性，吃起來不會覺得空虛[高湯包]一開始只喝到檸檬草的酸味，湯頭澄澈。辣度很低，鮮味自然[其他]因為Kung Fu（功夫）這個名字，原以為應該是很勁爆的產品，沒想到卻是平實耐吃的滋味[試吃日期]2012.10.04[保存期限]2012.10.20[購買管道]Maxi Mart（Vietnam）3,100VND

No.3871 Saigon Ve Wong　　8 934684 031123

A-One Pho Chay Bode ／ Instant Rice Noodles Vegetarian Flavour 素食河粉

⊙類別：河粉　⊙口味：素食
⊙製法：乾燥麵
⊙調理方式：水煮 2 分鐘

■總重量：65g ■熱量：235kcal

[配料]調味粉包、調味油包、蔥花[麵]乾燥河粉沖泡後，稍微出現軟硬不均的情況，不過味道樸實清爽，還能接受[高湯包]喝得出幾分醬油味，基本上是屬於溫和不油膩的口味。鮮味不甚明顯，沒有屬迫感[其他]調味油很香，蔥花的氣味和日本不一樣，極富特徵性，似乎能讓人忘了都市的喧囂[試吃日期]2008.05.25[保存期限]2008.11.21[購買管道]Carnival日幣124圓

No.3895 Saigon Ve Wong　　8 934684 031062

A-One Pho Tom Cua ／ Instant Rice Noodles Shrimp&Crab Flavour 蝦蟹河粉

⊙類別：河粉　⊙口味：蝦蟹
⊙製法：乾燥麵
⊙調理方式：水煮 2 分鐘

■總重量：65g ■熱量：253kcal

[配料]調味粉包、調味油包、蔥花[麵]雖然是很寬的乾燥米粉，卻不像烏龍麵一樣有黏性。沖泡後質地變得柔軟，口感不錯[高湯包]感覺有些人工，不過喝起來像加了蝦子和螃蟹的火鍋湯頭，而且口味溫和，辣度很低[其他]力道不強，味道對日本人而言並不突兀，接受度應該很高。想要加點青菜進去[試吃日期]2008.07.06[保存期限]2008.11.21[購買管道]Carnival日幣124圓

No.4106 Saigon Ve Wong　　8 934684 031116

A-One Pho Ga ／ Instant Rice Noodles Chicken Flavour 雞肉河粉

⊙類別：河粉　⊙口味：雞肉
⊙製法：非油炸麵
⊙調理方式：水煮 2 分鐘

■總重量：65g ■熱量：248kcal

[配料]調味粉包、調味油包、蔥花[麵]又寬又薄的乾燥米粉，具備適度的黏性和嚼勁，放久了也不容易糊掉[高湯包]味道溫和平實，不具攻擊性，但也絕對不是平淡無奇[其他]香氣很濃郁的蔥花發揮了畫龍點睛的效果，讓人眼前浮現出越南的穀倉景色[試吃日期]2009.05.07[保存期限]2009.07.16[購買管道]Shabla日幣130圓

No.4207 Saigon Ve Wong　　8 934684 031017

A-One Pho Bo ／ Instant Rice Noodles Beef Flavour 牛肉河粉

⊙類別：河粉　⊙口味：牛肉
⊙製法：非油炸麵
⊙調理方式：水煮 4 分鐘

■總重量：65g ■熱量：232kcal

[配料]調味粉包、調味油包、佐料（香草）[麵]寬扁的乾燥米粉，雖然沒有經過油炸，卻意外有黏性。滋味清爽，但頗有存在感[高湯包]麵條的澱粉溶解在湯裡，所以喝起來有點濃稠。雖然口味溫和，油脂的部分仍散發著牛肉的香氣和辣味[其他]香草的氣味很大器，洋溢著異國風情。不強調華麗，卻值得細細品嘗[試吃日期]2009.09.28[保存期限]2009.12.22[購買管道]Jupiter日幣123圓

Omachi Mi Khoai Tay Suon Ham Ngu Qua ／ Pork Rib Stew

⊙類別：**拉麵**　⊙口味：**豬肉**　⊙製法：**油炸麵條**　⊙調理方式：**熱水沖泡 3 分鐘**

■總重量：80g ■熱量：342kcal

[配料]調味粉包、調味油包、佐料包（大豆蛋白‧胡蘿蔔‧蔥花）
[麵]油炸過的細麵有蓬鬆感，但因為有馬鈴薯澱粉，用熱水沖泡
後，吃起來頗有嚼勁[高湯包]喝得出豬肉的肉汁香氣，湯底的調配
很紮實。獨家口味，和一般越南產品不太一樣[其他]味道比預期好
吃。這間公司最近也和日本House開始合作，很期待日後會推出什
麼樣的產品[試吃日期]2010.04.19[保存期限]2010.02.20[購買管道]
旺角附近的路邊攤（HK）HK2.5

Omachi Lau Tom Chua Cay ／ Sour Shrimp Soup

⊙類別：
　拉麵
⊙口味：
　蝦子
⊙製法：
　油炸麵條
⊙調理方式：
　熱水沖泡 3 分鐘

■總重量：79g ■熱量：344.6kcal

[配料]調味粉包、佐料包（大豆蛋白‧胡蘿蔔‧蔥花）、調味油
包[麵]扁平的油炸細麵，因為加了大量的馬鈴薯澱粉，變得充
滿彈性和黏性。吃起來的口感像杯麵[高湯包]有點像越南版的
泰式酸辣湯。酸味和辣味都不強，但是甜度很高。鮮味和鹹味
很重，滋味複雜[其他]以袋裝麵來說，佐料很豐富。湯頭屬於
重口味。身體不太舒服的時候，吃起來很勉強，得多加點熱水
[試吃日期]2012.06.11[保存期限]2012.08.11[購買管道]Circle K
（Vietnam）7,500VND

Omachi Xot Bo Ham ／ Beef Stew Sauce

⊙類別：
　拉麵
⊙口味：
　牛肉
⊙製法：
　油炸麵條
⊙調理方式：
　熱水沖泡 3 分鐘

■總重量：82g ■熱量：357.7kcal

[配料]液體湯包、佐料包（牛肉‧胡蘿蔔‧蔥花）[麵]扁平的油炸細
麵，質地柔軟有彈性，也有馬鈴薯澱粉的黏性和咬勁[高湯包]液體
湯包的品質很優秀，聞起來像燉牛肉。牛肉的鮮味濃到化不開[其
他]外型仿造肉片的大豆蛋白、充滿個性的味道，都讓人覺得只有在
越南才吃得到[試吃日期]2012.07.09[保存期限]2012.08.14[購買管
道]Circle K（Vietnam）7,500VND

越南

No.4909　Masan Food　　8 936007 361815

Omachi Xot Spaghetti Vi Bo ／ Beef Sauce Spaghetti

⊙類別：義大利麵　⊙口味：牛肉
⊙製法：油炸麵條
⊙調理方式：熱水沖泡 3 分鐘，再把水倒掉

■總重量：84g ■熱量：358.5kcal

2.5

[配料]液體湯包（添加牛絞肉）、佐料包（蔥花）[麵]捲曲的油炸細麵，質地蓬鬆柔軟，比起義大利麵，更接近杯裝炒麵[高湯包]有番茄的酸味，甜度比想像中低，屬於成人口味。也有牛肉的鮮味[其他]如果把它當成番茄牛肉炒麵而不是義大利麵就無可挑剔了[試吃日期]2012.07.25[保存期限]2012.09.05[購買管道]Maxi Mart（Vietnam）6,100VND

No.4868　Masan Food　　8 936017 361013

Tien Vua Tom Su ／ Sour Shrimp Flavour

⊙類別：
　拉麵
⊙口味：
　蝦子
⊙製法：
　油炸麵條
⊙調理方式：
　熱水沖泡 3 分鐘

2

■總重量：74g ■熱量：316kcal

[配料]調味粉包、調油包[麵]油炸細麵的形狀很清楚，質地偏硬，蓬鬆感不足，但是彈性十足[高湯包]鮮味和鹹度很夠，感覺像降低了辣度和酸味的泰式酸辣湯。餘味帶著一絲甘甜[其他]吃得出很像醬油蝦的香味。包裝的圖案雖然畫得很清爽，其實味道有點強烈[試吃日期]2012.05.27[保存期限]2012.07.13[購買管道]Coop Mart（Vietnam）4,500VND

No.4935　Masan Food　　8 936017 361006

Tien Vua Bap Cai Thit Bam ／ Cabbage&Minced Pork

⊙類別：
　拉麵
⊙口味：
　豬肉
⊙製法：
　油炸麵條
⊙調理方式：
　熱水沖泡 3 分鐘

2.5

■總重量：77g ■熱量：333.5kcal

[配料]調味粉包（佐料〈大豆蛋白·蔥花〉）、調味油包[麵]有如麵線的油炸細麵，泡了2分鐘還是很硬，質地紮實，很有存在感[高湯包]以魚露調味的豬肉湯，顏色清澈。味道甘甜，辣椒的辣味只有一點點，相當獨具一格[其他]鮮味濃到讓人生膩，但只要加點青菜，味道應該就很剛好了[試吃日期]2012.08.26[保存期限]2012.09.29[購買管道]Thuong Xa Tax（Vietnam）3,700VND

No.4924　Masan Food　8 936017 361341

Oh！Ngon Mi Bo Ham Ngu Vi ／ 5 Spices Stewed Beef Flavour

⊙類別：
拉麵
⊙口味：
牛肉
⊙製法：
油炸麵條
⊙調理方式：
熱水沖泡3分鐘

■總重量：74g ■熱量：328.1kcal

[配料]調味粉包、液體湯包（添加蛋白質素肉）、調味油包[麵]油炸細麵的質地很軟，有澱粉的黏性，但感覺並不脆弱[高湯包]牛肉高湯的鮮味，搭配甜味和酸味。辛香味很濃，味道的層次相當分明[其他]本品也添加了素肉，味道和同公司Omachi系列的商品很類似，但是麵條的分量比較少[試吃日期]2012.08.13[保存期限]2012.09.08[購買管道]Coop Mart（Vietnam）3,700VND

No.4949　Masan Food　8 936007 362928

Kokomi Mi Ga Sa Te ／ Hot Sour Chicken Flavour

⊙類別：拉麵　⊙口味：雞肉
⊙製法：油炸麵條
⊙調理方式：熱水沖泡3分鐘

■總重量：65g ■熱量：299kcal

[配料]調味粉包、調味油包[麵]油炸細麵的形狀分明，咬勁十足，存在感不容忽視[高湯包]湯頭澄澈，是帶有焦糖香氣的雞湯味。辣度很低，味道的組合很單純[其他]個性不強的越南產品，對日本人而言剛剛好。雖然價格折合日幣僅需12圓，但找不到可挑剔之處[試吃日期]2012.09.14[保存期限]2012.10.05[購買管道]Coop Mart（Vietnam）2,900VND

No.4854　Uni-President Vietnam　8 936000 823030

Mi Vua Bep Pho Bo ／ Instant Rice Noodle Beef Flavor 牛肉河粉

⊙類別：河粉　⊙口味：牛肉
⊙製法：非油炸麵條
⊙調理方式：熱水沖泡4分鐘

■總重量：70g ■熱量：246kcal

[配料]調味粉包（佐料〈大麥蛋白、蔥花〉）、調味油包[麵]寬得像日本的棊子麵一樣的米粉，硬度適中。沖泡後也能均勻受熱。聞起來有米飯的香味[高湯包]有魚露的香氣，發酵比No.4853弱。鮮味雖然人工，但很夠味。有辣椒的辣味[其他]添加了用麩做成的素肉，口感鬆軟。無油，以麵條為主的產品[試吃日期]2012.05.07[保存期限]2012.06.29[購買管道]Maxi Mart（Vietnam）8,000VND

No.4956　Uni-President Vietnam　8 936000 824440

Tieu Nhi Mi Xao Thit Sot Chua Cay ／ Minced Meat with Tomato Sauce

⊙類別：炒麵　⊙口味：番茄
⊙製法：油炸麵條
⊙調理方式：熱水沖泡3分鐘，再把湯倒掉

■總重量：80g ■熱量：371kcal

[配料]調味粉包（佐料〈高麗菜、胡蘿蔔、大豆蛋白、蔥花〉）[麵]油炸麵條的粗細中等，形狀分明，彈性也不錯。分量很少[高湯包]嚐起來酸酸辣辣，番茄味很淡。雖然存在感十足，總覺得有點不自然[其他]正如圖片中的老爺爺所示，整體風格偏向中華口味，但也夾雜著幾絲越南風味[試吃日期]2012.09.21[保存期限]2012.10.07[購買管道]Maxi Mart（Vietnam）5,000VND

Mi Vua BepBun Bo Hue ／ 順化牛肉米粉

⊙類別：河粉
⊙口味：牛肉
⊙製法：非油炸麵條
⊙調理方式：熱水沖泡 **4** 分鐘

2.5

■總重量：70g ■熱量：250kcal

[配料]調味粉包、液體湯包[麵]表面像粗糙的乾燥米粉，顏色潔白，有黏性，很容易入口。幾乎可以算是米粉[高湯包]甜味、辣味和香草味都很明顯。口味相當豐富多變，我卻覺得有點膩[其他]和味道高雅的No.4927 Vina Acecook剛好形成對比，如果加點青菜會比較好？[試吃日期]2012.08.20[保存期限]2012.09.21[購買管道]Maxi Mart（Vietnam）8,000VND

GauDo Mi Chay Rau Nam ／ Red Bear Mushroom & Vegetable Flavour

⊙類別：拉麵
⊙口味：蘑菇
⊙製法：油炸麵條
⊙調理方式：熱水沖泡 **3** 分鐘

2

■總重量：65g ■熱量：293.3kcal

[配料]調味粉包（添加蔥花）、調味油包[麵]偏細的油炸麵，有蓬鬆感，質地柔軟。因為加了馬鈴薯澱粉，不會軟爛無嚼勁[高湯包]調味偏淡，鮮味稍嫌人工。散發著一股少見的香草味[其他]原本以為插圖上畫的是熊貓，沒想到竟然是一隻紅色的熊。老實說，畫得不是很可愛[試吃日期]2012.05.14[保存期限]2012.07.09[購買管道]Circle K（Vietnam）4,000VND

越南

No.4874　Asia Foods Corporation　　　8 934679 741310

Mi Hello Ga Quay / Roasted Chicken Flavour

⊙類別：拉麵　⊙口味：雞肉
⊙製法：油炸麵條
⊙調理方式：熱水沖泡 3 分鐘

■總重量：60g ■熱量：256kcal

[配料]調味粉包、調味油包[麵]油炸細麵的形狀分明，雖然蓬鬆感明顯，卻也有黏性。分量不多[高湯包]感覺像加了焦糖的燒雞口味。鮮味雖然人工，卻很夠味。辣椒和胡椒提供了刺激感[其他]雖然感覺廉價，卻很適合當作小朋友的點心。價格折合日幣居然只要10圓，真讓人懷疑這麼賣還有利潤嗎[試吃日期]2012.06.04[保存期限]2012.08.04[購買管道]Coop Mart（Vietnam）2,500VND

No.4968　Asia Foods Corporation　　　8 934679 943325

Gaudo Tom & Ga Sa Te Hank / Shrimp & Chicken

⊙類別：拉麵　⊙口味：雞肉
⊙製法：油炸麵條
⊙調理方式：熱水沖泡 3 分鐘

■總重量：65g ■熱量：271kcal

[配料]調味粉包、調味油包[麵]油炸細麵雖然有蓬鬆感，口感卻很俐落，也吃得出油炸的香味[高湯包]以溫和的雞湯為主調，搭配若有似無的蝦子香味。沒有酸味，也幾乎嚐不出辣味，滋味平穩[其他]以越南產品而言，鮮味的感覺很天然；雖然沒有高級的質感，整體的搭配卻表現不錯[試吃日期]2012.09.30[保存期限]2012.10.13[購買管道]Maxi Mart（Vietnam）3,200VND

No.4905　Colusa-Miliket　　　8 934587 100408

Miliket Mi An Lien,Co Dau Sate

⊙類別：拉麵
⊙口味：雞肉
⊙製法：油炸麵條
⊙調理方式：熱水沖泡 3 分鐘

■總重量：75g ■熱量：292kcal

[配料]調味粉包、調味油包[麵]切口為角形的油炸細麵，輪廓清楚，沒有蓬鬆感。有澱粉的黏性和宛如橡皮的堅硬彈性[高湯包]胡椒味明顯的雞湯口味，喝不出蝦味[其他]本產品最大的特徵是其他國家都沒有的紙袋包裝。裡面還貼了防潮膠膜呢[試吃日期]2012.07.17[保存期限]2012.09.04[購買管道]Coop Mart（Vietnam）3,000VND

No.4888 Colusa-Miliket `8 934587 992354`

Colusa Mi Tom An Kien ／ Prawn Flavour Instant Noodle

⊙類別：拉麵　⊙口味：蝦子
⊙製法：油炸麵條
⊙調理方式：熱水沖泡 3 分鐘

■總重量：75g ■熱量：292kcal

[配料]調味粉包（內含蔥花）、調味油包、佐料包（蝦子）[捲度很強的油炸細麵，質地偏硬，形狀非常分明。味道很香，但是蓬鬆感很明顯，還是難掩其廉價感[高湯包]散發著蝦殼爆香後的味道，幾乎沒有辣味和酸味，但很有存在感[其他]吃得出大蒜的香氣。看起來雖不起眼，但是香味卻很有辨識度[試吃日期]2012.06.24[保存期限]2012.08.27[購買管道]Coop Mart（Vietnam）3,700VND

No.4919 Colusa-Miliket `8 934587 002146`

Miliket Mi Thap Cam Viet Nam ／ Seafood Flavour Instant Noodle

⊙類別：拉麵　⊙口味：海鮮
⊙製法：油炸麵條
⊙調理方式：熱水沖泡 3 分鐘

■總重量：70g ■熱量：272kcal

[配料]調味粉包1、調味粉包2、調味油包[麵]油炸細麵的形狀很清晰，偏硬而帶有黏性，咬勁十足。感覺是很有活力的麵條[高湯包]帶有蝦殼煸香的氣味是本產品最大的特徵。辣椒和胡椒的刺激很帶勁[其他]包裝的照片有干貝和螃蟹，但是吃不出來。外觀雖然貌不驚人，但是味道卻出乎意料的活潑奔放[試吃日期]2012.08.06[保存期限]2012.09.30[購買管道]Maxi Mart（Vietnam）3,400VND

No.2508 MILIKET `8 934579 001217`

Miliket Foocosa Mi Xao An Lien

⊙類別：炒麵　⊙口味：蝦子
⊙製法：油炸麵條
⊙調理方式：熱水沖泡 3 分鐘，再把水倒掉

■總重量：85g ■熱量：400kcal

[配料]調味粉包、蝦醬、辣椒醬、調味油包[麵]寬3mm的扁平麵，和VIFON系列不一樣，質地平滑，蓬鬆感不明顯，而且沒有油炸感[高湯包]口味很重，又香又油。雖然感覺加了很多危害身體的成分，卻也能刺激食慾[其他]存在感不容小覷。作法很接近杯裝炒麵，所以雖然不能炒，還是把它歸類為炒麵[試吃日期]2003.03.10[保存期限]2004.03.31[購買管道]Paris THANH BINH（Asian Foods）0.3euro

No.4577 Korea Ramen Foods `8 936028 640015`

KRF 153 KORENO Han Luoe Ramen ／ Ginseng Flavour

⊙類別：拉麵　⊙口味：人蔘
⊙製法：油炸麵條
⊙調理方式：水煮 4 分鐘

■總重量：110g ■熱量：543kcal

[配料]調味粉包、佐料包（香菇，胡蘿蔔，蔥花）[麵]切口為圓形的油炸粗麵，有點像韓國泡麵，但是欠缺黏性，存在感低[高湯包]鮮味喝起來很平板，有人工味。雖然是韓資企業的產品，辣度意外的保守。有一股不知道該稱為藥味還是人蔘的味道[其他]還有香菇和胡蘿蔔的味道，至於喜不喜歡就因人而異了。就當作是為了健康而吃吧[試吃日期]2011.04.03[保存期限]2011.04.08[購買管道]Gourmet Market（Thailand）21.0B

Hu Tieu Instant Rice Noodle

⊙類別：**粿條**
⊙口味：雞肉
⊙製法：非油炸麵條
⊙調理方式：**熱水沖泡 4 分鐘**

■總重量：60g　■熱量：No Data

[配料]調味粉包、調味油包、佐料包（大豆蛋白質，胡蘿蔔，蔥花）[麵]以米粉製成的扁平麵，寬約2mm。有韌性，具備適度的咬勁，口感樸實[高湯包]雞湯的湯頭清澈，有大蒜的香味，不辣。沒有添加太多的人工鮮味劑也是優點之一。[其他]麵條和湯頭的表現都很平實，感覺很像一般的家庭料理，想常備在家。
[試吃日期]2012.09.24[保存期限]2013.02.04[購買管道]Maxi Mart（Vietnam）3,200VND

GOMEX 3Mien Hu Tieu Nam Vang ╱ Nam Bang Instant Rice Noodles

⊙類別：**粿條**
⊙口味：總匯海鮮
⊙製法：非油炸麵條
⊙調理方式：**熱水沖泡 3 分鐘**

■總重量：60g　■熱量：210kcal

[配料]調味粉包、調味油包、佐料包（辣椒切片，蔥花）[麵]寬約2mm的扁平米粉麵，沒有經過油炸。不過軟也不過硬，呈現恰到好處的口感[高湯包]澄澈的咖啡色湯頭，有醬料的香氣，搭配蒜味和辣椒片。蔥的香氣比日本的濃郁[其他]可惜鮮味太過仰賴人工調味劑，喝起來有幾分不自然。加點蔬菜可以扭轉形象嗎？
[試吃日期]2012.09.23[保存期限]2012.10.14[購買管道]Coop Mart（Vietnam）4,200VND

No.4367　Anthaifood　　8 934646 228868

Lucky 幸運 Mi Chay ／ Instant Noodle Soup Vegetarian Flavour

⊙類別：拉麵　⊙口味：蔬菜
⊙製法：油炸麵條
⊙調理方式：熱水沖泡 3 分鐘

■總重量：70g ■熱量：310kcal

[配料]調味粉包、調味油包[麵]切口為圓形的油炸細麵，很有咬勁。吃起來明顯有一股不新鮮的油耗味，讓人胃口大失[高湯包]湯頭清澈，雖然有人工味，但是香菇的鮮味很濃。調味油的存在也很有分量[其他]力道強勁，感覺不出是專為素食者設計的產品。麵條之所以走味，原因應該是過期太久[試吃日期]2010.05.17[保存期限]2010.01.13[購買管道]旺角附近的路邊攤（HK）HK2.5

No.4943　Greenfood　　8 936021 030424

GF Food New Way Ga La Chanh ／ Lime Chicken Flavor

⊙類別：
　拉麵
⊙口味：
　雞肉
⊙製法：
　非油炸麵條
⊙調理方式：
　熱水沖泡 4 分鐘
　／水煮 2 分鐘

■總重量：70g ■熱量：257kcal

[配料]調味粉包、調味油包、佐料包（大豆蛋白‧蔥花‧胡蘿蔔）[麵]以越南的產品而言，這款非油炸細麵的品質出乎意料的精緻有質感，只是小麥的香氣顯得微弱又有些單調[高湯包]口味溫和的雞湯味，顏色清澈。青檸的酸味和香氣很弱，沒有任何突出的味道[其他]佐料的存在感薄弱，麵條的品質很好。如果在香味上多下點功夫，一定更有吸引力[試吃日期]2012.09.06[保存期限]2013.02.24[購買管道]Coop Mart（Vietnam）5,200VND

No.4883　Binh Tay Food　　8 934566 000438

Mien Gao An Lien ／ Instant Rice Vermicelli Chicken Flavour

⊙類別：米粉　⊙口味：雞肉
⊙製法：非油炸麵條
⊙調理方式：熱水沖泡 3 分鐘

■總重量：65g ■熱量：227kcal

[配料]調味粉包、佐料包（大豆蛋白‧蔥花）、調味油包（有加炸洋蔥）[麵]很細的乾燥米粉，質地很硬。口感硬到會扎舌，幾乎吃不出米香[高湯包]看起來透明溫和，但人工鮮味加得很多，也吃得出大蒜味。鹹度也很驚人[其他]放了大量的炸洋蔥，以越式米粉而言是強而有力，但精緻度不足[試吃日期]2012.06.17[保存期限]2012.08.22[購買管道]Maxi Mart（Vietnam）4,000VND

No.4907　Bao Bi Phuong Dong　　8 935006 911512

New Tedco TOPA Mi Tom&Cua ／ Shrimp & Crab Flavour

⊙類別：米粉　⊙口味：螃蟹
⊙製法：油炸麵條
⊙調理方式：熱水沖泡 3 分鐘

■總重量：65g ■熱量：294kcal

[配料]液體湯包、調味油包、佐料包（大豆蛋白‧蔥花）[麵]切口為正方形的油炸麵，偏細。形狀明確，具有澱粉質的黏性。口感太硬，好像在吃橡皮[高湯包]甜度很高，蝦子和螃蟹的鮮味很淡。大蒜的香味只有一點點，辣度適中[其他]雖然是咖啡色的湯곍，卻喝不出醬油或魚醬的香氣。甜度是最大的特徵，其他部分都像標準的越南產品[試吃日期]2012.07.19[保存期限]2012.09.05[購買管道]Maxi Mart（Vietnam）2,900VND

第三章

台灣

Taiwan

台灣的泡麵

台灣的泡麵，大多添加了氣味辨識度極高的青蔥和五香粉，所以一打開泡麵的調味粉包，常常會被味道嗆得要打噴嚏（在一部分的中國泡麵中也有這項特徵）。提到台灣泡麵，雖然獨一無二的特色不多，但是因為沒有宗教上的規範，豬、牛、雞和海鮮等口味的種類很豐富，而且品項和中國產品的重疊性頗高。提供給素食者的產品也不少。素食口味的包裝都會印上「素」或「素食」，或者出現顯眼的「卍」記號。提到素食產品，除了清淡的調味，或許很多人都還有這種印象：會添加大量的化學調味料，好掩蓋乾燥蔬菜的「太陽味」。但是台灣的素食麵添加了大量的香菇及昆布高湯，很多產品都讓人感覺意猶未盡，很值得一試。另一項特色是，單價高的產品會附帶牛肉或豬肉調理包。此外，以中藥「當歸」為湯底的產品，也是台灣泡麵的一絕。至於口感，與其說是藥膳，更像直接飲用煎好的中藥。雖然稱不上美味，吃起來卻感覺很滋補。另外要向大家介紹超出我本人生理極限的一品，也就是台灣特有的「臭豆腐」口味（統一、阿Q臭臭鍋），聞起來有一股濃烈的發酵味。順便一提，在日本有一種被稱為「台灣拉麵」的麵，起源於名古屋，不過實際走訪正宗產地，卻沒有發現類似的麵食。

台灣泡麵的另一項特徵是在作法上同時標記沖泡即食，或者放入鍋內煮食。換句話說，大部分產品皆適用這兩個調理方式。即使是附帶肉塊的高級速食品也不例外。

知名品牌包括

- 統一（Uni-President Enterprise）
- 味丹（VEDAN Enterprise）
- 維力食品（Weilih）
- 康師傅（味全Wei Chuan）
- 味王（Ve Wong）

感覺市占率是由統一一枝獨秀。7-11在台灣是統一的旗下企業，而且統一也入股了台灣家樂福，所以握有通路上的優勢。此外，統一對中國大陸和越南等海外市場的經營也表現得很積極，同時也是維力食品的股東之一。康師傅的創辦人雖然出身台灣，卻先是在中國大陸發跡，再以鮭魚返鄉之姿，大舉回台投資。另外，或許是大家英雄所見略同，體認到台灣市場的成長空間有限，所以其他公司也以各種不同形式，拓展海外市場。

如果要在台灣蒐購泡麵，最有效率的作法是跑一趟頂好／Wellcome、家樂福、全聯福利中心等超市賣場。頂好的招牌是紅底黃字，相當顯目，大約營業到晚上10點（也有些門市是24小時營業）。台灣的袋裝麵大多是5包一袋，有時候沒辦法零買想要的品項（尤其是價格低的品項），購買前請三思。若想轉戰超商，到處都有的7-11是很方便的選擇。

台北的MRT（捷運）等大眾運輸發達，雖然來勢洶洶的摩托車潮讓人看得膽戰心驚，但是大家都會遵守交通號誌，所以行動起來很輕鬆方便，也不會讓人感到害怕。遇到想去路邊攤買東西，卻礙於語言不通而裹足不前的時候，總是會出現幫我翻譯的好心人士，對我伸出援手。幾次下來，也讓我感受到這就是台灣的特色吧。

攝於台灣的超市

如果在日本想購買台灣泡麵，可以在中華街或大久保買到統一和康師傅等主要品牌的產品。不過要注意的是，台灣和大陸的康師傅用的是同樣的商標和人物Logo，所以不易分辨是哪邊的製品。判斷的重點除了台灣寫成「麵」、大陸寫成「面」，還有條碼。大陸的開頭數字是「69」，台灣的開頭數字是「47」。若是透過網購，有時候可以買到統一肉燥麵等暢銷產品。

[上] 包裝上寫著湯頭加了「豚骨」熬製的「豚骨」拉麵。

台灣的泡麵品牌

▣ 統一
（Uni-President Enterprise）4 710088

⊙http://www.uni-president.com/

▣ 康師傅
4 710063

⊙http://cometome.weichuan.tv/

▣ 味丹
（VEDAN Enterprise）4 710110

⊙http://www.vedan.com

▣ 味王
（Ve Wong）4 710008

⊙http://www.vewong.com/

▣ 維力食品
（Weilih）4 710199

⊙http://www.weilih.com.tw

▣ 新竹
（南興食品）4 711663

⊙http://www.nsfood.com.tw/

台灣

◫ 力山食品
4 712275

註冊商標

⊙URL 不明

◫ 台南食品
4 710579

註冊商標

⊙http://www.tainanfood.com.tw

◫ 善用旅行地點的網購服務

　　只要有機會出國，我都會確認在當地可以買到哪些國家的產品，順便擴展自己的蒐藏版圖。去東南亞的時候，我常能在超市大有斬獲，因為可以買到許多鄰近國家的產品。如果懂得利用當地的網購，還能把預購清單裡的產品一網打盡。

　　舉例而言，在我造訪台灣之前，已經聽說台灣和菲律賓的距離很近，而且兩地的交流也很頻繁，在台灣可以買到許多種類的菲律賓泡麵。因此，我在台灣採購的時候，向台灣奇摩的某間網路商店訂購了菲律賓的泡麵，請對方幫我寄到飯店。

　　點閱繁體中文的台灣網頁、輸入收件人的必要資訊等，對我來說都是有些吃力的作業，不過多虧台灣朋友的幫忙，這些寶貴的泡麵還是順利送達了！

No.4546 統一　　　　　　　　　　　　　　　　　　　　　　　4 710088 410115

統一麵　肉燥麵　特大號

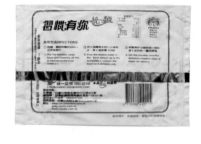

⊙類別：拉麵
⊙口味：豬肉
⊙製法：油炸麵條
⊙調理方式：熱水沖泡3分鐘

■總重量：85g ■熱量：450kcal

2.5

[配料]調味粉包、調味油包[麵]油炸麵的捲度明顯，形狀分明，有蓬鬆感。黏性低，口感輕盈[高湯包]豬肉湯頭高雅清爽，顏色清澈。油蔥酥的香氣是日本沒有的味道[其他]調味油中加了很多豬油，嘴唇會變得油呼呼，但也多虧了豬油，讓這款產品顯得更有力道[試吃日期]2011.02.12[保存期限]2011.03.03[購買管道]萬順行 日幣105圓

No.4561 統一　　　　　　　　　4 710088 410351

統一麵　肉骨茶麵

⊙類別：拉麵　⊙口味：肉骨茶
⊙製法：油炸麵條
⊙調理方式：熱水沖泡3分鐘

■總重量：93g ■熱量：482kcal

2.5

[配料]調味粉包、調味油包[麵]油炸麵條偏硬，稍帶蓬鬆感，口感原始、口味重，頗有存在感[高湯包]豬肉的精華滿溢，力道十足。像是經過燉煮的複雜滋味，也帶著一絲酸味[其他]除了小豬肉塊、胡蘿蔔，也吃得出胡椒的辣味和香草味。組成成分複雜，滋味卻意外的清爽[試吃日期]2011.03.07[保存期限]2011.03.11[購買管道]日光食品 日幣120圓

No.4501 統一　　　　　　　　　4 710088 410306

統一麵　辣味　蔥燒牛肉麵

⊙類別：拉麵　⊙口味：牛肉
⊙製法：油炸麵條
⊙調理方式：熱水沖泡3分鐘

■總重量：90g ■熱量：460kcal

2.5

[配料]調味粉包、調味油包[麵]油炸麵的形狀分明，口感輕盈，但蓬鬆感強。和日本的拉麵是不同種類[高湯包]牛肉湯是醬油湯底，顏色清澈。香辛料和辣椒的刺激也很強[其他]薄牛肉片吃起來像牛肉乾，口感偏硬，但充滿異國情調[試吃日期]2010.12.05[保存期限]2010.12.21[購買管道]萬順行 日幣105圓

統一米粉　肉燥米粉

No.3900　統一　　　　　　　　4 710088 410450

⊙類別：米粉　　⊙口味：豬肉
⊙製法：乾燥麵
⊙調理方式：熱水沖泡3分鐘

■總重量：60g ■熱量：229kcal

[配料]調味粉包、調味油包[麵]乾燥米粉偏細，黏性低，口感略乾。味道和香氣都很樸實，沒有異味[高湯包]淡色湯頭很清澈，味道的組成分子不多。稍有人工感，但是喝得出明顯的鮮味[其他]調味油加重了產品的力道，香味四溢的油蔥酥也成為味覺的亮點[試吃日期]2008.07.13[保存期限]2008.05.26[購買管道]日光食品 日幣120圓

統一麵　素肉燥麵

No.4016　統一　　　　　　　　4 710088 410566

⊙類別：拉麵　　⊙口味：素食
⊙製法：油炸麵條
⊙調理方式：熱水沖泡3分鐘

■總重量：85g ■熱量：426kcal

[配料]調味粉包、調味油包[麵]沖泡式的油炸麵，口感輕盈蓬鬆，形狀分明[高湯包]雖然是素食麵，但感覺好像加了動物性油脂，力道十足。湯頭澄澈[其他]吃得出香菇的味道，不覺得口味平淡。加了類似豆芽菜的佐料，充滿台灣風格[試吃日期]2008.12.24[保存期限]2008.09.13[購買管道]日光食品 日幣140圓

統一冬粉　冬菜冬粉

No.3866　統一　　　　　　　　4 710088 413063

⊙類別：冬粉　　⊙口味：蔬菜
⊙製法：乾燥麵
⊙調理方式：熱水沖泡3分鐘

■總重量：55g ■熱量：215kcal

[配料]調味粉包、調味油包[麵]以綠豆製成的乾燥細冬粉，質地不過硬，有適度的彈性和咬勁[高湯包]口味為醬油湯底，感覺像日本的古早拉麵。辣椒和胡椒辣得很舒服[其他]冬菜就是白菜，所以吃起來隱約有些甜味，也沒有難以接受的異味。很適合當作瘦身食品[試吃日期]2008.05.18[保存期限]2008.07.05[購買管道]日光食品 日幣120圓

統一麵　當歸麵線

No.3439　統一　　　　　　　　4 710088 410375

⊙類別：拉麵　　⊙口味：當歸
⊙製法：油炸麵條
⊙調理方式：熱水沖泡3分鐘

■總重量：85g ■熱量：449kcal

[配料]調味粉包（內含3塊豬肉）、調味油包、米酒[麵]麵條斷面為長方形的細麵，麵質輕盈蓬鬆，吃得出油炸的香氣。但麵條當不了主角[高湯包]帶有勾芡的醬油味，夾雜著動物性油脂，口味很重。香味有如藥膳般複雜，搭配有溫醇的米酒[其他]牛奶糖大小的肉片很硬，在日本吃不到類似的味道。口味雖然很獨特，但是完全在我的接受範圍之內，不成問題[試吃日期]2006.09.03[保存期限]2006.12.09[購買管道]日光食品（新大久保）日幣120圓

No.3264　統一　　　4 710088 410184

統一麵　鮮蝦麵

⊙類別：**拉麵**　⊙口味：**海鮮**
⊙製法：**油炸麵條**
⊙調理方式：**熱水沖泡3分鐘**

■總重量：**83g** ■熱量：**415.7kcal**

....
[配料]調味粉包（內含蝦子和胡蘿蔔）、調味油包（透明）[麵]印象
和P.62的肉燥麵差不多，古早作風的油炸麵，口感輕盈蓬鬆。做工
不精緻[高湯包]淺色的清澈湯頭，幾乎吃不出醬油味。沾附在唇邊
的油脂很多。化學調味劑添加過量，吃完後舌頭麻痺[其他]加了幾
隻不到1cm大的小蝦，感覺不出什麼香氣。如果希望5mm立方的胡
蘿蔔吃起來很有口感，後續仍需努力[試吃日期]2005.12.25[保存期
限]2006.04.03[購買管道]日光食品

No.2623　統一　　　4 710088 410535

統一麵　牛肉　麻辣鍋牛肉麵

⊙類別：**拉麵**　⊙口味：**牛肉**
⊙製法：**油炸麵條**
⊙調理方式：**熱水沖泡3分鐘**

■總重量：**90g** ■熱量：**450kcal**

....
[配料]調味粉包（內含蔥花）、調味油包[麵]有粗有細，欠缺黏性
的油炸麵條。油質不差就是了[高湯包]有力又陰溼？的辣度具有攻
擊性，且富台灣式的香味。高湯的成分很豐富。吃的時候鼻水流個
不停[其他]具有日本產品所沒有的大雜燴感，因為很有趣，說不定
會讓人上癮。給人一種很強的衝擊性[試吃日期]2003.07.09[保存期
限]2003.09.20[購買管道]Kiyono送給我的

No.3698　統一　　　4 710088 411785

滿漢大餐　蔥燒牛肉麵

⊙類別：**拉麵**　⊙口味：**牛肉**
⊙製法：**油炸麵條**
⊙調理方式：**水煮3分鐘**

■總重量：**125g** ■熱量：**415kcal**

....
[配料]調味粉包、料理包（牛肉）、調味油包[麵]扁平的油炸麵在
湯裡漂來漂去，口感和拉麵不一樣。感覺很像在台灣路邊攤吃到
的牛肉麵[高湯包]豆瓣醬主宰了湯頭的味道，醬油味很淡，散發
著台灣式的香氣，帶有適中的辣度，質地濃稠[其他]料理包的牛
肉分量不多，吃起來柔軟多汁，是提升整體質感的大功臣[試吃日
期]2007.09.18[保存期限]2007.07.19[購買管道]紫禁城亞洲中國食
品店 日幣330圓

No.3444　統一　　　4 710088 411761

滿漢大餐　珍味牛肉麵

⊙類別：**拉麵**　⊙口味：**牛肉**
⊙製法：**油炸麵條**
⊙調理方式：**水煮3分鐘 / 熱水沖泡3分鐘**

■總重量：**173g** ■熱量：**566kcal**

....
[配料]調味粉包、料理包（牛肉）、調味油包[麵]略帶黃色的扁平
油炸麵，質感剔透。麵質柔軟，但非軟爛。口感和拉麵不一樣[高
湯包]牛肉湯複雜又有深度，沒有粉末的感覺，料理包的湯汁味
道很好[其他]真材實料的牛肉為整體加分不少，雖然不是日本口
味，但對日本人來說也很OK。台灣的定價約為日幣150圓[試吃日
期]2006.09.10[保存期限]2006.12.19[購買管道]日光食品（新大久
保）日幣400圓

滿漢大餐　麻辣鍋　牛肉麵

⊙類別：拉麵　⊙口味：牛肉
⊙製法：油炸麵條
⊙調理方式：水煮3分鐘 / 熱水沖泡3分鐘

■總重量：200g ■熱量：656kcal

3.5

[配料]調味粉包、料理包（牛肉）、調味油包、香料[麵]扁
平油炸麵的捲度很強，略帶透明感。和日本的拉麵不一樣
[高湯包]滋味濃稠複雜，但並不讓人生厭。味道有深度，
辣度很強[其他]料理包的牛肉軟嫩，調味清淡高雅，讓人
想珍惜著吃。價格雖不親民，但具備無可取代的特質[試吃
日期]2009.03.15[保存期限]2008.08.12[購買管道]日光食品
（新大久保）日幣480圓

滿漢大餐　蔥燒豬肉麵

⊙類別：拉麵　⊙口味：豬肉
⊙製法：油炸麵條
⊙調理方式：水煮3分鐘

■總重量：193g ■熱量：562kcal

3

[配料]調味粉包（蔥花‧胡蘿蔔）、料理包（豬肉）、調味油包[麵]
和蔥燒牛肉麵一樣，扁平的白色麵條軟弱無力，像烏龍麵的變形。
只煮3分鐘就煮過頭了[高湯包]淡淡的醬油味。雖然是粉末包，湯
頭卻意外有深度，表現出色。散發著日本產品沒有的香氣[其他]料
理包的豬肉塊肉質鬆軟。淡淡的調味和珍味牛肉麵很像，可惜麵
質表現不佳[試吃日期]2003.06.30[保存期限]2003.10.24[購買管道]
Kiyono送給我的

阿 Q　布袋麵　炸醬麵

⊙類別：拉麵　⊙口味：豬肉
⊙製法：油炸麵條
⊙調理方式：水煮3分鐘

■總重量：107g ■熱量：552kcal

2.5

[配料]膏狀湯包（添加豬肉）、佐料包（高麗菜‧胡蘿蔔）[麵]寬
4mm的扁平麵條很會吸水，質地柔軟。不知是否因為麵條表面的
摩擦係數低，很容易從筷子上滑下來[高湯包]雖然是日本沒有的味
道，但是口味溫和，接受度高[其他]幾年前我也曾經吃過，但是包
裝有些不同，和日本的拉麵也有點不一樣[試吃日期]1999.09.23[保
存期限]1999.05.24[購買管道]Kiyono送給我的

台灣

No.3337 統一　　　　　　　　4 710088 830074

好勁道　京醬滷肉

⊙類別：拉麵　⊙口味：豬肉
⊙製法：非油炸麵條
⊙調理方式：熱水沖泡4分鐘

2.5

■總重量：80g ■熱量：365kcal

[配料]調味粉包（內含蔥花）、調味油包（內含紅蔥頭）[麵]氣味溫和的扁平非油炸麵，但質地並不細緻，感覺很像油炸麵。邊緣都被磨圓了[高湯包]基本上是豬肉口味，但是魚肉的香氣也很濃，醬油加得不多。香料和辣椒的刺激不重，骨幹很弱[其他]包裝上的Ai-9是人工智慧程式、模擬九道手工製麵程序的縮寫。從日本進口的設備看樣子真的有派上用場[試吃日期]2006.04.10[保存期限]2006.08.17[購買管道]全聯福利中心（台北）15元

No.3336 統一　　　　　　　　4 710088 830067

好勁道　原汁牛肉

⊙類別：拉麵　⊙口味：牛肉
⊙製法：油炸麵條
⊙調理方式：熱水沖泡4分鐘

3

■總重量：80g ■熱量：315kcal

[配料]調味粉包（內含蔥花）、調味油包[麵]和左邊的京醬滷肉一樣，口感也不像非油炸麵。乳化得很徹底，沒有出現類似橡膠的嚼感[高湯包]台灣式的深咖啡色牛肉湯，胡椒和山椒融合成爽快的刺激[其他]在統一的網站上，占了不少的介紹篇幅。原汁就是英文的Essence[試吃日期]2006.04.09[保存期限]2006.08.18[購買管道]全聯福利中心（台北）15元

No.3640 味丹企業　　　　　　4 710110 211222

味味A　海鮮麵

⊙類別：拉麵　⊙口味：海鮮
⊙製法：油炸麵條
⊙調理方式：熱水沖泡3分鐘

2

■總重量：80g ■熱量：393kcal

[配料]調味粉包（內含蝦子·海帶芽·胡蘿蔔）、調味油包[麵]麵條斷面扁平的油炸麵，口感輕盈蓬鬆，很像日本早期的杯麵[高湯包]湯頭透明，幾乎沒有醬油味，倒是有蝦米的味道。鮮味的來源是化學調味劑。嘴唇上會沾附一層油[其他]小蝦米完全沒味道，但是保存期限畢竟已經超過半年，所以評分僅供參考[試吃日期]2007.07.02[保存期限]2007.01.03[購買管道]日光食品 日幣120圓

No.1288 味丹企業　　　　　　4 710110 211475

味味A　排骨雞麵　香辣肉醬

⊙類別：拉麵　⊙口味：雞肉
⊙製法：油炸麵條
⊙調理方式：熱水沖泡3〜4分鐘

2

■總重量：90g ■熱量：No Data

[配料]調味粉包、調味油包[麵]典型的沖泡式泡麵。欠缺柔軟度，但是吃得出油炸的香味[高湯包]味道溫和高雅，日本人也可以接受[其他]和味味A系列的其他產品相比，比較沒有台灣風味呢[試吃日期]1999.05.03[保存期限]1999.07.16[購買管道]Kiyono送給我的

4 710110 512435

味味 A　肉骨茶麵

⊙類別：**拉麵**　⊙口味：**肉骨茶**　⊙製法：**油炸麵條**　⊙調理方式：**熱水沖泡3～4分鐘**

■總重量：85g ■熱量：390kcal

[配料]調味粉包（佐料〈豬肉‧胡蘿蔔〉）、應該還有調味油包才對吧？[麵]麵條斷面為長方形的油炸麵，口感輕盈蓬鬆。目前的日本袋裝麵都吃不到這種口感了[高湯包]類似中藥的苦澀香味，聞起來像藥膳，很特別。醬油濃度很低，喝起來有粉份的豬肉味[其他]原本應有的調味油包居然找不到！雖然感覺廉價，但若加了調味油可能會美味一點吧[試吃日期]2007.07.16[保存期限]2007.05.16[購買管道]日光食品 日幣120圓

（註：味味A肉骨茶麵確實有調味油包，可能包裝失誤產品被作者買到）

4 710110 211017

味味麵　特大號

Servin Suggestion:
Instant
1. place noodles and condiments in a bowl.
2. Pour into boiling water ca. 400ml (c.c.)
3. Cover up the bowl for 3-4 minutes.
4. Stir well and enjoy your delicious noodles.

Cooking:
Boil water (about 400 c.c.) in a pot. Put noodles and condiments into boiling water and cook for 2-3 minutes, stir well and enjoy it.

⊙類別：**拉麵**
⊙口味：**蘑菇**
⊙製法：**油炸麵條**
⊙調理方式：**水煮2～3分 / 熱水沖泡3分鐘**

■總重量：85g ■熱量：438kcal

[配料]調味粉包（內含香菇）、調味油包（內含油蔥酥）[麵]（水煮後試吃）以沖泡式泡麵而言質料纖細，口感平板無奇，有油炸的香味[高湯包]香菇的味道很濃。湯頭的組成要素很單純，也沒有無法接受的異味，只是覺得有些單調[其他]指甲片大小的香菇很薄。不花俏，是容易入口的平實滋味[試吃日期]2003.07.15[保存期限]2003.11.14[購買管道]Kiyono送給我的

No.2630　味丹企業　4 710110 201360

双響泡２　雙澆頭　雙口味

⊙類別：拉麵　⊙口味：雞肉
⊙製法：油炸麵條
⊙調理方式：熱水沖泡3分鐘

■總重量：95g　■熱量：438kcal

[配料]膏狀湯包、調味粉包、調味油包[麵]扁平麵寬約3mm，質地鬆脆，黏性低，和日本的拉麵不一樣[高湯包]色澤很深，散發著濃濃的台式香氣和味道，但是沒有膩口的尾韻。高湯成分很豐富，喝起來不辣[其他]打開時，調味油包已經破掉，漏出來的油把袋子弄得油膩膩。所以本次的試吃並不是在最佳狀態下進行的[試吃日期]2003.07.16[保存期限]2003.09.12[購買管道]Kiyono送給我的

No.3440　味丹企業　4 710110 410375

隨緣　素魷魚羹麵

⊙類別：拉麵　⊙口味：素食
⊙製法：油炸麵條
⊙調理方式：熱水沖泡3分鐘

■總重量：105g　■熱量：475kcal

[配料]液體湯包、調味粉包（大豆蛋白？筍干？）、調味油包[麵]油炸著的麵條稍粗，質地紮實，切口為四角形。不過吃起來柔軟輕盈[高湯包]入口就是醬油的香味，夾雜有酸甜的味道。鮮味適中，雖然是素食，吃起來並不寒酸[其他]看起來像魚的炸物是加工食品嗎？脆口的蔬菜，不用說當然也是純正的台灣風味[試吃日期]2006.09.04[保存期限]2006.10.19[購買管道]日光食品 日幣120圓

No.4196　味丹企業　4 710110 517348

隨緣　鮮蔬百匯素麵

⊙類別：拉麵　⊙口味：素食
⊙製法：油炸麵條
⊙調理方式：熱水沖泡3分鐘

■總重量：80g　■熱量：401kcal

[配料]調味粉包（佐料〈大豆蛋白、海帶芽、四季豆、豆芽菜、香菇、胡蘿蔔、青菜〉）、調味油包[麵]油炸麵的捲度很強，切口為四角形。口感蓬鬆輕盈，散發著油炸的香氣[高湯包]香菇和海帶芽的鮮味清爽，卻很有滋味。雖然是針對素食者的產品，味道也毫不遜色[其他]以袋裝麵而言配菜很豐盛，連用大豆蛋白製成的素肉都做成微辣，沒想到滋味還不錯呢[試吃日期]2009.09.13[保存期限]2009.05.27[購買管道]中一素食店 日幣138圓

No.4582　味丹企業　4 710110 532303

隨緣　素　肉骨茶麵

⊙類別：拉麵　⊙口味：素食
⊙製法：油炸麵條
⊙調理方式：熱水沖泡3分鐘

■總重量：90g　■熱量：414kcal

[配料]調味粉包、調味油包（高麗菜、胡蘿蔔、蛋白質）[麵]油炸麵的稜角分明，形狀清楚，捲度很強。有蓬鬆感，但口感不錯，存在感強[高湯包]湯頭顏色很深，偏甜。雖然沒有添加魚類或肉類高湯，鮮味卻很濃郁[其他]除了蔬菜，還有用大豆蛋白製成的素絞肉，但是素絞肉很礙事。獨特的香味是標準的台式作風[試吃日期]2011.04.10[保存期限]2011.04.19[購買管道]日光食品 日幣120圓

維力炸醬麵

⊙類別：乾麵
⊙口味：
⊙製法：油炸麵條
⊙調理方式：熱水沖泡3分鐘，再把湯倒掉

■總重量：90g ■熱量：428.5kcal

[配料]液體湯包、調味粉包[麵]切口稍微扁平的油炸麵，蓬鬆柔軟，口感有點空虛[高湯包]味噌肉醬的味道很有深度，幾乎沒有辣味，感覺好像會吃上癮[其他]湯頭溫和，喝得出蒜粉的味道。希望能吃到再紮實一點的麵條[試吃日期]2011.02.07[保存期限]2011.02.19[購買管道]日光食品日幣120圓

維力素食炸醬麵

⊙類別：沾麵　⊙口味：醬油
⊙製法：油炸麵條
⊙調理方式：熱水沖泡3分鐘，再把水倒進另一個碗中，把湯包粉倒入麵中攪拌，當作沾醬

■總重量：90g ■熱量：425kcal

[配料]調味粉包、調味油包[麵]麵條斷面為長方形的麵條，雖然口感蓬鬆，但是麵條很粗，所以不用擔心存在感薄弱[高湯包]我弄錯了調理方式，把它用熱水沖泡3分鐘，結果出現了一種好像日式滷菜的焦臭味[其他]因此，我無法對本產品做出任何評論。但是包裝上的卍字有什麼意義呢？[試吃日期]2003.07.17[保存期限]2003.11.01[購買管道]Kiyono送給我的

維力洋蔥麵

⊙類別：拉麵　⊙口味：Oriental
⊙製法：油炸麵條
⊙調理方式：熱水沖泡3分鐘

■總重量：85g ■熱量：No Data

[配料]調味粉包[麵]分量出乎意料的多。但畢竟是質地很輕的油炸麵，所以在胃裡占不了多少空間。吃得出油炸的香氣[高湯包]但咖啡色湯頭以化學調味料為主，滋味平實溫和，還適度加了胡椒、蔥和薑？的刺激[其他]讓人很懷念的滋味。雖然沒有特別優秀之處，卻也沒有值得挑剔的地方。有英法德西四種語言的標示[試吃日期]2003.03.13[保存期限]2003.02.28[購買管道]Paris THANH BINH（Asian Foods）0.3euro

No.4811　維力食品工業　　4 710199 050583

維力香辣牛肉麵

⊙類別：拉麵　⊙口味：牛肉
⊙製法：油炸麵條
⊙調理方式：水煮2〜3分 / 熱水沖泡3〜4分鐘

■總重量：65g ■熱量：313kcal

[配料]調味粉包、調味油包[麵]油炸麵的稜角分明，質地蓬鬆柔軟，口感很像廉價杯麵[高湯包]味道像加了醬油燉煮的牛肉湯。化學調味料加得太多，但胡椒和辣椒的刺激很爽快[其他]宛如被裝在時空膠囊般，包裝和內容都落伍了30年。牛角上的花朵裝飾很可愛[試吃日期]2012.03.05[保存期限]2012.02.29（？）[購買管道]來自Yoshimura特派員的餽贈

No.4535　維力食品工業　　4 710199 029015

維力麵　原汁牛肉麵

⊙類別：拉麵　⊙口味：牛肉
⊙製法：油炸麵條
⊙調理方式：熱水沖泡3分鐘

■總重量：90g ■熱量：464.3kcal

[配料]調味粉包、調味油包[麵]油炸麵條的蓬鬆感明顯，或許因為沒有用水煮，感覺有點溼，失去咬勁[高湯包]不曉得是否加了牛油，醬之湯頭顯得很厚實。醬油味的牛肉湯，帶著牛肉汁般的酸味，也有五香粉的氣味[其他]辣度適中，整體給人沉甸甸的印象。基本上是日本泡麵未曾有過的調味[試吃日期]2011.01.28[保存期限]2011.02.11[購買管道]日光食品 日幣120圓

No.3775　維力食品工業　　4 710199 017012

一度贊　紅燒牛肉

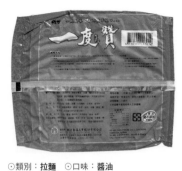

⊙類別：拉麵　⊙口味：醬油
⊙製法：油炸麵條
⊙調理方式：水煮3分 / 熱水沖泡3分鐘

■總重量：200g ■熱量：618kcal

[配料]調味粉包（內含高麗菜‧胡蘿蔔）、液體湯包、料理包（牛肉）、調味油包[麵]用水煮的方式調理。這款也是油炸過的細麵，質地細緻有嚼勁，比競爭對手對手統一更勝一籌[高湯包]濃稠的牛肉湯口味。口味的組成元素複雜，味道很有深度，也有刺激感很強的辣味[其他]牛肉的分量也比競爭對手還多，雖然吃得很過癮，但是台灣實際的售價，和日本的價格差很多吧[試吃日期]2008.01.06[保存期限]2008.04.25[購買管道]日光食品 日幣480圓

No.4056 維力食品工業　4 710199 020814

素飄香　素排骨雞麵

⊙類別：**拉麵**　⊙口味：**素食**
⊙製法：**油炸麵條**
⊙調理方式：**水煮3分 / 熱水沖泡3分鐘**

■總重量：90g ■熱量：422kcal

[配料]調味粉包、調味油包[麵]麵條斷面扁平的油炸細麵，口感就像標準的台灣泡麵軟弱無力[高湯包]喝起來粉粉的，還是喝得出鮮味，口味溫和。醬油放得很少[其他]雖然是針對素食者開發的產品，口味的勁道卻像葷食，叫人百思不得其解[試吃日期]2009.02.22[保存期限]2009.05.22[購買管道]中一素食店 日幣138圓

No.1745 維力食品工業　4 710199 010778

媽媽麵　新配方

⊙類別：**拉麵**　⊙口味：**豬肉**
⊙製法：**油炸麵條**
⊙調理方式：**水煮3分**

■總重量：85g ■熱量：451kcal

[配料]調味粉包（內含胡蘿蔔，海帶芽）、調味油包[麵]柔軟沒有嚼勁。雖然有油耗味，但還在袋裝麵的最低標準之內[高湯包]淺白色的湯頭滋味平實，調味是日本未曾見過的，不過基本上還是以化學調味料為主[其他]包裝上指示說調味粉包也要放進去水煮，但這樣香氣不會被蒸發掉嗎？[試吃日期]2000.10.22[保存期限]2000.11.04[購買管道]Akibaoo 日幣100圓

No.3910 味全食品工業　4 710063 195471

康師傅　正宗　紅燒牛肉

⊙類別：
　拉麵
⊙口味：
　牛肉
⊙製法：
　油炸麵條
⊙調理方式：
　水煮3分

■總重量：87g ■熱量：429kcal

[配料]調味粉包、調味油包[麵]以台灣產品而言，算是難得有咬勁的油炸麵，但口感還是和日本的有點不一樣[高湯包]充滿山椒和辣椒的刺激，洋溢著台式香氣，但是實際喝下去才發現湯頭清淡，欠缺深度[其他]感覺欠缺台灣泡麵的特色，說得難聽一點，根本就不像是日本的泡麵[試吃日期]2008.07.28[保存期限]2008.12.04[購買管道]紫禁城亞洲食品店 日幣130圓

No.3925 味全食品工業　4 710063 195532

康師傅　精緻　蔥燒排骨

⊙類別：
　拉麵
⊙口味：
　豬肉
⊙製法：
　油炸麵條
⊙調理方式：
　水煮3分鐘 / 熱水沖泡3分鐘

■總重量：88g ■熱量：429kcal

[配料]調味粉包、調味油包[麵]油炸麵條沒有蓬鬆感或油耗味，品質在國際水準之上，但是與湯頭的諧調度還差一步[高湯包]稍顯白濁，感覺是豚骨醬油混合了台式調味，但是湯頭的層次感不足[其他]味道幾乎和日製產品沒有差異，若是這樣就沒有專程進口的必要了[試吃日期]2008.08.17[保存期限]2008.11.30[購買管道]紫禁城亞洲食品店 日幣130圓

No.4437 味全食品工業　　　　　　　　4 710063 195501

康師傅　原味　鮮蝦魚板

⊙類別：拉麵　⊙口味：海鮮　⊙製法：油炸麵條
⊙調理方式：水煮3分鐘／熱水沖泡3～4分鐘

2.5

■總重量：83g
■熱量：407kcal

[配料]液體湯包（佐料包〈蝦子・海帶芽・胡蘿蔔・魚板〉）[麵]切口稍微扁平的油炸麵，質地柔軟，表面平滑有光澤[高湯包]略帶勾芡的鹽味湯頭，口感溫醇順口，特徵是喝得到蝦米的味道[其他]以袋裝麵而言，是難得把佐料裝在液體湯包裡的種類，感覺性格很穩重。[試吃日期]2010.09.06[保存期限]2010.07.13[購買管道]日光食品 日幣120圓

No.4113 味全食品工業　　　　　　　　4 710063 195853

康師傅　當歸藥膳麵線

⊙類別：
　拉麵
⊙口味：
　當歸
⊙製法：
　油炸麵條
⊙調理方式：
　水煮3分鐘

3

■總重量：87g　■熱量：410kcal

[配料]液體湯包、調味粉包（佐料包〈大豆蛋白・枸杞〉）[麵]極細的麵條帶有油炸的香氣，質地並不是很柔軟，但個性也不強。和日本的拉麵截然不同[高湯包]有濃稠感，生薑和中藥的氣味很濃，但也有柴魚和昆布類的高湯，非常有味[其他]雖然沒有添加動物性油脂，味道卻很強烈。中藥的味道很明顯，但若把它當作藥膳料理來看，還是可以接受的調味[試吃日期]2009.05.17[保存期限]2009.06.09[購買管道]中一素食店 日幣158圓

No.3966 味全食品工業　　　　　　　　4 710063 195594

康師傅　老火　香菇燉雞

⊙類別：
　拉麵
⊙口味：
　雞肉
⊙製法：
　油炸麵條
⊙調理方式：
　水煮3分鐘

2.5

■總重量：87g　■熱量：424kcal

[配料]調味粉包、調味油包[麵]偏細的油炸麵條充滿張力，很像日本的泡麵。只是很不耐放，一下子就糊掉了[高湯包]鹽味湯頭是以雞湯為底，有香菇的味道，稍微濃稠。鮮味適中，但是鹹度過高[其他]是日本人很熟悉的口味，但換個角度來說，也就沒有異國風味了[試吃日期]2008.10.14[保存期限]2008.11.27[購買管道]紫禁城亞洲食品店 日幣130圓

No.4377 味全食品工業	4 710063 195624

康師傅　極道麵館　紅燒牛肉

⊙類別：
拉麵
⊙口味：
牛肉
⊙製法：
油炸麵條
⊙調理方式：
水煮3分鐘

■總重量：86g ■熱量：387kcal

[配料]調味粉包、調味油包[麵]扁平的油炸麵又白又粗，質感細緻，很有存在感。外觀和口感都很接近烏龍麵[高湯包]牛肉的鮮味表現得很出色，酸味和豆瓣醬的辣味取得很好的平衡。味道多元不單調[其他]加了小塊的牛肉片。給人整體印象是重口味，滿足感破表[試吃日期]2010.05.31[保存期限]No Data[購買管道]日光食品 日幣120圓

No.4087 味全食品工業	4 710063 631127

康師傅　自然鮮蔬　天然　番茄蔬菜

⊙類別：**拉麵**　⊙口味：**番茄**
⊙製法：**油炸麵條**
⊙調理方式：**水煮3分鐘 / 熱水沖泡3～4分鐘**

■總重量：92g ■熱量：455kcal

[配料]調味粉包（佐料包（內含香菇‧胡蘿蔔‧青菜））、調味油包[麵]扁平的油炸細麵質地柔軟有彈性。質感像西式麵條，異於一般台灣的製品[高湯包]感覺像混合了番茄粉，甜度很高，酸度很低。略帶勾芡味[其他]昆布和香菇提供了充足的鮮味，但是和番茄不對味，只要吃過一次就謝謝再連絡[試吃日期]2009.04.06[保存期限]2009.06.18[購買管道]中一素食店 日幣158圓

No.4467 味全食品工業	4 710063 196270

康師傅　一番咖哩炒麵　純素

⊙類別：
乾麵
⊙口味：
咖哩
⊙製法：
油炸麵條
⊙調理方式：
**熱水沖泡3～4分鐘，
再把水倒掉**

■總重量：96g ■熱量：486kcal

[配料]液體湯包、調味粉包[麵]畢竟是沖泡式的油炸麵，口感粗糙，吃起來很蓬鬆，像杯裝炒麵[高湯包]偏油膩，咖哩的香氣雖然很淡，但是和中式鮮味不合，吃了不太舒服[其他]豆腐湯裡除了海帶芽，別無他物，喝起來索然無味。雖然味道不怎麼樣，但就稀有度而言，倒是新鮮有趣[試吃日期]2010.10.18[保存期限]2010.10.12[購買管道]中國貿易公司 日幣50圓

No.4556 味全食品工業	4 710063 195914

康師傅　自然鮮蔬　當歸枸杞細麵

⊙類別：
拉麵
⊙口味：
當歸
⊙製法：
油炸麵條
⊙調理方式：
**水煮2.5分鐘 / 熱水
沖泡3～4分鐘**

■總重量：87g ■熱量：410kcal

[配料]調味粉包、調味油包[麵]油炸細麵的質地非常柔軟，具有黏性，所以沒有脆度。和拉麵截然不同[高湯包]帶有勾芡感，散發著中藥味。雖然沒有動物性油脂的力道，喝起來鮮味十足[其他]枸杞的甜味和麻油的香氣相輔相成，交織出動人滋味。中藥味的接受度則是因人而異[試吃日期]2011.02.27[保存期限]2011.03.03[購買管道]日光食品 日幣100圓

73

康師傅　蔥燒排骨

⊙類別：拉麵　⊙口味：豬肉
⊙製法：油炸麵條
⊙調理方式：水煮3分鐘／熱水沖泡3～4分鐘

■總重量：88g ■熱量：391kcal

[配料]調味粉包、調味油包[麵]台灣製品中少見的圓形切口油炸細麵，口感分明有嚼勁[高湯包]豬肉湯底的湯頭喝起來鮮味十足，略帶濃稠，感覺像加了味噌調味[其他]香味的感覺很低調，大概是因為我把調味粉包先加進去煮吧。不同於中國製的No.3568[試吃日期]2010.11.07[保存期限]2010.11.12[購買管道]萬順行 日幣105圓

康師傅　香辣牛肉麵　辣！

⊙類別：拉麵　⊙口味：牛肉
⊙製法：油炸麵條
⊙調理方式：熱水沖泡3分鐘

■總重量：116g ■熱量：558kcal

[配料]膏狀湯包、調味粉包、佐料包（胡蘿蔔，高麗菜．蔥花）[麵]感覺和No.2637一樣，體積龐大。放進一般大小的碗公裡，熱水無法完全覆蓋住麵[高湯包]和其他紅燒牛肉麵一樣，辣度的感覺很沉，但還在日本人可以接受的範圍[其他]應該說仍帶有東南亞的風格。十足的活力之中，帶有幾分潮溼慵懶[試吃日期]2003.07.24[保存期限]2003.11.23[購買管道]Kiyono送給我的

味王　麻油雞麵

⊙類別：拉麵　⊙口味：雞肉
⊙製法：油炸麵條
⊙調理方式：水煮2～3分鐘／熱水沖泡3～4分鐘

■總重量：90g ■熱量：404kcal

[配料]調味粉包（有薑）、麻油、米酒[麵]和味王素食麵一樣，都是扁平紮實的油炸麵，沒有蓬鬆感，分量不多[高湯包]以雞湯為底的湯頭口味溫醇，拜米酒所賜，增添了幾分深度[其他]8元╪日幣30圓的價格十分便宜，但是各方面的表現都比味王素食麵優秀[試吃日期]2006.04.03[保存期限]2006.06.29[購買管道]全聯福利中心（台北）8元

味王　肉燥麵

⊙類別：拉麵　⊙口味：豬肉
⊙製法：油炸麵條
⊙調理方式：水煮2～3分鐘／熱水沖泡3～4分鐘

■總重量：85g ■熱量：436kcal

[配料]調味粉包（內含蔥花）、調味油包（內含油蔥酥）、辣椒粉末[麵]（以水煮方式調理）出乎意料的高密度，表面平滑。長方形切口的麵條有稜有角，捲度很強[高湯包]如果加入整包辣椒，會辣到鼻水直流。基本上很像20年前的醬油口味，味道很單純[其他]因為辣椒的分量讓我大為改觀。大致而言，作工單純細緻，比目前的日本產品還要清爽[試吃日期]2003.07.05[保存期限]2003.11.01[購買管道]Kiyono送給我的

台灣

4 710008 211228

味王　素食麵

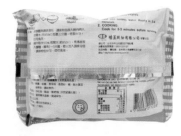

⊙類別：**拉麵**
⊙口味：**素食**
⊙製法：**油炸麵條**
⊙調理方式：**水煮2～3分鐘 / 熱水沖泡3分鐘**

■總重量：82g ■熱量：386kcal

2.5

[配料]調味粉包（佐料包（大豆蛋白・胡蘿蔔・海帶芽・蔥花））、調味油包[麵]方形切口的油炸細麵，感覺除了小麥，還添加有其他澱粉，所以帶有黏性[高湯包]柴魚和昆布的高湯味很濃，喝起來有點像沒加醬油的蕎麥麵蘸醬。不辣[其他]加了很像肉片的大豆蛋白。湯頭和佐料的表現都和杯麵版相差無幾，但是麵質略勝一籌[試吃日期]2009.04.26[保存期限]2009.06.08[購買管道]中一素食店 日幣138圓

---

4 710008 211259

味王　鮮蝦麵

⊙類別：**拉麵**　⊙口味：**蝦子**
⊙製法：**油炸麵條**
⊙調理方式：**水煮2～3分鐘 / 熱水沖泡3～4分鐘**

■總重量：83g ■熱量：377kcal

2.5

[配料]調味粉包（內含蝦子・海帶芽・胡蘿蔔・蔥花）、調味油包[麵]（以水煮方式調理）和No.2619一樣，質地細緻緊實，不像一般沖泡式泡麵，黏性不足[高湯包]以化學調味料調出鮮味的鹽味海鮮湯頭。顏色很淺，質感清澈，幾乎沒有醬油味[其他]內含3隻很小的蝦子，味道和香氣都很足。看似單純其實複雜的滋味很有意思[試吃日期]2003.07.06[保存期限]2003.09.14[購買管道]Kiyono送給我的

---

4 710008 211334

味王　香菇肉羹麵

⊙類別：**拉麵**　⊙口味：**蘑菇**
⊙製法：**油炸麵條**
⊙調理方式：**水煮3分鐘 / 熱水沖泡3～4分鐘**

■總重量：88g ■熱量：339kcal

2

[配料]調味粉包（內含蘑菇・蔥花）、調味油包、黑醋[麵]（沖泡式調理）麵質蓬鬆輕盈，散發著令人懷念的油炸香氣[高湯包]帶著酸味的中式羹湯，喝起來很新奇。有一種台灣味，雖然很人工，一點也不高級，卻也是難得一見[其他]勾芡用的太白粉會結塊，作法和No.2619、20略有不同，是日本吃不到的味道[試吃日期]2003.07.07[保存期限]2003.09.13[購買管道]Kiyono送給我的

`No.4565` 味王　　　　　　　　　　4 710008 211372

味王　紅麴炸醬麵　全素

⊙類別：**乾麵**　⊙口味：**豆瓣醬**
⊙製法：**油炸麵條**
⊙調理方式：熱水沖泡3分鐘，再把水倒掉

■總重量：90g ■熱量：425kcal

[配料]液體湯包、（另外添加）調味粉包[麵]油炸麵偏硬、稍粗，有蓬鬆感，口感不算滑順[高湯包]豆瓣醬幾乎不辣，顏色也不紅，缺乏紅麴特有的味道和香氣[其他]加了蠶豆？皮。附帶的湯包味道單調，但是用來潤喉剛剛好。有期待稍微落空的感覺[試吃日期]2011.03.14[保存期限]2011.03.15[購買管道]中國貿易公司 日幣158圓

`No.4516` 味王　　　　　　　　　　4 710008 211358

味王　咖哩牛肉拌麵　拌拌麵

⊙類別：**乾麵**　⊙口味：**咖哩**
⊙製法：**油炸麵條**
⊙調理方式：熱水沖泡3分鐘，再把水倒掉

■總重量：94g ■熱量：496.6kcal

[配料]液體湯包、調味粉包（另外添加用）[麵]油炸麵的蓬鬆感明顯，口感鬆散不紮實，類似廉價的杯麵[高湯包]咖哩的香料味和牛肉的香氣皆弱，口感油膩笨重，容易吃膩[其他]還好利用剩下的熱水製作的速食雞湯成了解藥，雖然喝起來味道單調。但還是希望整體的口味能夠清爽一些[試吃日期]2010.12.26[保存期限]2011.01.15[購買管道]日光食品 日幣120圓

`No.1243` 味王　　　　　　　　　　4 710008 211112

味王　原汁　牛肉麵

⊙類別：**拉麵**　⊙口味：**牛肉**
⊙製法：**油炸麵條**
⊙調理方式：水煮2～3分鐘／熱水沖泡3分鐘

■總重量：85g ■熱量：No Data

[配料]調味粉包、調味油包[麵]質地非常柔軟，平滑細緻。幾乎吃不出蓬鬆感[高湯包]一到台灣機場，迎面而來的那股甜味，彷彿再度出現。牛肉的氣味很高雅[其他][試吃日期]1999.03.07[保存期限]1999.06.15[購買管道]Kiyono送給我的

`No.4820` 味王　　　　　　　　　　4 710008 211686

味王　特級　肉燥拉麵　新口味

⊙類別：**拉麵**　⊙口味：**豬肉**
⊙製法：**油炸麵條**
⊙調理方式：水煮2～3分鐘／熱水沖泡3～5分鐘

■總重量：85g ■熱量：310kcal

[配料]調味粉包、調味油包[麵]水煮調理。方形切口的油炸麵，質地細緻到難以想像的程度，雖然柔軟，卻具備嚼勁和溼潤度[高湯包]油蔥酥的味道很強，鮮味稍嫌人工，但是滋味十足。調味油很有特色[其他]因為包裝樸實不起眼，原本不抱任何期待，沒想到水煮之後，麵條的品質竟如此出色[試吃日期]2012.03.18[保存期限]2012.09.18[購買管道]Yoshimura派特員送給我的

No.3249 南興食品 　　4 711663 80

新竹　肉燥米粉

⊙類別：冬粉　⊙口味：豬肉
⊙製法：乾燥麵條
⊙調理方式：水煮3分鐘／熱水沖泡5～6分鐘

1.5

■總重量：60g ■熱量：272kcal

[配料][麵]粗細像頭髮的極細麵，具備不被壓扁的強度，口感很不可思議。味道和香氣都很微弱[高湯包]豬肉湯頭清澈，沒有醬油味，帶有油蔥酥的焦味。基本上口味清淡，但是浮在上面的油脂太過油膩[其他]沒有附帶肉燥包，但是不加菜會覺得太過單調。感覺像家常料理[試吃日期]2005.12.05[保存期限]2006.03.01[購買管道]陽光東南亞食品專賣店 日幣158圓

No.3341 南興食品 　　4 711663 666699

新竹　卍素食米粉

⊙類別：米粉　⊙口味：素食
⊙製法：乾燥麵
⊙調理方式：水煮3分鐘／熱水沖泡3～5分鐘

2.5

■總重量：60g ■熱量：372kcal

[配料]調味粉包（高麗菜？·胡蘿蔔·大豆蛋白）、調味油包[麵]細米粉看起來很像白髮，入口即化，幾乎無色無味[高湯包]湯頭無色透明。雖然主要成分是化學調味料，但是味道溫醇順口，感覺像家常菜。有療癒的效果[其他]台灣的田園風光彷彿浮現眼前。希望能加些清爽的配菜。身體不舒服的時候很適合來上一碗[試吃日期]2006.04.16[保存期限]2006.10.12[購買管道]全聯福利中心（台北）10元

No.3342 台南食品 　　4 710579 100013

赤崁　台南担仔麵　真正古都風味

⊙類別：
米粉
⊙口味：
素食
⊙製法：
油炸麵條
⊙調理方式：
水煮3分鐘／熱水沖泡
3～5分鐘

3.5

■總重量：95g ■熱量：463kcal

[配料]調味粉包（內含高麗菜·胡蘿蔔）、調味油包[麵]稜角分明的粗麵，油炸的香氣令人懷念。頗有重量感[高湯包]醬油湯底加了大量醬油，洋溢著蔥花和大蒜的焦香味。不是讓人討厭的味道[其他]麵條和湯頭的個性都很強，但是搭配得很好。儘管價格便宜，卻讓我欲罷不能[試吃日期]2006.04.17[保存期限]2006.08.24[購買管道]全聯福利中心（台北）7元

No.3449 力山食品 　　4 712275 000017

黑雞牌　雞絲麵　免煮

⊙類別：
拉麵
⊙口味：
雞肉
⊙製法：
油炸麵條
⊙調理方式：
沒有標示（我用熱水沖泡3
分鐘）

2

■總重量：55g ■熱量：238kcal

[配料]調味粉包、佐料包（整包的謎樣物品）[麵]沒有捲度的極細麵，看起來好像可以直接吃，但是吃起來粉的，沒有咬勁[高湯包]以化學調味料為主的透明雞粉，醬油味很淡。不曉得是不是辛香料的味道太弱，整體的味道顯得很鬆散[其他]沒有標示出調理方法，配菜好像是榨菜？雖然味道差強人意，但是從增加體品項的功能而言，它也算貢獻了一己之力[試吃日期]2006.09.17[保存期限]2006.08.28[購買管道]陽光東南亞食品專賣店 日幣150圓

在國外購買泡麵時，如果抱著「看到什麼就買什麼」的心態，可能會大失所望。尤其若是只停留短短幾天，一定要做好事前準備，才能滿載而歸。為了專程採購泡麵而出國時，我每次會停留約兩天，所以一定會事先計畫好要去的地方，盡可能調查清楚活動範圍內有哪些大型超市或百貨公司的名稱和地點，最後再把Google等地圖列印下來。交通方式也大致會調查一下。同一個體系的門市，陳列的品項通常多大同小異，所以要做好功課，才能避免多走冤枉路。

如果是購買英語系國家的產品，我還不至於一籌莫展，但是走訪泰國或韓國等使用「獨特文字」的國家，就只能舉白旗投降了。因為無法從文字的解說掌握內容物和口味，只能從包裝的插圖和色彩來推測味道。相反的，造訪越南、印尼等使用英文，或是近似英文字母拼音的國家時，只要事先做點功課，就不會亂槍打鳥。例如越南語的牛＝Bo、雞＝Ga。先查好幾個重要單字，再對照當地企業網站的產品一覽表，就可以快速得到想要的資訊。大部分的網站都可以把當地語言轉換成英文。本書都會刊登製造業者網站的URL，從i-ramen.net也可以查詢到這些網頁的連結（i-ramen/net/→「搜尋」→泡麵企業網站的連結），大家不妨多加利用。

到了當地，只要利用iPhone等智慧型手機的GPS功能，就可以隨時掌握自己所在的位置。如果先在手機中輸入了離線狀態也能使用的地圖APP（以iPhone而言是offmaps），在使用GPS的時候就不會產生漫遊費用。來到人生地不熟之處，為了避免白費力氣與時間，我都會留心做好上述的準備。

我曾經一次購買最多泡麵的紀錄是在泰國。那次在兩天之內，我買了86種泡麵（包含杯麵）。為了方便一次如此大量的購買，我帶去的都是容量愈大愈好的行李箱和背包。如果要上街採購，我會準備一個60L的後背包和摺疊式的大手提袋。有些國家或商店的塑膠袋必須付費購買，或者根本沒有提供，所以我也會準備好幾個空袋子。必須注意的是，有些國家或商店禁止顧客把大型背包帶進賣場（但幾乎都設有投幣式置物櫃或寄物處）。我的經驗是，逛個3～4間店以後，背包就裝滿了，這時就必須先回旅館一趟。如此一來，旅館的所在位置就變得很重要，如果在車站附近，當然是最理想不過的。

「跑攤」式的逛遍超商和超市，很容易會買到重複產品。為了避免這樣的情況，唯一的辦法就是勤做記錄。每完成一次購物，我就會把製造商名稱、商品名、包裝顏色等明細寫在小本子上，這樣一來，就可以大為降低重複購買的機率。而且這分筆記在日後整理蒐藏清單時，也能派上很大的用場。

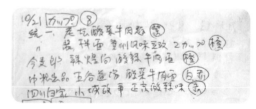

香港

Hong Kong

攝於香港的超市

香港的泡麵

香港地狹人稱，卻擁有占地寬廣的泡麵工廠，而且最近在市面上，也發現不少來自大陸深圳的產品。香港泡麵的獨家特色不多，走的是包山包海路線，一網打盡了亞洲各地的飲食特徵。品項的變化相當豐富，好像什麼口味都有。

知名品牌包括
■日清食品（香港）
■公仔Doll（永南食品Winner Food Products）
■福（統一食品）
■壽桃牌（新順福食品）

其他還有知名連鎖超市惠康／Welcome推出的自有品牌—First Choice。另一間超市龍頭百佳超級廣場／PARKnSHOP也有自有品牌。另外，以進口泡麵而言，中國製品的比例很高，也有來自泰國、印尼等地的香港在地化產品。

日清食品把出前一丁定位成價位稍高的品牌。光是普通的油炸麵，種類便高達將近20種，另外還有非油炸麵、通心粉、米粉麵等其他系列，種類繁多，出口量也很驚人。出前一丁的蹤跡遍及整個東南亞，幾乎全都是香港製造。此外，也有些出前一丁的產品沒有冠上該公司的名稱。

永南食品從1968年創業以來，Doll的品牌形象便深入人心。它在1989年成為日清食品的子公司，從此以後，在香港的泡麵市場上看似競爭激烈的出前一丁和公仔麵，竟然成了系出同門的自家兄弟，差別只在於出前一丁被定位成高價品。它的外包裝上印著「香港製造 Yummy」的斗大字樣，企圖和中國製造的產品做出品質的區隔。另外，日清食品也在2012年秋天併購了原為香港本土品牌的統一「福」，從此將香港的三大品牌全部納入日清食品系列。

在香港要買泡麵，最有效率的方法就是去隨處可見的惠康／Wellcome超市（它和台灣的頂好／Wellcome是同系列，起源地是香港）。它的紅色的招牌相當顯眼，大約營業到晚上10點（有些門市有24小時營業）。不論是他國製造的自有品牌還是進口商品，這裡通通一應俱全。可以單包零買的袋裝麵種類也很豐富，能一口氣增加不少蒐藏品

項。這裡不免費提供塑膠袋，必須另外付費。百佳超級廣場／PARKn SHOP的門市也不少，也值得一逛。不單是超市，超商的泡麵品項也是多到琳琅滿目。令人意外的是，有時候在路邊攤也買得到進口的泡麵。

在日本不容易買到香港的泡麵，有一部分的原因可能是，和其他國家相比，味道比較接近日本的產品，所以沒有必要特別進口。不過，出前一丁多到數不清的口味實在很有趣，偶爾也會在拍賣網站上，看到有人出售集滿所有口味的整套產品。

香港的泡麵品牌

⊡ 出前一丁 香港日清食品
（Nissin Foods）4 897878

⊙http://www.nissinfoods.com.hk/

⊡ 公仔 Doll
（永南食品 Winner Food）4 892333

⊙http://www.doll.com.hk/

壽桃牌 Sau Tao Hai
（新順福食品）0 87303

⊙http://www.sunshunfuk.com.hk/

Telford
4 892214

⊙hhttp://www.telford.com.hk/

福
（統一食品 President Food）4 896368

⊙URL 不明

四州貿易 Four Seas Tradings
4 892616

⊙http://www.fourseasgroup.com.hk/

超力 Chewy
（超力国際食品）6 52283

⊙http://www.chewy.com.hk/

江戶貿易
4 895058

⊙URL 不明

First Choice
4 893333

⊙http://www.chewy.com.hk/

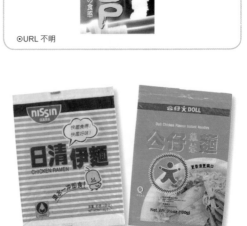

香港

82

出前一丁　麻油味　Instant Noodle with Soup Base

⊙類別：拉麵
⊙口味：醬油
⊙製法：油炸麵條
⊙調理方式：水煮3分鐘

香港

2.5

■總重量：100g　■熱量：No Data

[配料]調味粉包、麻油包[麵]油炸細麵比日本的出前一丁還細，所以感覺也比較柔軟，沒有力道[高湯包]醬油放得也比日本少，口感溫和。我猜得喜歡香港版的人應該比較多吧[其他]附帶的不是辣油，而是麻油。在吃第一口的時候，會覺得沒有放調味油[試吃日期]2008.08.29[保存期限]2008.11.23[購買管道]網拍購得

出前一丁　五香牛肉麵　Beef Flavor

⊙類別：拉麵　⊙口味：牛肉
⊙製法：油炸麵條
⊙調理方式：水煮3分鐘

2.5

■總重量：100g　■熱量：No Data

[配料]調味粉包、調味油包[麵]不曉得是不是所有香港的出前一丁都有共通的傾向：麵條比日本的稍微細一些，所以也少了一點咬勁。但是質感一樣[高湯包]牛肉的香氣不明顯，味道比台灣的牛肉麵清爽，沒有不能接受的異味，喝起來也不辣[其他]可能因為有五香粉，吃得到一股不是很濃、卻是日本沒有的味道，很有意思[試吃日期]2008.09.13[保存期限]2009.01.17[購買管道]網拍購得

出前一丁　鮮蝦麵　Prawn Flavor

⊙類別：拉麵　⊙口味：蝦子
⊙製法：油炸麵條
⊙調理方式：熱水沖泡3分鐘

2

■總重量：100g　■熱量：No Data

[配料]調味粉包[麵]油炸細麵比日本的出前一丁稍細，口感層次分明，品質不遜於日本[高湯包]質地濃稠，也喝得出醬油味。蝦子的鮮味溫和順口，胡椒等辛香料的刺激適中[其他]沒有任何突出之處，或者驚人的亮點，但是滋味平實很耐吃[試吃日期]2008.09.27[保存期限]2009.03.07[購買管道]網拍購得

No.3969　日清食品（香港）　　　　4 897878 000074

出前一丁　沙嗲麵　Satay Flavor

⊙類別：**拉麵**　⊙口味：**沙嗲**
⊙製法：**油炸麵條**
⊙調理方式：**水煮3分鐘**

■總重量：100g ■熱量：No Data

[配料]調味粉包、調味醬包[麵]油炸麵和其他香港版本的出前一丁
差不多，品質和日本製的沒有太大大差異[高湯包]充滿異國情調的風
味，感覺像是味噌和椰漿的組合。辣度很強，但鮮味很弱[其他]所
謂的沙嗲，其實很像淋上花生醬的烤肉串。這種日本沒有的味道讓
人吃得很不習慣[試吃日期]2008.10.18[保存期限]2009.03.04[購買
管道]網拍購得

No.3989　日清食品（香港）　　　　4 897878 000050

出前一丁　肉絲麵　Pork Flavor

⊙類別：**拉麵**　⊙口味：**豬肉**
⊙製法：**油炸麵條**
⊙調理方式：**水煮3分鐘**

■總重量：100g ■熱量：No Data

[配料]調味粉包[麵]和其他香港的出前一丁差不多，也是偏細的油
炸麵條，質地較軟，感覺品質非常普通[高湯包]醬油加得少，湯
頭顏色偏淡，也可以被歸類為鹽味拉麵。辣度適中[其他]豬肉的
鮮味很一般，即說它是日本產品，應該也沒有人會懷疑吧[試吃日
期]2008.11.15[保存期限]2009.02.16[購買管道]網拍購得

No.3994　日清食品（香港）　　　　4 897878 000036

出前一丁　雞蓉麵　Chicken Flavor

⊙類別：**拉麵**　⊙口味：**雞肉**
⊙製法：**油炸麵條**
⊙調理方式：**水煮3分鐘**

■總重量：100g ■熱量：No Data

[配料]調味粉包、辣麻油包[麵]口感不是很紮實，也沒有值得一提的
特色。就像其他香港出前一丁的油炸麵[高湯包]雞湯口味幾乎沒有
醬油味。雖然稍嫌人工，麻油香和辣味卻讓湯頭鮮活了起來[其他]
如果沒有辣麻油的點綴，這碗麵真的就平淡無奇，毫無特色可言了
[試吃日期]2008.11.22[保存期限]2009.01.27[購買管道]網拍購得

No.3999　日清食品（香港）　　　　4 897878 000036

出前一丁　海鮮麵　Seafood Flavor

⊙類別：**拉麵**　⊙口味：**海鮮**
⊙製法：**油炸麵條**
⊙調理方式：**水煮3分鐘**

■總重量：100g ■熱量：No Data

[配料]調味粉包[麵]這個系列的油炸麵品質都差不多，表現不好
不壞，也沒有特殊的個性[高湯包]幾乎吃不出海鮮味，大概像一
般海鮮杯麵的味道再減半的感覺[其他]比較明顯的味道是淡淡的
蒜味。大抵而言，算是不好不壞、佐料反客為主的產品[試吃日
期]2008.11.29[保存期限]2009.03.26[購買管道]網拍購得

No.4004　日清食品（香港）	4 897878 000043

出前一丁　咖哩麵　Curry Flavor

⊙類別：**拉麵**　⊙口味：咖哩
⊙製法：**油炸麵條**
⊙調理方式：**水煮3分鐘**

■總重量：100g　■熱量：No Data

[配料]調味粉包[麵]油炸麵偏細，口感滑順。表現中規中矩，不是太有個性[高湯包]可以說是單純，或稱之為單調的咖哩味，沒有撲鼻而來的香氣。辣度不上不下，感覺很人工[其他]雖然各別項目的分數都在水準以下，但是那股廉價感卻讓人覺得很懷念，好感倍增[試吃日期]2008.12.06[保存期限]2009.03.28[購買管道]網拍購得

No.3949　日清食品（香港）	4 897878 810024

出前一丁　極辛豬骨湯麵　Super Hot Tonkotsu Flavor

⊙類別：**拉麵**　⊙口味：豚骨
⊙製法：**油炸麵條**
⊙調理方式：**水煮3分鐘**

■總重量：100g　■熱量：No Data

[配料]調味粉包、調味油（秘製調味醬）、香辣包（特製極辣醬）[麵]橘色的油炸麵條本身已帶有辣味，質地比其他香港出前一丁更為滑順、緊實[高湯包]豚骨的味道和日本一般的產品一樣，但是豪邁的辣度吃起來很爽快[其他]強烈的辣味被豚骨味緩和不少。整體的味道統一，給人不錯的印象[試吃日期]2008.09.20[保存期限]2009.03.14[購買管道]網拍購得

No.3979　日清食品（香港）	4 897878 800049

出前一丁　XO醬海鮮麵　XO Sauce Seafood Flavor

⊙類別：**拉麵**　⊙口味：**XO醬海鮮**
⊙製法：**油炸麵條**
⊙調理方式：**水煮3分鐘**

■總重量：100g　■熱量：No Data

[配料]調味粉包、XO醬、調味油[麵]油炸麵偏細，口感較不紮實，品質和普通的香港日清一樣[高湯包]湯頭是奶油色的，偏甜。略帶蝦米味，鹽分和辣度都適中[其他]鮮味的表現很好，是日本人也可以接受的口味。可惜麵條缺乏嚼勁[試吃日期]2008.11.01[保存期限]2009.01.18[購買管道]網拍購得

No.3964　日清食品（香港）	4 897878 000104

出前一丁　紅燒牛肉麵　Roast Beef Flavor

⊙類別：**拉麵**　⊙口味：牛肉
⊙製法：**油炸麵條**
⊙調理方式：**水煮3分鐘**

■總重量：100g　■熱量：No Data

[配料]調味粉包、調味油[麵]油炸麵偏細，口感稍嫌薄弱，品質相當普通[高湯包]濃稠偏甜，以牛肉麵而言算是清淡口味，吃起來很清爽。香味和辣度都很低[其他]和日本產品比起來，有幾分自己的個性；如果和台灣的牛肉泡麵相比，力道又顯不足[試吃日期]2008.10.11[保存期限]2009.04.07[購買管道]網拍購得

出前一丁　香辣海鮮麵
Spicy Seafood Flavor

⊙類別：**拉麵**　⊙口味：**海鮮**
⊙製法：**油炸麵條**
⊙調理方式：**水煮3分鐘**

■總重量：100g　■熱量：No Data

[配料]調味粉包、調味油包、香辣包[麵]油炸麵條偏細，質地柔軟纖細，質感不遜於日本的出前一丁[高湯包]雖然號稱是海鮮口味，卻幾乎吃不出海鮮味，反而像是加了味噌[其他]辣度很強，主宰了整碗麵的味道。加辣椒粉的時候，應該要同時確認辣度[試吃日期]2008.09.06[保存期限]2009.02.20[購買管道]網拍購得

出前一丁　香辣麵　Spicy Flavor

⊙類別：**拉麵**　⊙口味：**醬油**
⊙製法：**油炸麵條**
⊙調理方式：**水煮3分鐘**

■總重量：100g　■熱量：No Data

[配料]調味粉包、辣麻油包[麵]油炸麵的品質維持香港出前一丁的一貫水準，但是非常低調，沒有自己的個性。和日清擅長的紅色辣味麵條不一樣[高湯包]像是被辣椒粉團團包圍的辣味，不至於過辣，保持著絕佳的均衡感。基本上是醬油湯底[其他]辣油的芝麻香氣迷人。雖然素材本身沒有呈現高級的質感，但是整體表現很好[試吃日期]2008.12.20[保存期限]2009.03.14[購買管道]網拍購得

出前一丁　香辣麵 辣　Spicy Flavor

⊙類別：**拉麵**　⊙口味：**醬油**
⊙製法：**油炸麵條**
⊙調理方式：**水煮3分鐘**

■總重量：100g　■熱量：No Data

[配料]調味粉包、辣麻油包[麵]品質和日本差不多，油質等製造技術有達到水準以上，但是稱不上有特色。在東南亞中品質算是優等[高湯包]辣味首當其衝，但是其他基本味道也一應俱全。辣味並不單調[其他]辣到應該有不少人沒辦法吃完。以四種語言標示。保存期限高達一年[試吃日期]2000.11.18[保存期限]2001.01.28[購買管道]akibaoo 日幣100圓

出前一丁　札幌　香蒜照燒雞湯麵　Teriyaki Chicken with Garlic Flavor
正宗日廚湯麵

⊙類別：**拉麵**　⊙口味：**雞肉**
⊙製法：**油炸麵條**
⊙調理方式：**水煮3分鐘**

■總重量：100g　■熱量：No Data

[配料]調味粉包、調味油包[麵]油炸麵比一般的香港出前一丁還要再細一點，質地更軟，品質非常普通。[高湯包]調味以醬油為主，首先撲鼻而來的是蒜味。吃不太吃出來雞的鮮味[其他]味道稍顯突兀的尾韻成了唯一敗筆，很可惜。不知道他們如何判斷這就是札幌的口味[試吃日期]2008.11.08[保存期限]2009.05.02[購買管道]網拍購得

香港

出前一丁　北海道麵豉湯麵
Miso Flavor　正宗日廚湯麵

No.3974　日清食品（香港）　4 897878 800018

⊙類別：**拉麵**　⊙口味：**味噌**
⊙製法：**油炸麵條**
⊙調理方式：**水煮3分鐘**

■總重量：100g ■熱量：No Data

[配料]調味粉包、調味油包[麵]和一般的香港出前一丁差不多，只是再細一點，也比較容易糊。品質普普通通[高湯包]喝起來有粉粉的味噌味，味道平板，感覺摻了很多其他東西[其他]不說破的話，還以為吃的是廉價的日本產品。辣度不夠，讓人想撒點七味粉[試吃日期]2008.10.25[保存期限]2008.12.18[購買管道]網拍購得

出前一丁　紫菜醬油湯麵
Shoyu Flavor　正宗日廚湯麵

No.3114　日清食品（香港）　4 897878 800056

⊙類別：**拉麵**　⊙口味：**醬油**
⊙製法：**油炸麵條**
⊙調理方式：**水煮3分鐘**

■總重量：100g ■熱量：420kcal

[配料]液體湯包、調味粉包、海苔兩片[麵]品質和日本相差無幾，雖然嚼勁略遜一籌，但質感細緻滑順，油炸氣味很淡[高湯包]有些濃稠，比日本的出前一丁更強調醬油味，也喝得到酸味[其他]海苔味道不怎麼香，但想到光是香港的日清就有上百種產品，就很令人吃驚[試吃日期]2005.05.21[保存期限]製造日期 04.07.13[購買管道]Iwa2特派員送給我的

出前一丁　神戶照燒牛肉湯麵　Teriyaki Beef Flavor　正宗日廚湯麵

No.3959　日清食品（香港）　4 897878 800063

⊙類別：**拉麵**　⊙口味：**牛肉**
⊙製法：**油炸麵條**
⊙調理方式：**水煮3分鐘**

■總重量：100g ■熱量：No Data

[配料]調味粉包、調味醬包[麵]難道是我想太多？總覺得這款油炸麵比一般的香港出前一丁粗一點，不過品質和日本差不多[高湯包]喝得出醬油和砂糖熬煮的焦香味，也覺得油放得比較多。散發著有如烤肉的味道[其他]雖然我覺得有幾款杯麵和這款麵的味道很類似，但是以袋裝麵來說，還是很少見[試吃日期]2008.10.04[保存期限]2009.04.21[購買管道]網拍購得

出前一丁　九州豬骨濃湯麵　Tonkotsu Flavor　正宗日廚湯麵

No.4009　日清食品（香港）　4 897878 000043

⊙類別：**拉麵**　⊙口味：**豚骨**
⊙製法：**油炸麵條**
⊙調理方式：**水煮3分鐘**

■總重量：100g ■熱量：No Data

[配料]調味粉包、調味油包[麵]油炸麵品質非常普通，雖然沒有什麼特色，但也找不出明顯缺失[高湯包]稍甜，喝起來也沒有腥臭味。屬於接受度最高的豚骨口味。但是味道其實並不濃郁，和標示有些出入[其他]如果當作日本製品來賣，應該沒有人會有異議[試吃日期]2008.12.13[保存期限]2009.03.10[購買管道]網拍購得

出前一丁　通心寶　海鮮鮑魚湯味　Macaroni Seafood with Abalone Flavour　（兩人份）

⊙類別：義大利麵
⊙口味：鮑魚
⊙製法：非油炸麵條
⊙調理方式：水煮3分鐘／微波加熱4〜5分鐘

■總重量：90g
■熱量：318kcal

[配料]調味粉包、調味油包[麵]非油炸麵的通心粉，皮薄欠缺重量感。原本覺得分量很多，仔細一看才發現是兩人份[高湯包]鮮味有幾分人工，卻也是大家都能接受的海鮮口味。沒什麼中式風格，反而比較接近鹽味拉麵的湯頭[其他]麵和湯頭都很單調，讓我想加一些佐料。這款產品雖然也冠上出前一丁的名字，但我覺得不是很搭調[試吃日期]2010.04.17[保存期限]2010.04.17[購買管道]惠康Wellcome（HK）HK＄3.6

出前一丁　米線 XO 醬鮑魚味
Instant Rice Vermicelli XO Sauce Abalone Flavour

⊙類別：米粉　⊙口味：XO醬
⊙製法：油炸麵條
⊙調理方式：水煮5分鐘

■總重量：900g　■熱量：299kcal

[配料]液體湯包、調味粉包[麵]以米粉而言，表面意外平滑。雖然很細，但是咬勁十足很像烏龍麵[高湯包]XO醬的香味瀰漫，深沉濃郁。和清爽的麵條形成強烈對比，卻又意外合拍[其他]吃起來很像力道不足的低卡食品，但是吃完後能有相當的滿足感[試吃日期]2010.06.05[保存期限]2010.05.17[購買管道]惠康Wellcome（HK）HK＄4.9

出前一丁　辛辣米粉
Instant Rice Vermicelli with Soup Base

⊙類別：米粉　⊙口味：醬油
⊙製法：非油炸麵條
⊙調理方式：水煮1.5分鐘／熱水沖泡3分鐘

■總重量：60g　■熱量：No Data

[配料]調味粉包、調味油包[麵]（水煮調理）泡開後，還是僅有約1mm寬的極細麵。質地堅硬，不容易糊[高湯包]辣椒的刺激很強，豬肉的鮮味很足。醬油量適中，有蒜味[其他]一般會生產速食米粉的國家還有泰國和台灣，本款的調味比較接近台灣[試吃日期]2002.05.11[保存期限]2002.10.07[購買管道]Dragon送給我的

香港

No.2232　日清食品（香港）　　4 897878 820023

出前一丁　亞洲風味麵　泰式
冬蔭功湯麵　Tom Yam Goong Flavor

⊙類別：
拉麵
⊙口味：
泰式酸辣湯
⊙製法：
油炸麵條
⊙調理方式：
水煮3分鐘

1.5

■總重量：100g ■熱量：No Data

[配料]調味粉包、膏狀湯包[麵]麵條偏細，黏性和香氣皆不足，大概是鹼水放太少了吧[高湯包]有一股泰製酸辣湯麵沒有的椰漿味，而且鮮味很濃，酸味較少[其他]無機質的麵條讓整體遜色不少，而且附帶的膏狀湯包很難擠[試吃日期]2002.05.02[保存期限]2002.06.22[購買管道]Dragon送給我的

No.2233　日清食品（香港）　　4 897878 820016

出前一丁　亞洲風味麵　星馬
喇沙湯麵　Laksa Flavor

⊙類別：
拉麵
⊙口味：
叻沙
⊙製法：
油炸麵條
⊙調理方式：
水煮3分鐘

2

■總重量：100g ■熱量：No Data

[配料]調味粉包、膏狀湯包[麵]吃不出和左邊的No.2232有何不同。可能是調味粉的關係，覺得味道不像No.2232那麼淡[高湯包]椰漿的甜味、叻沙葉的味道，好像日本佃煮的味道？喝得出蝦米味[其他]日本人不熟悉的味道。雖然我個人不排斥，但我猜並不是每個人都無法接受[試吃日期]2002.05.03[保存期限]2002.05.29[購買管道]Dragon送給我的

No.4341　日清食品（香港）　　4 897878 250042

御當地拉麵　北海道毛蟹

⊙類別：
拉麵
⊙口味：
味噌
⊙製法：
油炸麵條
⊙調理方式：
水煮3分鐘

3

■總重量：100g ■熱量：No Data

[配料]調味粉包、液體湯包[麵]油炸麵條的形狀分明，表面滑順。細歸細，卻還是頗有嚼勁，存在感不容忽視[高湯包]偏甜的味噌味，味道強烈分明，更令人驚訝的是，連螃蟹的鮮味也很強[其他]雖然幾乎都用日語標示，但基本上並不會在日本販售。如果上市，不曉得消費者會不會接受呢？[試吃日期]2010.04.10[保存期限]2010.06.18[購買管道]Vanguard（HK）HK＄5.5

No.4419　日清食品（香港）　　4 897878 610044

大將炒麵　麻醬味
Seasame Paste Flavour

⊙類別：**炒麵**　⊙口味：**XO醬**
⊙製法：**油炸麵條**
⊙調理方式：**水煮3分鐘，再把水倒掉**

3

■總重量：100g ■熱量：460kcal

[配料]調味醬包、液體湯包[麵]圓形斷面的油炸細麵，咬勁Q彈。是沖泡後再把熱水倒掉的炒麵，吃起來很順口[高湯包]芝麻口味的炒麵醬讓人耳目一新，蒜味很強，停留在舌尖，久久不去[其他]整體的印象是很厚重，但我想如果在日本上市，應該會大受好評[試吃日期]2010.07.28[保存期限]2009.08.10[購買管道]惠康Wellcome（HK）HK＄4.9

公仔麵　雞蓉味　Doll Instant Noodle Chicken Flavour

⊙類別：拉麵
⊙口味：雞肉
⊙製法：油炸麵條
⊙調理方式：水煮3分鐘

■總重量：103g ■熱量452kcal

食用方法
Serving Instruction

1.用500毫升水煮沸後放麵煮三分鐘。
2.熄火後加湯粉及醬拌勻，即可食用。
1.Stir the noodle into 500ml of boiling water and allow to simmer for 3 minutes.
2.Stir in soupbase and sauce before serving.

[配料]調味粉包、液體湯包[麵]油炸麵的口感稍顯笨重，但是品質幾乎不遜於日本製，而且分量多[高湯包]喝得出像燉雞湯的鮮味。雖然沒有辣度和香氣，卻是沉穩又有深度的味道[其他]如果把它當作日本製產品銷售，應該沒有人會覺得奇怪[試吃日期]2010.05.04[保存期限]2010.09.07[購買管道]ThreeSixty（HK）HK＄2.9

公仔麵　原味冬菜
Doll Instant Noodle Pickled Vegetable Flavour

⊙類別：拉麵　⊙口味：蔬菜
⊙製法：油炸麵條
⊙調理方式：水煮3分鐘

■總重量：103g ■熱量480kcal

[配料]調味粉包、調味油包[麵]油炸麵偏細，沒有蓬鬆感，質感尚佳。給人印象和日本製的產品幾乎沒有差異[高湯包]豬肉湯稍帶甜味。味道的組成元素很複雜，辣椒的辣度和大蒜的味道都只有一點點[其他]加了小塊的醃漬白菜。價格在香港比出前一丁便宜了約兩成，但是質感差不多[試吃日期]2010.02.21[保存期限]2010.10.15[購買管道]ThreeSixty（HK）HK＄2.9

公仔麵　鮮蝦雲吞味
Doll Instant Noodle Shrimp Wonton Flavour

⊙類別：拉麵　⊙口味：蝦子
⊙製法：油炸麵條
⊙調理方式：水煮3分鐘

■總重量：100g ■熱量445kcal

[配料]調味粉包[麵]油炸麵偏細，頗有咬勁，但是味道和香氣都很普通。品質和日本產品不分上下[高湯包]偏白，沒有醬油味。蝦子味微乎其微，即使知道是雲吞，也完全吃不出來[其他]在公仔麵系列當中，整體的表現算是不錯[試吃日期]2010.08.21[保存期限]2010.11.19[購買管道]ThreeSixty（HK）HK＄2.9

公仔麵　勁辣牛肉味
Doll Instant Noodle Spicy Beef Flavour

⊙類別：**拉麵**　⊙口味：**牛肉**
◉製法：**油炸麵條**
⊙調理方式：**水煮3分鐘**

■總重量：103g ■熱量：454kcal

[配料]調味粉包、液體湯包[麵]圓形切口的油炸細麵，咬勁還不錯，味道和香氣就馬馬虎虎[高湯包]辣椒的辣味很強，牛肉的鮮味也很明顯，但是感覺各自為政，沒有融為一體[其他]雖然鹽加得很多，但是整體的感覺不油不膩，很適合想要吃得清爽一點的時候，例如夏天[試吃日期]2010.07.17[保存期限]2010.09.29[購買管道]ThreeSixty（HK）HK＄2.9

公仔麵　香辣
Doll Instant Noodle Chinese Onion Flavour

⊙類別：**拉麵**　⊙口味：**雞肉**
◉製法：**油炸麵條**
⊙調理方式：**水煮3分鐘**

■總重量：100g ■熱量：475kcal

[配料]調味粉包、液體湯包[麵]油炸麵偏細，品質頗佳，但是沒有強調自己的特色，讓人印象不深[高湯包]喝得出辣味，但是辣味有點不上不下[其他]雖然包裝上有辣椒的圖案，但是辣度卻不夠味。應該多加些佐料，好增加滿足感[試吃日期]2010.04.03[保存期限]2010.08.14[購買管道]ThreeSixty（HK）HK＄2.9

公仔麵　香辣豬骨濃湯
Doll Instant Noodle Spicy Tonkotsu Flavour

⊙類別：**拉麵**　⊙口味：**豚骨**
◉製法：**油炸麵條**
⊙調理方式：**水煮3分鐘**

■總重量：103g ■熱量：473kcal

[配料]調味粉包、液體湯包[麵]偏細的油炸麵還算有嚼感，只是沒有特色，存在感不強[高湯包]豚骨的香味和個性都薄弱，質地非常清爽，但是辣度卻相當驚人，反而成為最鮮明的特徵[其他]和日本的豚骨拉麵應該屬於不同的領域[試吃日期]2010.10.09[保存期限]2010.10.09[購買管道]ThreeSixty（HK）HK＄2.9

公仔麵　麻味
Doll Instant Noodle Seasame Oil Flavour

⊙類別：**拉麵**　⊙口味：**麻油**
◉製法：**油炸麵條**
⊙調理方式：**水煮3分鐘**

■總重量：100g ■熱量：453kcal

[配料]調味粉包、液體湯包[麵]油炸麵偏細，口感相當紮實，咬勁也不錯[高湯包]溫和的醬油口味，喝得出麻油味和辣椒的辣味，另外還加了一點點白芝麻[其他]雖然特色不強，但是味道絕不單調，也不容易吃膩，讓人吃得很放心[試吃日期]2010.06.12[保存期限]2010.10.08[購買管道]惠康Wellcome（HK）HK＄3.0

香港

4 892333 100153

公仔米粉 原味
Doll Spicy Flavoured Instant Mifun

⊙類別：**米粉** ⊙口味：**原味**
⊙製法：**非油炸麵**
⊙調理方式：**水煮3分鐘**

■總重量：**70g** ■熱量：**260kcal**

[配料]調味粉包、液體湯包[麵]很細的乾燥米粉，具有韌性，容易入口。香氣和味道幾乎沒有怪味[高湯包]醬油湯底的鮮味適度，鹹度出乎意料的低，但是辣味的刺激支配了整體的味道[其他]基本上口味算是清爽。身體疲勞或是宿醉的隔天，即使胃口不好也吃得下[試吃日期]2010.07.02[保存期限]2010.11.30[購買管道]惠康Wellcome（HK）HK＄2.2

0 87303 86155 2

壽桃牌 湯河 排骨味
Sau Tao Fan Pork Rib Soup Flavored

⊙類別：**河粉** ⊙口味：**豬肉**
⊙製法：**乾燥麵**
⊙調理方式：**水煮2分鐘**

■總重量：**75g** ■熱量：**280kcal**

[配料]調味粉包、液體湯包[麵]乾燥的寬米粉乍看之下很厲害，口感卻像餛飩皮一樣薄弱[高湯包]豬肉湯頭，混合了蠔油、麻油、蔥等各種氣味，滋味渾厚[其他]我依照指示加了水600ml下去煮，結果稀薄無味，應該要減少水量才對[試吃日期]2011.04.03[保存期限]2011.04.15[購買管道]Tops（Thailand）35.0B

0 87303 86050 0

壽桃牌 生麵皇 龍蝦湯味 幼
Sau Tao Noodle King Lobster Soup Flavored Thin

⊙類別：**拉麵**
⊙口味：**蝦子**
⊙製法：**非油炸麵條**
⊙調理方式：**水煮1.5分鐘**

■總重量：**70g**
■熱量：**268kcal**

[配料]調味粉包、調味油包[麵]非油炸麵又細又硬，和日本的拉麵截然不同。不過如果習慣了，可能會喜歡[高湯包]湯頭清澈，喝得出蝦子和雞肉的鮮味。味道雅致，而且很有個性，表現很出色[其他]內含蝦子碎肉。可以接受硬麵條的人，值得一試[試吃日期]2010.04.24[保存期限]2010.10.15[購買管道]ThreeSixty（HK）HK＄4.0

香港

No.4313　新順福食品　　　　0 87303 86229 0

壽桃牌　燕麥拉麵　扇貝湯味
Sau Tao Oat Noodle Scallop Flavored

⊙類別：
拉麵
⊙口味：
扇貝
⊙製法：
油炸麵條
⊙調理方式：
水煮4分鐘

■總重量：85g ■熱量：315kcal

[配料]調味粉包、調味油包[麵]非油炸麵又粗又白，感覺像烏龍麵，質地偏硬，口感笨重沉悶[高湯包]雖然是扇貝口味，卻以柴魚為主，幾乎吃不到扇貝的味道。高雅歸高雅，卻無佐料的刺激，如果能放點辛香類蔬菜就好了[其他]質感雖佳，可惜少了一味。很想放點辛香料提味。可能是我的心理作用？總覺得香港的市街氣味也傳進了鼻腔[試吃日期]2010.02.28[保存期限]2010.07.01[購買管道]ThreeSixty（HK）HK＄4.0

No.4416　新順福食品　　　　0 87303 86228 3

壽桃牌 燕麥拉麵 鮑魚湯味
Sau Tao Oat Noodle Abalone Flavoured

⊙類別：
烏龍麵
⊙口味：
鮑魚
⊙製法：
非油炸麵條
⊙調理方式：
水煮4分鐘

■總重量：85g ■熱量：315kcal

[配料]調味粉包、調味油包[麵]白色的非油炸寬麵，感覺像捲度很強的烏龍麵；雖然口感笨重，卻頗有重量感[高湯包]海鮮鹽味的湯頭很澄澈。鮮味很人工，很難判斷是不是鮑魚的味道[其他]雖然麵條不值得一提，但如果把它當作健康食品，就完全可以接受了[試吃日期]2010.07.24[保存期限]2010.10.01[購買管道]惠康Wellcome（HK）HK＄4.0

No.4019　統一食品（香港）　　　4 896368 011033

福 雞汁伊麵
Fuku Chicken Flavor Instant Noodle

⊙類別：
拉麵
⊙口味：
雞肉
⊙製法：
油炸麵條
⊙調理方式：
熱水泡3分鐘／熱水沖泡3分鐘，再把水倒掉，當作乾麵吃／打開來直接吃

■總重量：65g ■熱量：310kcal

[配料]調味粉包[麵]油炸細麵捲度很強，存在感雖不強，從舌尖的觸感和氣味，能感受到明顯的油炸感[高湯包]顏色清澈、口味溫和的湯味，有了辣椒適度的刺激，讓口味免於淪為平板單調[其他]我本來以為這款產品要和日清食品的雞汁拉麵一爭長短，沒想到內容相差甚遠。這一款比較討我歡心[試吃日期]2008.12.27[保存期限]2007.07.08[購買管道]Hamazaki特派員送給我的

No.4396　統一食品（香港）　　　4 896368 011132

福 冬蔭功湯伊麵
Fuku Tom Yum Soup Instant Noodle

⊙類別：
拉麵
⊙口味：
泰式酸辣湯
⊙製法：
油炸麵條
⊙調理方式：
水煮3分鐘／熱水沖泡3分鐘

■總重量：60g ■熱量：280kcal

[配料]調味粉包、調味油包、辣椒粉[麵]油炸細麵的形狀分明，吃起來不會軟弱無力，但是分量不多[高湯包]甜味突出，辣度和酸味都頗有節制，但是鮮味平板單調。還有少見的麻油味[其他]香港品牌的泰式酸辣湯口味，雖然也是泰國製造，但味道是否道地，可就有待商榷[試吃日期]2010.06.26[保存期限]2010.06.12[購買管道]Vanguard（HK）HK＄2.2

　4 896368 011019

福　上湯伊麵
Fuku Superior Soup Instant Noodle

⊙類別：**拉麵**
⊙口味：**雞肉**
⊙製法：**油炸麵條**
⊙調理方式：**水煮3分鐘／熱水沖泡3分鐘／當作乾麵吃／打開來直接吃**

■總重量：90g
■熱量：410kcal

[配料]調味粉包[麵]柔軟的油炸細麵，雖然口感不紮實，但是強烈的油炸香氣，讓人胃口大開[高湯包]湯頭濃稠，口味溫和的雞湯味。鮮味稍嫌人工，而且口味有些複雜[其他]整體的感覺很接近日清的雞湯拉麵，但是本款的湯頭更為清淡溫和，味道的組成也比較複雜[試吃日期]2010.05.15[保存期限]2010.09.02[購買管道]7-Eleven（HK）HK＄3.5

---

　4 896368 100348

福　鴻圖伊麵　海鮮濃湯
Fuku Seafood Flavour Instant Noodle

⊙類別：
拉麵
⊙口味：
海鮮
⊙製法：
油炸麵條
⊙調理方式：
水煮3分鐘／熱水沖泡3分鐘

■總重量：90g　■熱量：430kcal

[配料]調味粉包[麵]柔軟的油炸細麵，散發著帶有古早氣息的油炸味，存在感不明顯[高湯包]顏色偏白，缺乏深度，但是喝得出海鮮的鮮味。辣椒的刺激有很好的點綴效果[其他]沒有高級的質感，但是把泡麵的特色表現得淋漓盡致，整體的搭配高明[試吃日期]2010.09.04[保存期限]2010.07.09[購買管道]惠康Wellcome（HK）HK＄3.0

---

　4 896368 011026

福　上湯米粉
Fuku Superior Soup Instant Rice Noodle

⊙類別：
米粉
⊙口味：
雞肉
⊙製法：
非油炸麵條
⊙調理方式：
熱水沖泡3分鐘

■總重量：65g　■熱量：242kcal

[配料]調味粉包、調味油包[麵]米製的乾燥細麵，表面粗糙，吃起來有些扎舌。口感雖硬，沖泡後的軟硬度很一致[高湯包]湯頭澄澈的雞湯味，鮮味稍顯人工。胡椒的刺激很強，調味油的味道也很有特色[其他]麵條和湯頭基本上都很清淡，不油不膩，所以只能仰賴調味油和胡椒提味[試吃日期]2010.03.14[保存期限]2010.07.15[購買管道]7-Eleven（HK）HK＄3.9

No.4047　超力国際食品 Chewy International Foods　　6 52283 00167 2

超力　Chewy　泰米粉　酸辣煙魚味
Thai Rice Vermicelli, Tom Klong Smoked Fish Flavour

⊙類別：
　米粉
⊙口味：
　魚
⊙製法：
　非油炸麵條
⊙調理方式：
　水煮2.5分鐘／
　熱水沖泡3分鐘

2

■總重量：60g　■熱量：220kcal

[配料]調味粉包、辣椒粉包、調味油包[麵]乾燥米粉細得像線，軟硬適中。味道清淡，很容易吸附湯汁[高湯包]以泰式湯頭而言，難得喝得到明顯的魚味。辣味很強，酸味普通[其他]略帶發酵的氣味，如果不怕這個味道，應該覺得很有意思，頗有異國風味[試吃日期]2009.02.08[保存期限]2009.01.14[購買管道]Hamazaki特派員送給我的

No.4371　江戶貿易　　4 895058 312795

江戶　彈　拉麵　博多豬骨湯味

⊙類別：
　拉麵
⊙口味：
　豚骨
⊙製法：
　非油炸麵條
⊙調理方式：
　水煮3分鐘

1.5

■總重量：100g　■熱量：375kcal

[配料]調味粉包、調味油包[麵]非油炸麵條偏細，口感了無生氣，有蓬鬆感。吃起來就像油炸麵一樣扎舌[高湯包]味道超級甜！過度的甜味破壞了整體的均衡。幾乎感覺不到豚骨味，只有些許的麻油味[其他]從包裝的圖片，可以感覺本產品想強調的是日本風味，但實在是一大敗筆[試吃日期]2010.05.22[保存期限]2010.09.24[購買管道]惠康Wellcome（HK）4入裝HK＄11.9

No.4327　DFI Brand Ltd　　4 893333 770872

First Choice　首選牌　湯麵　麻油味
特濃湯底　Sesame Oil Flavour

⊙類別：
　拉麵
⊙口味：
　雞肉
⊙製法：
　油炸麵條
⊙調理方式：
　水煮3分鐘

2

■總重量：100g　■熱量：432kcal

[配料]調味粉包、調味油包[麵]油炸細麵柔軟，口感空虛，如果用日本拉麵的品質來評分，比一般水準還差一點[高湯包]湯頭白濁，鮮味稍嫌人工板味。麻油的分量雖多，香味卻不明顯，效果不佳[其他]本品是台灣和香港超市都有銷售的自有品牌，和日本的自有品牌一樣，沒有太多自己的特色[試吃日期]2010.03.21[保存期限]2010.06.02[購買管道]惠康百貨店Wellcome（HK）HK＄2.9

No.4376　DFI Brand Ltd　　4 893333 788297

First Choice　主選牌　蒜香豬骨湯味即食麵
Garlic and Pork Marrow Soup Flavored Instant Noodles

⊙類別：拉麵　⊙口味：豚骨
⊙製法：油炸麵條
⊙調理方式：水煮3分鐘

3

■總重量：85g　■熱量：375kcal

[配料]調味粉包、調味油包[麵]吃得出油炸麵的油炸味，口感分明，咬勁Q彈[高湯包]醬油味很重，和日本的豚骨味不一樣。蒜味很濃，很有刺激感[其他]雖然價格便宜，但是很有自己的個性，整體味道很統一，表現賽宜[試吃日期]2010.05.29[保存期限]2009.12.09[購買管道]惠康Wellcome（HK）HK＄2.5

香港

No.4515　DFI Brand Ltd　4 893333 764567

御品皇　生麵　鮮蝦雲吞湯味
Supreme Noodle with Soup Base,Wonton Soup Flavour

⊙類別：
拉麵
⊙口味：
蝦子
⊙製法：
非油炸麵條
⊙調理方式：
水煮1～2分鐘

■總重量：70g ■熱量：266kcal

[配料]調味粉包、調味油包[麵]非油炸麵又硬又細，存在感十足，和日本的拉麵是完全不同的種類[高湯包]湯頭清澈，蝦子和雞肉的鮮味很濃。麻油也發揮了效果，替湯頭增添了厚度[其他]雖然號稱是雲吞口味，裡面卻沒有雲吞，難道是品管不良？調味油倒是附了兩包[試吃日期]2010.12.22[保存期限]2011.07.15[購買管道]Asuka＆Junko特派員送我的

No.4028　香港聯合利香有限公司　4 898828 052648

家樂牌　快熟通心粉　和風豬骨味
Knorr Quick Serve Macaroni Japanese Pork Bone Flavour

⊙類別：
通心粉
⊙口味：
豚骨
⊙製法：
油炸麵條
⊙調理方式：
熱水沖泡3分鐘

■總重量：90g ■熱量：330kcal

[配料]調味粉包[麵]非油炸通心粉又小又薄，雖然依照指示沖泡了3分鐘，口感還是硬梆梆[高湯包]豚骨的味道非常稀薄，偏白的湯頭淡而無味，而且味道的組成元素很單純，沒有一點日式的滋味[其他]這是我試吃以來，遇到湯頭與麵條最不協調的組合。吃的時候覺得很煎熬，但是試吃之前可是抱著前所未有的期待感[試吃日期]2009.01.12[保存期限]2009.08.02[購買管道]Hamazaki特派員送給我的

No.4431　Telford　4 892214 083131

大城小廚　黑胡椒濃湯麵　非油炸

⊙類別：
拉麵
⊙口味：
胡椒
⊙製法：
非油炸麵條
⊙調理方式：
水煮3分鐘

■總重量：100g ■熱量：359kcal

[配料]調味粉包[麵]口感吃起來不像非油炸麵，力道很弱。麵條很會吸水，所以湯汁所剩無幾[高湯包]湯頭本身具有偏甜的醬油味，但是被大量黑胡椒的辣度掩蓋，鮮味也很淡[其他]個性十足，雖然稱不上美味，但是很有趣。感覺更接近炒麵[試吃日期]2010.08.28[保存期限]2010.10.29[購買管道]惠康Wellcome（HK）4入裝HK＄14.9

No.4361　四洲貿易　4 892616 005595

四洲　紫菜湯麵　海草泡麵
Four Seas Seaweed Instant Noodle

⊙類別：
拉麵
⊙口味：
鹽味
⊙製法：
油炸麵條
⊙調理方式：
水煮3分鐘

■總重量：90g ■熱量：435kcal

[配料]調味粉包（內含蔥花）、麻油、海苔[麵]柔軟的油炸細麵，表面具有彈性。十足的咬勁，簡直到了刻意強調的地步[高湯包]平穩的鹽味湯頭，加上麻油點綴很不錯。幾乎沒有辣度的刺激，只有一點點酸味[其他]加了大量的海苔，對增味頗有貢獻。雖然沒有高級的質感，卻有幾分自己的特色[試吃日期]2010.05.08[保存期限]2010.03.18[購買管道]惠康Wellcome（HK）HK＄3.1

第五章
中國
China

中國的泡麵

中國泡麵各種產品的口味相差很大，畢竟中國的幅員過於遼闊，再加上各地區的飲食喜好不同、流通運輸的限制，所以各家廠商銷售的產品天差地遠，而且廠商的技術也有很大的落差。總括來說，主要廠牌的產品走的都是重口味路線，鹹度和辣度都很驚人，鮮味粉也放得毫不手軟。不過，有些二、三線城市在地廠商生產的產品，湯頭死鹹，一點鮮味也沒有。考慮到品質和食安問題，如果要我購買聽都沒聽過的廠牌製品，我可能還是下不了手。不過近10年來，不論規模大小，每間廠牌的品質都有了顯著的提升。

雖然口味變化多端，但是最常見的還是「紅燒牛肉面（麵）」。就我所知，全世界只有中國銷售羊肉口味泡麵。除了一般的小麥麵條，米粉和冬粉也很普遍，而且各有專精的廠商生產。

中國的泡麵，幾乎都不會在包裝標示調理方式，而且是隻字不提。看起來應該都是把滾水倒進碗裡，蓋上碗蓋，等待3分鐘就可以開動的方式。但是好像也可以水煮，而且要煮多久由自己決定，作法相當隨興。當然，和用熱水沖泡相比，放進鍋裡煮3分鐘一定好吃得多。

知名廠牌有

■康師傅
■福滿多（康師傅針對低所得者成立的品牌）
■統一
■今麥郎（今麥郎食品、日清食品系列）
■五谷道場
■白家
■日清食品（上海和廣州另有其他公司）

中國本土的主要廠牌有白象（白象集團食品），可惜的是，我還沒有吃過這間公司的產品。

到1990年代為止，原本處於混沌一片的中國泡麵市場，一口氣被康師傅（當時的公司名稱是天津頂益國際食品有限公司）攻下了近半數的版圖，直到目前，仍穩居市場龍頭寶座。康師傅的創辦者是台灣人，日本的三洋食品也有出資。康師傅走的是高價位路線，但是也成立了福滿多這個品牌，大打廉價牌。等於企圖吃下市場的所有大餅，讓對手無機可趁。統一的社長和康師傅都是台灣人，但他們都是先在台灣發跡，才進軍中國大陸。統一旗下的產品雖然也是以高價位為訴求，但還是無法撼動康師傅在中國的龍頭地位。日清在北京、上海、深圳都設有營業據點，企圖以出前一丁、雞湯拉麵，還有藉由日清杯麵、UFO等日本商品名稱的知名度耕耘市場。日清除了原有的品牌，也與規模和大廠僅有一線之隔的華龍共同出資，維持今麥郎的產品線。另外，香港永南食品的中國事業（珠海市金海岸永南食品）也已併入日清旗下。五谷道場的特徵是使用非油炸麵，以重視健康概念的客層為訴求。

在中國要買泡麵，無非是以下幾個管道。超市和百貨公司的賣場雖然夠大，大多只有販售一袋5包的產品；超商則有零售主要品牌的產品。此外，雜貨店和乾貨行也是值得挖寶的好地方，雖然品質可能較為堪慮，卻能零買到不常見的產品。但是，為了尋訪這類店家，唯一的辦法就是靠兩條腿不斷的走（但我個人的經驗僅限於天津，或許和其他地方落差很大）。

攝於中國的超市

如果在日本想買中國的泡麵，除了中華街，也可以去大久保等外國食品店找找。之前在台灣篇已經提過，康師傅的產品分為台灣製和大陸製，容易混淆。另外，如果要找日清的產品，還會有上海、廣東、香港版的產品進來攪和。

（註：台灣目前禁止中國大陸泡麵進口）

中國的泡麵品牌

康師傅 / 福滿多
6 903252

⊙http://www.masterkong.com.cn/

中糧五谷道場
6 936986

⊙http://www.cofco.com/

統一企業
6 925303

⊙http://www.uni-president.com.cn/

四川白家食品 Baijia Food
6 926410

⊙http://www.scbaijia.com/

今麥郎
（今麥郎食品）6 921555

⊙http://www.hualong.com/

四川光友薯業
6 914790

⊙http://www.guang-you.com/

中國

100

康師傅　東北燉　東北亂燉麵

⊙類別：拉麵
⊙口味：味噌
⊙製法：油炸麵條
⊙調理方式：沒有說明

■總重量：104g ■熱量：497kcal

3

[配料]液體湯包、調味粉包、佐料包（高麗菜？‧胡蘿蔔‧蔥花）
[麵]圓形切口的油炸細麵，表面光滑堅硬。口感分明，嚼起來有輕
快感[高湯包]濃稠的味噌味，帶著明顯的豬肉鮮味，另外還有蔬菜
的甘甜，但幾乎沒有刺激性[其他]香氣和味道簡直和青椒肉絲如出
一轍，麵條和湯頭搭配得宜，均衡度佳[試吃日期]2012.03.24[保
存期限]2012.04.05[購買管道]街上的乾貨行（China）2.5RMB

康師傅　醬香傳奇　醬爆牛肉麵

⊙類別：拉麵　⊙口味：牛肉
⊙製法：油炸麵條
⊙調理方式：沒有說明

2.5

■總重量：110g ■熱量：No Data

[配料]液體湯包、調味粉包、佐料包（牛肉‧胡蘿蔔‧高麗菜）
[麵]方形切口的偏細油炸麵，質地細緻有彈性，以中國的袋裝麵而
言，算是品質優良[高湯包]湯頭濃稠，中式調味的香味和味噌的味
道並存，辣度適中[其他]小片的牛肉吃起來沒有滿足感，味道和香
氣類似日本的味噌拉麵，很容易入口[試吃日期]2010.01.24[保存期
限]2009.09.06[購買管道]Ramen FighterX駐在員送我的

康師傅　江南美食　精燉牛腩麵

⊙類別：拉麵　⊙口味：牛肉
⊙製法：油炸麵條
⊙調理方式：沒有說明

2.5

■總重量：105g ■熱量：No Data

[配料]膏狀湯包、調味粉包、佐料包（鴨肉‧胡蘿蔔‧蔥花‧高麗
菜）[麵]油炸麵帶有黏性，就算不強調「以中國大陸製品而言」，
質地也相當細緻[高湯包]以牛肉為湯底的高湯濃郁不膩口，味道的
組成複雜，稍帶混濁的乳狀感[其他]雖然感覺在調味上的確很用
心，但是這種比較缺乏潤澤度的大陸風味，不知日本人的接受度如
何[試吃日期]2007.06.03[保存期限]2007.04.11[購買管道]紫禁城亞
洲中國食品店 日幣100圓

中國

No.3611 杭州頂益食品　　6 920152 432907

康師傅　江南美食　東坡紅燒肉麵

⊙類別：**拉麵**　⊙口味：**豬肉**
⊙製法：**油炸麵條**
⊙調理方式：**沒有說明**

■總重量：108g ■熱量：No Data

[配料]膏狀湯包、調味粉包、佐料包（豬肉‧胡蘿蔔‧蔥花‧高麗菜）[麵]油炸麵的粗細中等，質地滑順，略帶彈性。麵條比同屬於江南美食系列的No.3601粗一些[高湯包]豬肉的鮮味很濃，但是搭配不知該稱為清爽還是帶有澀味的調味，不會讓人生膩[其他]佐料包除了蔬菜，還有小塊的肉片，但是味道比湯頭遜色，寧可不放[試吃日期]2007.05.20[保存期限]2007.05.14[購買管道]紫禁城亞洲中國食品店 日幣100圓

No.3601 杭州頂益食品　　6 920152 432006

康師傅　江南美食　筆甘老鴨煲火麵

⊙類別：**拉麵**　⊙口味：**雞肉**
⊙製法：**油炸麵條**
⊙調理方式：**沒有說明**

■總重量：105g ■熱量：No Data

[配料]膏狀湯包、調味粉包、佐料包（鴨肉‧胡蘿蔔‧蔥花‧高麗菜）[麵]（水煮3分鐘）和目前為止介紹到的康師傅系列都不同。一樣是油炸細麵，質地雖軟，口感卻比較溼潤[高湯包]味道溫醇的濃稠雞湯，味道的組成複雜。濃郁的滋味不讓麵條或佐料專美於前，帶有一絲酸味[其他]膏狀的湯頭好像日式海苔醬，和以前的中國產品彷彿有隔世之感，滋味豐富[試吃日期]2007.05.06[保存期限]2007.05.15[購買管道]紫禁城亞洲中國食品店 日幣100圓

No.3595 杭州頂益食品　　6 920152 440629

康師傅　海陸鮮匯　紅燒明蝦麵

⊙類別：**拉麵**　⊙口味：**蝦子**
⊙製法：**油炸麵條**
⊙調理方式：**沒有說明**

■總重量：100g ■熱量：No Data

[配料]膏狀湯包、調味粉包、佐料包（胡蘿蔔‧蔥花‧高麗菜）以中國大陸製造的品質而言，康師傅系列的油炸麵實屬佳作。只是才水煮了3分鐘，麵條就變得太軟[高湯包]滋味濃郁的豬肉＋海鮮湯頭。蝦子的微微腥味突顯出湯頭的個性，甚至還帶著一絲奶味[其他]每次一打開畫有蝦的調味粉包，都會被嗆到快要咳嗽。是因為辛香料比較特殊嗎？[試吃日期]2007.04.30[保存期限]2007.05.20[購買管道]日光食品 日幣100圓

No.3598 杭州頂益食品　　6 920152 450062

康師傅　海陸鮮匯　酸菜魚片麵

⊙類別：**蕎麥麵**　⊙口味：**海鮮**
⊙製法：**油炸麵條**
⊙調理方式：**沒有說明**

■總重量：103g ■熱量：No Data

[配料]膏狀湯包、調味粉包、佐料包（胡蘿蔔‧蔥花‧高麗菜）[麵]（水煮3分鐘）具備麻糬般的黏性，油炸感不明顯。水煮時間必須掌控得宜，存在感強[高湯包]豬肉和魚肉的雙湯頭。雖然鮮味濃郁，但總覺得有幾分不自然[其他]刺激成分很強，打開調味粉包的瞬間，就被嗆到咳嗽，但是感覺並不會危害身體[試吃日期]2007.05.03[保存期限]2007.05.08[購買管道]紫禁城亞洲中國食品店 日幣100圓

No.4750　天津頂益国際食品　　　6 903252 058819

康師傅　麵霸煮麵　紅燒牛肉

⊙類別：
拉麵
⊙口味：
牛肉
⊙製法：
油炸麵條
⊙調理方式：
水煮4分鐘

■總重量：122g ■熱量：370kcal

[配料]液體湯包、調味粉包、佐料包（胡蘿蔔‧蔥花‧高麗菜）[麵]油炸粗麵稍嫌扁平，雖然形狀並不尖銳，但是很有嚼勁。屬於新世代的麵條[高湯包]牛肉的鮮味感覺很天然，中國產品常有的「麻味」也算溫和，就算是日本人也能夠接受[其他]意想不到的優質麵條是整碗麵的亮點，同時也讓我對中國製的泡麵產生新的認識[試吃日期]2011.12.04[保存期限]2012.02.04[購買管道]大方便利（China）3.3RMB

No.4791　天津頂益国際食品　　　6 903252 054446

康師傅　麵霸煮麵　菌湯排骨鍋

⊙類別：
拉麵
⊙口味：
蘑菇
⊙製法：
油炸麵條
⊙調理方式：
水煮4分鐘

■總重量：112g ■熱量：528kcal

[配料]調味粉包、佐料包（青菜‧豬肉‧高麗菜‧枸杞）、調味油包[麵]扁平的油炸粗麵質地細緻，存在感強。雖然偏硬，但是泡開的程度恰到好處[高湯包]香菇和豬肉的鮮味足夠，喝起來的感覺不是濃郁，而是爽快有勁[其他]枸杞的酸甜味發揮了提味的效果，整體而言，麵霸的品質在中國製品中算出類拔萃，表現突出的[試吃日期]2012.02.04[保存期限]2012.03.24[購買管道]E-Mart（China）五入裝14.5RMB

No.4735　天津頂益国際食品　　　6 903252 61024

康師傅　勁爽拉麵　香辣牛肉

⊙類別：
拉麵
⊙口味：
牛肉
⊙製法：
油炸麵條
⊙調理方式：
**水煮3分鐘／
熱水沖泡4分
鐘**

■總重量：100g ■熱量：441kcal

[配料]調味粉包、調味油包、香料（辣椒‧香菜）[麵]油炸細麵偏軟，質地雖然平滑，仍具備一定的彈性，沒有軟爛無力的感覺[高湯包]辣椒、山椒、香菜交織而成的氣味中，夾雜著痛快的辣度。感覺鮮味放得不多[其他]以中國製產品而言，濃稠度比較低，麵條和湯頭也統一走清爽路線[試吃日期]2011.11.13[保存期限]2011.12.02[購買管道]街上的乾貨行（China）2.3RMB

No.4332　天津頂益国際食品　　　6 903252 119003

福滿多　香辣牛肉麵

⊙類別：
拉麵
⊙口味：
牛肉
⊙製法：
油炸麵條
⊙調理方式：
沒有說明

■總重量：96g ■熱量：430kcal

[配料]調味粉包、調味油包、佐料包（胡蘿蔔‧蔥花）[麵]偏細油炸麵表面滑順，容易糊，口感不是很紮實[高湯包]花椒的氣味和刺激撲鼻而來，主宰了整碗麵給人的印象。牛肉的鮮味不明顯[其他]和同公司的頂級系列康師傅相比，佐料的確略遜一籌，但其他方面的差異不大[試吃日期]2010.03.28[保存期限]2009.12.14[購買管道]Ramen FighterX駐在員送我的

中國

103

福滿多　紅燒牛肉麵

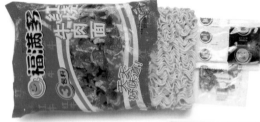

⊙類別：拉麵
⊙口味：牛肉
⊙製法：油炸麵條
⊙調理方式：沒有說明

■總重量：96g ■熱量：430kcal

[配料]調味粉包、調味油包、佐料包（胡蘿蔔・蔥花）[麵]圓形切口的油炸細麵，質地意外的光滑緊實。糊掉的速度算快[高湯包]辣味很強，但是另外加了蔬菜以後，感覺變得剛剛好。吃不太出來牛肉的味道[其他]雖然吃得有點不滿足，但是整體的質感不壞。以當地銷售的價格換算成日幣大約是15圓[試吃日期]2009.09.22[保存期限]2010.01.17[購買管道]Ramen Fighter X駐在員送我的

超級福滿多　紅燒牛肉麵

⊙類別：拉麵　⊙口味：牛肉
⊙製法：油炸麵條
⊙調理方式：沒有說明

■總重量：107g ■熱量：468kcal

[配料]調味粉包、佐料包（牛肉、青菜、胡蘿蔔・蔥花）[麵]雖然沒有標出調理時間，不過油炸的細麵經過水煮3分鐘後，已經變軟，表面平滑，品質良好[高湯包]以紅燒牛肉麵而言是清淡，辣度雖弱，但是胡椒的刺激很強，鮮味也很足夠[其他]福滿多是康師傅旗下的低價位品牌，本產品折合成日幣也不到20圓，所以有這樣的表現算是不俗[試吃日期]2011.12.25[保存期限]2012.02.13[購買管道]街上的乾貨行（China）1.5RMB

超級福滿多　排骨燉雞麵

⊙類別：拉麵　⊙口味：雞肉
⊙製法：油炸麵條
⊙調理方式：沒有說明

■總重量：98g ■熱量：460kcal

[配料]調味粉包、液體湯包、佐料包（胡蘿蔔、高麗菜）[麵]油炸的細麵經過水煮3分鐘後，已經變得過軟。質地平滑，品質不差，但口感還是顯得有些空虛[高湯包]以雞湯為主體，但是成分過於複雜，喝起來稍嫌清淡。帶有金屬性？刺激，口味花俏，談不上是好是壞[其他]價格雖然便宜，仍附有佐料包。如果要調整成日本人能接受的口味，建議水要少放一些，並縮短調理時間[試吃日期]2012.03.03[保存期限]2012.03.18[購買管道]街上的便利超商（China）1.8RMB

中國

統一 100 紅椒牛肉麵

⊙類別：**拉麵**
⊙口味：**牛肉**
⊙製法：**油炸麵條**
⊙調理方式：**熱水沖泡3分鐘**

2.5

■總重量：125g　■熱量：610kcal

[配料]調味粉包、佐料包（胡蘿蔔・高麗菜等）[麵]我特別採用水煮3分鐘的調理方式，結果一般麵條原有的粗糙感消失了，質地顯得很滑順。但是不太有嚼勁[高湯包]辣味厚重。牛肉高湯雖然人工，滋味卻意外有深度。總覺得有股奶味[其他]試吃這個系列時，我特別多花點工夫水煮調理，發現美味度比沖泡式多上許多，讓我對這系列完全改觀[試吃日期]2008.03.29[保存期限]2008.09.06[購買管道]陽光亞洲物產 日幣98圓

統一 100 蔥爆牛肉麵

⊙類別：**拉麵**　⊙口味：**牛肉**
⊙製法：**油炸麵條**
⊙調理方式：**熱水沖泡3分鐘**

1.5

■總重量：125g　■熱量：580kcal

[配料]調味粉包、佐料包（胡蘿蔔・高麗菜）[麵]蓬鬆感之強，就連杯麵也難以望其項背，口感空虛不紮實[高湯包]感覺厚重，鮮味和層次感倒是一應俱全。辣椒的辣度全開，刺激相當重[其他]這款產品沒辦法被日本人接受。才一打開調味粉包，一股中國產品特有的刺激味立刻撲鼻而來[試吃日期]2007.12.30[保存期限]2008.06.09[購買管道]陽光亞洲物產 日幣98圓

統一 100 酸辣牛肉麵

⊙類別：**拉麵**　⊙口味：**牛肉**
⊙製法：**油炸麵條**
⊙調理方式：**熱水沖泡3分鐘**

1.5

■總重量：125g　■熱量：595kcal

[配料]調味粉包、佐料包（胡蘿蔔・蔥花）、調味油包[麵]油炸麵的質地蓬鬆輕盈，感覺有點受潮，吃不出新鮮的質感[高湯包]雖然喝得出牛肉的鮮味，但是又加了酸味和強烈的甜味，感覺不適合當作正餐[其他]從好的角度來看，是增加新鮮的體驗。開心之餘，我還是得說，麵條和甜度都不合日本人的口味[試吃日期]2008.01.12[保存期限]2008.08.10[購買管道]陽光亞洲物產 日幣98圓

中國

統一 100 蔥香嫩雞麵

⊙類別：**拉麵**　⊙口味：**雞肉**
⊙製法：**油炸麵條**
⊙調理方式：**熱水沖泡3分鐘**

■總重量：122g　■熱量：600kcal

1.5

[配料]調味粉包、佐料包（胡蘿蔔‧青菜）、調味油包[麵]具有蓬鬆感的輕盈口感。雖然吃得到油炸的香味，但也覺得有點潮溼[高湯包]雞湯的味道溫醇，但組成分子複雜，有層次感，和同廠牌的其他產品相比，酸味比較弱，也沒有其他怪味[其他]麵條如果能達到一般水準，整體印象應該會大為提升。或許用水煮的方式調理能改善很多[試吃日期]2008.02.23[保存期限]2008.06.09[購買管道]陽光亞洲物產 日幣98圓

統一　湯達人　酸酸辣辣豚骨麵

⊙類別：**拉麵**　⊙口味：**豚骨**
⊙製法：**油炸麵條**
⊙調理方式：**水煮3分鐘**

■總重量：130g　■熱量：No Data

2.5

[配料]液體湯包、佐料包（胡蘿蔔，高麗菜‧玉米‧木耳，枸杞）、黑醋、辣油[麵]偏細的油炸麵條帶有黏性和蓬鬆感，水煮以後，質感比No.4726的杯麵版好[高湯包]和杯麵版一樣，也是帶著溫和酸味和辣油味的豚骨湯頭。雖然熱鬧，卻顯得有些漫不經心[其他]附帶乾燥蔬菜，但是卻少了杯麵版裡的肉片。以中國製品而言算是高價位，質感也很精緻[試吃日期]2011.11.05[保存期限]2011.11.09[購買管道]E-Mart（China）5入裝＋杯麵贈品一共18RMB

統一 100 西紅柿打滷麵

⊙類別：**拉麵**　⊙口味：**番茄**
⊙製法：**油炸麵條**
⊙調理方式：**沒有說明**

■總重量：110g　■熱量：No Data

2

[配料]調味粉包、液體湯包、佐料包（番茄，煎蛋、蔥花）[麵]油炸麵條偏細，吃起來有些乾癟，比帶有勾芡的湯頭遜色[高湯包]番茄的酸味不會太重，也沒有辣度。沒有讓人不能接受的味道，鮮味也很淡薄，整體的印象很平淡[其他]佐料只有乾燥番茄和3mm大小的煎蛋，沒有滿足感。應該多加點調味蔬菜和肉片[試吃日期]2009.10.25[保存期限]2009.11.07[購買管道]Ramen Fighter X駐在員送我的

統一 100 老罈酸菜牛肉麵 香辣味

⊙類別：**拉麵**　⊙口味：**牛肉**
⊙製法：**油炸麵條**
⊙調理方式：**沒有說明**

■總重量：118g　■熱量：263kcal

2.5

[配料]調味粉包、調味油包、醬菜（雪菜‧辣椒）[麵]圓形切口的油炸細麵，形狀清晰，口感爽快。光靠麵條的表現，就能提升整體質感[高湯包]帶著發酵氣味的酸味很強，辣味適中，鮮味普通。油份不多，吃起來很清爽[其他]醬菜的分量很多，有效提升了味道。包裝雖然看起來有點詭異，但是不怕發酵味的人，應該會吃得很開心[試吃日期]2012.05.12[保存期限]2012.06.10[購買管道]Furuyama特派員送我的

中國

No.4272　統一企業　　　　　　　　　6 925303 010452

好勁道　骨氣王　砂鍋麵　老北京羊肉湯味

⊙類別：拉麵　⊙口味：羊肉
⊙製法：油炸麵條
⊙調理方式：沒有說明

■總重量：101g ■熱量：No Data

[配料]調味粉包、液體湯包、佐料包（胡蘿蔔・香草）[麵]偏細的油炸麵條分量很多，口感蓬鬆不紮實。不耐泡，放愈久，糊得愈厲害[高湯包]混濁的淺咖啡色湯頭鮮味很足，羊肉的氣味相當強烈，讓人無法忍受[其他]香草完全無法發揮消除羊肉腥味的功能，以泡麵來說，是我從未體驗過的味道。中國真是太可怕了！[試吃日期]2009.12.27[保存期限]2009.10.07[購買管道]Ramen Fighter X駐在員送我的

No.4796　統一企業　　　　　　　　　6 925303 169866

炸醬麵　地道醬料　經典美味　吃乾麵喝鮮湯　內贈鮮湯包　沖湯好美味

⊙類別：乾麵　⊙口味：味噌
⊙製法：油炸麵條
⊙調理方式：熱水沖泡3分鐘，再把水倒掉

■總重量：100g ■熱量：No Data

[配料]液體湯包、另外添加的調味粉包[麵]油炸麵條偏細。以中國製的沖泡式麵條而言，作工頗是紮實[高湯包]黑色的醬料聞起來，像是很鹹的豆子經發酵後所產生的味道，不過味道很淡。另外也添加了用大豆蛋白製成的素麵[其他]整體的味道單調，但是另外附的湯包粉，味道雅致清爽，成為唯一的救贖[試吃日期]2012.02.11[保存期限]2012.03.20[購買管道]某超級市場（China）1.8RMB

No.4233　今麥郎食品　　　　　　　　6 921555 583937

大今野拉麵　香菇燉雞麵
Mushroom Chicken Flavour Noodle

⊙類別：拉麵　⊙口味：蘑菇
⊙製法：油炸麵條
⊙調理方式：水煮3分鐘

■總重量：120g ■熱量：No Data

[配料]調味粉包、液體湯包、佐料包（胡蘿蔔・高麗菜）[麵]雖然是柔軟的油炸細麵，質地卻很細緻，也具備上等的彈性。品質和日本相比毫不遜色[高湯包]濃濁的重口味湯頭。香菇的鮮味濃到過頭，好在有生薑的刺激來平衡[其他]分量很多，但是質感馬馬虎虎，感覺不是很符合日本人的喜好與胃口[試吃日期]2009.11.03[保存期限]2009.10.15[購買管道]Ramen Fighter X駐在員送我的

No.4310　今麥郎食品　　　　　　　　6 921555 581681

大今野拉麵　雪菜肉絲麵

⊙類別：拉麵　⊙口味：蔬菜
⊙製法：油炸麵條
⊙調理方式：水煮3分鐘／熱水沖泡3分鐘

■總重量：124g ■熱量：No Data

[配料]調味粉包、雪菜、調味油包[麵]圓形切口的油炸細麵，質地平滑無蓬鬆感，偏軟。整體的品質有達到國際級水準[高湯包]豬肉的鮮味十足，但是找不到味道的重心，不知道焦點在哪裡[其他]雪菜類似日本的高菜，帶著些許的酸味。整體的味道很單調，容易吃膩[試吃日期]2010.02.24[保存期限]2009.12.20[購買管道]Ramen Fighter X駐在員送我的

中國

今麥郎彈麵　紅燒牛肉麵

⊙類別：拉麵
⊙口味：牛肉
⊙製法：油炸麵條
⊙調理方式：沒有說明

2.5

■總重量：114g　■熱量：563kcal

[配料]液體湯包、調味粉包、佐料包（胡蘿蔔‧高麗菜‧
大豆蛋白）[麵]Q彈有勁，分量紮實沉重。量多，吃了很有
飽足感[高湯包]湯頭濃稠，像是熬煮很久的感覺。帶有酸
味，味道和香氣很複雜[其他]和同為中國出品的NO.4203
福滿多紅燒牛肉麵相比，我覺得這款的表現比較出色[試吃
日期]2009.10.11[保存期限]2009.12.25[購買管道]Ramen
Fighter X駐在員送我的

今麥郎　辣煌尚　剁椒排骨麵

⊙類別：
　拉麵
⊙口味：
　辣椒
⊙製法：
　油炸麵條
⊙調理方式：
　沒有說明

■總重量：117g　■熱量：536kcal

[配料]調味粉包、調味油包、醃漬辣椒[麵]▼油炸麵條偏細，即使只水
煮3分鐘也變得很軟，具備澱粉的黏性，所以吃起來不會軟爛沒嚼
勁[高湯包]鹹度和辣度都很強勁。所謂的剁椒，就是發酵的辣椒，
吃起來沒有酸味。雖然味道很重，滋味卻很有深度[其他]辣椒的刺激
隱身在豬肉的鮮味之後。口感蓬鬆的麵條和厚重的湯頭正好呈現明
顯的反差[試吃日期]2011.12.17[保存期限]2012.01.29[購買管道]路
上的乾貨行（China）2.3RMB

今麥郎　辣煌尚　辣子雞麵

⊙類別：
　拉麵
⊙口味：
　雞肉
⊙製法：
　油炸麵條
⊙調理方式：
　沒有說明

■總重量：112g　■熱量：532kcal

[配料]調味粉包、調味油包、香料[麵]方形切口的油炸麵條偏細，
質地柔軟平滑，帶有細緻的質感，品質相當不錯[高湯包]辣椒和花
椒夾攻的力道可觀，鹹度更是驚人。雖然喝得到鮮味，但是有些黯
淡無光[其他]大豆蛋白很礙事。若是第一次吃，最好減少水量，而
且要做好隔天肛門會疼痛的心理準備[試吃日期]2012.03.10[保存期
限]2012.03.26[購買管道]路上的便利超商（China）1.5RMB

中
國

今麥郎彈麵　A區麥場　冬筍三黃雞麵

⊙類別：**拉麵**　⊙口味：**雞肉**
⊙製法：**非油炸麵條**
⊙調理方式：**水煮3分鐘**

■總重量：98g ■熱量：No Data

[配料]調味粉包、調味油包、佐料包（胡蘿蔔‧筍乾‧豌豆‧蔥花）[麵]標準的非油炸麵口感，質地緊實，平滑細緻。可惜和湯頭不怎麼搭[高湯包]湯頭的滋味深邃，感覺像燉了很久的雞湯。附帶的小塊筍乾筍味十足[其他]和日本的拉麵相比，味道過於複雜，但是滋味也的確相當豐富[試吃日期]2009.11.29[保存期限]2009.09.13[購買管道]Ramen Fighter X駐在員送我的

白家　四川名小吃　山椒泡菜粉絲

⊙類別：
　冬粉
⊙口味：
　醬菜
⊙製法：
　乾燥麵條
⊙調理方式：
　熱水沖泡4～6分鐘

■總重量：100g ■熱量：400kcal

[配料]膏狀湯包、調味粉包、佐料包（胡蘿蔔‧大豆）[麵]質地澄澈的茶色麵條，比杯麵版更滑，不會被熱水泡糊。口感有些類似魚翅，吃起來沒有味道[高湯包]重鹹中帶有些許酸味。山椒和辣椒的刺激很強，鮮味單薄平板[其他]難以用筆墨形容，大概是野澤菜（日本芥菜）茶泡飯或中藥的味道，我勉強可以吃完[試吃日期]2005.12.10[保存期限]2005.11.30[購買管道]陽光東南亞食品專賣店 日幣105圓

白家　正宗四川名小吃　酸菜魚

⊙類別：
　冬粉
⊙口味：
　魚
⊙製法：
　乾燥麵
⊙調理方式：
　熱水沖泡5～6分鐘

■總重量：100g ■熱量：400kcal

[配料]膏狀湯包、調味粉包、佐料包（胡蘿蔔‧大豆）[麵]煙燻棕色的透明麵條，沒有稜角。表面硬到咀嚼時會咯咯作響[高湯包]沉澱在透明湯頭的茶色成分，基本上都是化學調味料，不過味道喝起來比上面的No.3253濃[其他]印象幾乎和No.3253沒有兩樣。是日本人絕對無法接受的味道，很適合極фил挑戰心的人[試吃日期]2005.12.11[保存期限]2006.06.30[購買管道]陽光東南亞食品專賣店 日幣105圓

白家　正宗四川名小吃　砂鍋燉雞味

⊙類別：
　冬粉
⊙口味：
　雞肉
⊙製法：
　乾燥麵
⊙調理方式：
　熱水沖泡5～6分鐘

■總重量：105g ■熱量：No Data

[配料]膏狀湯包（內含香菇）、調味粉包、佐料包（胡蘿蔔‧大豆）[麵]乾燥細冬粉是由馬鈴薯所製成的，一開始呈現灰色，泡開後轉為透明。嚼起來有顆粒感[高湯包]喝起來人工單調，但基本上還是喝得到鮮味。不酸不辣，味道溫和，缺乏勁道[其他]佐料加了少見的香菇碎末和大豆。在同公司出品的商品中，算是最大眾化的口味[試吃日期]2008.04.27[保存期限]2008.06.30[購買管道]日光食品

白家陳記　夠味酸辣粉

⊙類別：冬粉
⊙口味：酸辣
⊙製法：非油炸麵條
⊙調理方式：熱水沖泡5～6分鐘

■總重量：85g ■熱量：No Data

[配料]液體湯包、調味粉包、黑醋[麵]冬粉是半透明的，雖然很細，質地卻堅硬紮實，分量也相當可觀[高湯包]鹹度驚人，辣椒的辣度和花椒的刺激也非常強烈。但是鮮味吃不出葷食的味道[其他]黑醋的酸味很有深度，大豆吃起來很軟，但是香味很淡。我沒辦法把湯全部喝完[試吃日期]2012.08.14[保存期限]2012.09.21[購買管道]E-Mart（China）2.5RMB

白家　砂鍋米線　小城故事　正宗酸辣味

⊙類別：冬粉　⊙口味：辣味噌
⊙製法：非油炸麵
⊙調理方式：熱水沖泡3分鐘

■總重量：108g ■熱量：385kcal

[配料]調味粉包、調味油包[麵]細冬粉是用米等澱粉製成的，質地堅硬，咬都咬不動[高湯包]辣味突出。酸味雖然也強，但是不會讓人酸到皺眉。有山椒的味道，鮮味很淡[其他]大豆是這間公司最拿手的佐料，但是咬勁上不下下，也幾乎吃不到香味，不過很少見[試吃日期]2009.02.01[保存期限]2009.01.17[購買管道]日光食品 日幣160圓

銀絲米線　酸辣味　大容量

⊙類別：
　米粉
⊙口味：
　酸辣
⊙製法：
　非油炸麵條
⊙調理方式：
　熱水沖泡4～6分鐘

■總重量：115g ■熱量：403kcal

[配料]調味粉包、黑醋、調味油包[麵]沖泡了4分鐘後，乾燥細米粉還是很硬，吃起來欠缺黏性硬梆梆。分量很多[高湯包]夾雜著苦味的黑醋酸味和花椒的辣度讓人印象深刻。牛肉的鮮味意外的強烈[其他]刺激雖強，但並不尖銳。雖然包裝鮮紅，但整體的味道比想像中容易入口[試吃日期]2012.07.15[保存期限]2012.09.09[購買管道]E-Mart（China）3.0RMB

始祖　雞湯拉麵

⊙類別：拉麵
⊙口味：雞肉
⊙製法：油炸麵條
⊙調理方式：熱水沖泡3分鐘 / 水煮1
　　分鐘 / 微波1分鐘

2.5

■總重量：104g　■熱量：579kcal

[配料]調味粉包、液體湯包[麵]切口扁平的油炸麵，形狀沒有日本的雞湯拉麵清楚，質地和杯麵很像[高湯包]質地相當濃稠，口感溫醇豐富。雖然有幾分中式料理的風格，卻沒有醬油味[其他]包裝和日本製的雞湯拉麵幾可亂真，但是內容完全不同。不過我想喜歡中國版的人會比較多[試吃日期]2012.01.08[保存期限]2012.03.24[購買管道]Ramen Fighter X駐在員送我的

五谷道場　秘製牛肉麵

⊙類別：拉麵
⊙口味：牛肉
⊙製法：非油炸麵
⊙調理方式：熱水沖泡4分鐘 / 水煮3分鐘

2.5

■總重量：101g　■熱量：No Data

[配料]調味粉包、佐料包（牛肉、高麗菜、胡蘿蔔、玉米、蔥花）、調味油包[麵]少有的中國製非油炸麵，力道微弱，吃起來感覺很健康。但是缺乏咬勁，吃起來不過癮[高湯包]濃稠的牛肉湯頭，帶著辣椒微弱的刺激。鮮味很夠，感覺沒有仰賴化學調味料[其他]佐料包的蔬菜種類和分量都很多。這也是我第一次正式接觸五谷道場的產品[試吃日期]2012.04.07[保存期限]2012.04.22[購買管道]某超級市場（China）2.8RMB

中國

111

No.4742 中粮五谷道場食品　　6 936986 831076

五谷道場　麥優糧　紅燒牛肉麵

⊙類別：拉麵　⊙口味：牛肉
⊙製法：非油炸麵
⊙調理方式：水煮4分鐘 / 熱水沖泡4分鐘

■總重量：90g ■熱量：No Data

[配料]調味粉包、液體湯包、佐料包（胡蘿蔔‧蔥花）[麵]扁平的
非油炸麵條，口感過軟不紮實。欠缺香氣，味道平板[高湯包]辣
度很強，但是鮮味淡薄，味道單調。比最普遍的康師傅的紅燒牛
肉口味遜色不少[其他]以低熱量的健康走向為賣點，但是滋味欠
佳。而且分量又多，一下子就膩了[試吃日期]2011.11.23[保存期
限]2012.01.19[購買管道]路上的乾貨行（China）1.5RMB

No.4776 今麥郎食品　　6 921555 580707

華龍　大碗香　紅燒牛肉麵

⊙類別：拉麵　⊙口味：牛肉
⊙製法：油炸麵條
⊙調理方式：水煮3分鐘 / 熱水沖泡3分鐘

■總重量：80g ■熱量：369kcal

[配料]調味粉包、液體湯包、佐料包（蔥花）[麵]油炸細麵的口感
輕盈，存在感低。分量以中國製袋裝麵而言，算是例外的少量[高
湯包]味道和香氣都很薄弱，油分很低。吃得出牛肉的鮮味，也沒
有讓人難以接受的味道[其他]熱水的量稍微少一點會比較好。紅
通通的包裝讓人以為是重口味，但味道卻出乎意料的清淡[試吃日
期]2012.01.14[保存期限]2012.02.14[購買管道]路上的便利超商
（China）1.5RMB

No.3795 四川光友薯業　　6 914790 200349

光友粉絲　紅燒牛肉

⊙類別：冬粉　⊙口味：牛肉
⊙製法：非油炸麵
⊙調理方式：熱水沖泡5～6分鐘

■總重量：100g ■熱量：106kcal

[配料]調味粉包、調味油包、佐料包（豆子‧辣椒）[麵]非常柔
軟的乾燥細冬粉，和同為四川的旬家（No.3254）口感完全不同
[高湯包]散發著一般劣質的味道，應該不對日本人的胃口。辣味
噌的刺激相當強烈[其他]佐料包裡出現了一種謎樣的豆子，雖然
無法滿足味蕾，卻是個嘗鮮的經驗[試吃日期]2008.02.02[保存期
限]2008.06.30[購買管道]陽光亞洲物產 日幣50圓

No.4850 四川光友薯業　　6 914790 050111

光友米線　上湯排骨味

⊙類別：米粉　⊙口味：豬肉
⊙製法：非油炸麵
⊙調理方式：熱水沖泡4～6分鐘

■總重量：95g ■熱量：No Data

[配料]調味粉包（內含大豆）、調味油包[麵]非油炸米粉又細又軟，
韌性很強拉不斷[高湯包]豬肉湯頭的味道很鹹，但鮮味喝起來缺乏
層次。沒有醬油味，也沒有辣度的刺激[其他]加了好像日本節分會
撒的黃豆。雖然很硬，聞起來卻很香。湯頭調淡一點會比較好[試吃
日期]2012.04.29[保存期限]2012.08.24[購買管道]E-Mart（China）
3.1RMB

中國

112

No.3435　湖南金健高科技食品　6 923557 962093

金健即食　米粉　紅油肥腸

⊙類別：米粉　⊙口味：
⊙製法：乾燥麵
⊙調理方式：水煮3～5分鐘

■總重量：118g ■熱量：kcal

[配料]調味粉包、佐料包（大豆‧胡蘿蔔‧蔥花）、調味油（動物性）[麵]寬3mm的扁平非油炸麵，麵質很軟沒有嚼勁。吃起來平乏無味，缺乏個性[高湯包]有一種日曬過的味道，好像也有山椒的味道。鹹度很高，鮮味以化學調味料為主[其他]附帶十粒左右的黃豆，體積雖小，咬起來卻很硬，而且味道也不怎麼香。整體的味道很難讓日本人接受[試吃日期]2006.08.27[保存期限]2006.10.08[購買管道]日光食品（新大久保）日幣88圓

No.4587　上海農心食品　6 920238 082026

辛拉麵　鮮蝦味

⊙類別：
　拉麵
⊙口味：
　海鮮
⊙製法：
　油炸麵條
⊙調理方式：
　水煮4～5分鐘

■總重量：120g ■熱量：509kcal

[配料]調味粉包、佐料包（蝦醬‧胡蘿蔔‧蔥花‧海帶芽）[麵]圓形切口的油炸粗麵條，口感Q彈，存在感強。感覺和一般的辛拉麵差不多[高湯包]湯頭濃稠，蝦味很濃，喝起來溫醇甘甜。辣度不是很強[其他]加了看得到兩、三隻蝦子的蝦醬，讓滋味變得更加豐富，但是味道和原始版的辛拉麵相差很多[試吃日期]2011.04.16[保存期限]2011.04.22[購買管道]Gourment Market（Thailand）38.0B

No.4787　上海農心食品　6 920238 011118

辛　正宗　辣白菜拉麵

⊙類別：
　拉麵
⊙口味：
　泡菜
⊙製法：
　油炸麵條
⊙調理方式：
　水煮4～5分鐘

■總重量：120g ■熱量：541kcal

[配料]調味粉包、佐料包（白菜‧蔥花）[麵]圓形切口的油炸粗麵條具有黏性。口感很韓式，存在感強，感覺和No.4786相差甚遠[高湯包]味道雖然也和4786很像，但是酸味更強，反而鹹度沒那麼重。和使用牛奶、味道混雜的湯頭一樣[其他]佐料的內容物相似，但是分量更多。雖然外觀和內容物幾乎和4786一模一樣，但是本款的質感比較好[試吃日期]2012.01.29[保存期限]2012.03.15[購買管道]Ramen Fighter X駐在員送我的

No.4786　上海農心食品　6 937891 300060

韓拉麵　辣白菜　韓國湯味　煮麵味更佳

⊙類別：
　拉麵
⊙口味：
　泡菜
⊙製法：
　油炸麵條
⊙調理方式：
　水煮4～5分鐘

■總重量：110g ■熱量：439kcal

[配料]調味粉包、佐料包（蔥花‧白菜）[麵]圓形切口的油炸麵條，中等粗細，形狀清晰。質感不差，有幾分像日本製[高湯包]驚人的辣度蓋過泡菜的酸味和辣味。乳狀的湯頭喝起來溫醇順口[其他]除了中文、英文和韓文3種語言的標示，還有西里爾字母和日文，看起來好不熱鬧[試吃日期]2012.01.28[保存期限]2012.03.25[購買管道]某超級市場（China）2.4RMB

中國

　　我在拙作《泡麵百科全書1》的後記有提過，書要準備出版的時候，因為要處理的照片高達1048張，導致花了超出預期的時間才得以付梓。這次出現在本書中的品項雖然較少，但是處理照片反而費了更大的工夫。因為拍攝袋裝麵的時候，發現了以前拍攝杯麵所沒有的問題，就是泡麵包裝皺痕所造成的反射和陰影。

　　大多數的產品，外包裝都使用看起來充滿光澤的PP（聚乙烯）膜。生產袋裝麵時，一般都是先裝入麵條和調味粉的小包，再用封口機以熱熔的方式封起來。但是，我發現很多國外的泡麵，都會從封口處延伸出一大堆皺摺（日本的袋裝麵很少有皺摺產生。從這點可看出日本的製造水準頗高）。如果皺摺都是直線還好解決，麻煩的是這些皺摺大都是東一條，西一條，沒有規律性可言。而且在運送或存放的過程中，甚至在開封時，又會產生細小的皺摺。

　　拍攝時，為了盡量讓皺摺看起來不明顯，光源不能只來自同一個方向，而是每個方向都得打光。但是，我們又沒辦法進棚拍攝或使用昂貴的機材，只能用「手動」的方式克難處理。例如利用擴散板或反光板，分散太陽自然光的方向；不厭其煩的調整包裝袋和相機的位置，找出皺摺最少的最佳拍攝角度。單手拿著相機拍（相機除了輕薄短小，也一定要有防手震功能），另一隻手也不能閒著，得牢牢拿著兩塊反光板，夾在白色背景板和無反射玻璃之間，同時用兩隻腳壓住包裝袋。不用說，這副德性當然是見不得人，而且是名副其實的「手忙腳亂」，恨不得自己能多長兩隻手出來。

　　即使用盡了一切努力，還是拍出不少皺褶頗深、看起來歪七扭八的照片。這麼一來，就只能仰賴後製的修正了。如果使用Photoshop之類的影像編輯軟體，的確可以做到某種程度的「粉飾太平」。但是單靠滑鼠沒辦法進行細部操作，所以還得用上繪圖版。細小的皺褶就用軟體的修復筆刷修掉，至於小地方，不是用類似的顏色填補起來，就是用Copy Stamp Tool，把它複製得和周圍一樣。大範圍的陰影可以用覆蓋模式修得亮一點，看起來不那麼明顯。但是，事後再度檢視這些經過後製的修正影像，總覺得看起來不自然。應該在拍攝時把皺褶的產生降到最低，才是根本的解決之道。

　　上述的技巧，都是我在寫這本書的過程中，「被迫」開發所得。因為等到我開始挑選要收錄在本書的產品照片，我才發現過去拍攝的照片解析度都很清晰，但是卻壓根沒想過皺褶也明顯到根本上不了版面的問題。這個問題真的讓我傷透了腦筋。最後只好決定，情況很糟糕的重拍一次，如果情況不嚴重，則只用編輯軟體修正。

第六章

馬來西亞

Malaysia

馬來西亞的泡麵

馬來西亞這個國家是個「民族大熔爐」，融合了各種族的宗教文化，包括信奉伊斯蘭教的馬來人、佛教徒的華人、印度教的印度人等。所以產品的成分上也會反映宗教上的限制。像是伊斯蘭教徒禁吃豬肉，所以市面上幾乎看不到豬肉口味的泡麵，而且幾乎所有產品都有標示出代表沒有使用豬肉的HALAL認證規章。再加上印度教的教義規定不可食用牛肉，所以也不會出現牛肉口味的泡麵。刪去這兩種口味，剩下的有雞肉、蝦子、蔬菜等口味，另外還有馬來半島特有的叻沙口味。不過各地的口味天差地遠，有些地方的味道近似咖哩，但也有湯頭是以魚類熬製，味道又酸又辣的亞參叻沙（Asam Lakusa）。另外還有東南亞版的烤肉串

——沙嗲口味、加了中藥的肉骨茶口味，但這些都是勢單力薄的少數分子。總之，雖然少了兩大主流口味，馬來西亞泡麵的口味依舊繁多，選項豐富。

在馬來西亞生產的著名品牌有
■Maggi（Nestle公司）
■Cintan（Yeo Hiap Seng〈Malaysia〉公司）
■Mamee（Mamee-Double Decker公司）

由於隸屬於Nestle旗下，Maggi的產品在世界各地都有設廠，馬來西亞廠的規模特別大，是生產與出口的重要據點。甚至在澳洲和歐洲地區看到的Maggi產品，很多都是在馬來西亞生產（條碼是955開頭就是馬來西亞製造）。Cintan的母公司是新加坡的Yeo Hiap Seng，創立於1975年。雖然和Cintan共用同一個品牌，但兩間的產品包裝完全不同。Mamee已在東南亞各國深耕多年，知名度也

攝於馬來西亞的超市

高。另外，雖然本書沒有介紹到，但馬來西亞還有Super Food Technology這間大廠，專攻杯麵市場。其他規模不大的廠牌也不少，就蒐藏泡麵這點來說，稱得上是意想不到的秘密寶庫。

在首都吉隆坡，到處都有超市和超商（幾乎都是7-11），所以毫不費力就能買到泡麵。馬來西亞的泡麵全都是5入裝，即使逛遍了超市，最後也只發現僅有一小部分的韓國泡麵是單包販售。基本上，沒有辦法只買一包。最後，我好不容易在超商尋獲可以零買的大品牌的主打產品（每間廠商各5種左右）。就這次我個人的購買經驗看來，若純粹想蒐集各種口味，首先應該要去超商。不過，二線廠牌的產品在超商買不到，只能從超市扛著5入裝回來。

馬來西亞的交通規則和日本一樣（車子都是靠左行駛），遵守交通規則的素養和治安也不差。吉隆坡的交通很方便，輕軌和火車都很完善，所以我並不排斥為了找泡麵而在街上奔波。不同地區主要居民的宗教信仰都不一樣，所以從市中心走到郊區的途中，可以看到街道的景色陸續出現變化，這也挺有意思的。

如果在日本想購買馬來西亞的泡麵，只有在極少數以伊斯蘭教徒為對象的HALAL食品店能看得到。

但是賣場不會特別標示出哪些是馬來西亞的製品，只能自行從包裝背面確認。

Nestle旗下的產品在許多國家都有生產，但請認清只有條碼開頭是955的產品，才是馬來西亞製造的。

馬來西亞的泡麵品牌

◻ Maggi
（Nestle）9 556001

⊙http://www.maggi.com.my/
⊙http://www.nestle.com.my/

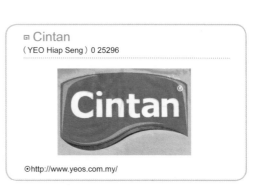

◻ Cintan
（YEO Hiap Seng）0 25296

⊙http://www.yeos.com.my/

⊟ Mamee
（Mamee-Double Decker） 9 555022

⊙http://www.mamee.com/

⊟ Vit's
（Vit Makanan [KL]） 9 556354

⊙http://www.vit.com.my/

⊟ Ibumie
（Biz Allianz International） 9 555050

⊙http://www.biz-allianz.com/ibumie.htm

⊟ adabi
（Adabi Consumer Industries） 9 55625

⊙http://adabi.com.my/

⊟ Telly
（Spices & Seasonings Specialities）9 555050（與Ibumie相同）

⊙http://www.telly.com.my/

⊟ Sajimee
（Delima Oil Products） 9 557561

⊙URL 不明

⊟ Ina
（Yugatrade） 9 555123

⊙http://www.yugatrade.com（2012-10 月點閱網頁時，出現了病毒警告）

⊟ A1
（AK Koh Enterprise） 9 556593

⊙http://www.akkoh.com/

馬來西亞

Maggi Perencah Kari Letup

⊙類別：拉麵
⊙口味：咖哩
⊙製法：油炸麵條
⊙調理方式：水煮2分鐘

■總重量：79g ■熱量：371kcal

2.5

[配料]調味粉包[麵]油炸細麵沒有蓬鬆感，吃起來彈性剛剛好，口感和日本製品相比也毫不遜色。只是分量不多[高湯包]印度咖哩味搭配刺激度相當強烈的辣椒，辣度無法調整，請特別注意[其他]有可能是我先入為主，但我覺得馬來西亞的產品，味道蠻接近沙嗲，而且深具個性，值得品味[試吃日期]2012.08.18[保存期限]2013.03.07[購買管道]7-Eleven（Malaysia）1.4RM

Maggi Perencah Tom Yam Flavour

⊙類別：
拉麵
⊙口味：
泰式酸辣湯
⊙製法：
油炸麵條
⊙調理方式：
水煮3分鐘

2

■總重量：83g ■熱量：385kcal

[配料]調味粉包、辣椒醬[麵]粗細中等的油炸麵吃起來Q彈有勁，但口感有些沉重。和Maggi的2minutes Noodle完全無相關，是不同產品[高湯包]溫和的酸甜味，辣椒的刺激也不過火。雖然是接受度高的大眾化口味，卻少了點刺激[其他]香氣和鮮味的表現不慍不火，感覺若是由日本廠商製作的泰式酸辣湯，大概也會接近這個味道[試吃日期]2012.09.24[保存期限]2013.01.01[購買管道]7-Eleven（Malaysia）1.4RM

Maggi Mi Goreng Perencah Cili Lazat

⊙類別：乾麵　⊙口味：印尼撈麵
⊙製法：油炸麵條
⊙調理方式：水煮3分鐘，再把水倒掉

■總重量：78g ■熱量：361kcal

2.5

[配料]液體湯包、調味油包、調味粉包、炸洋蔥、辣椒醬[麵]油炸粗麵的口感Q彈，存在感非常強，即使加了佐料，鋒芒依然不減[高湯包]偏甜，辣度非常驚人，即使如此還是展現落落大方的氣質。散發著南國的香氣[其他]因為沒有加任何配菜，吃的時候難免容易膩口。我應該少放一點調味料[試吃日期]2012.10.06[保存期限]2013.05.05[購買管道]Aeon（Malaysia）5入裝3.2RM

Maggi 2 Minute Noodles Perencah Kari Curry Flavour

⊙類別：
拉麵
⊙口味：
咖哩
⊙製法：
油炸麵條
⊙調理方式：
水煮2分鐘

■總重量：82g ■熱量：358kcal

[配料]調味粉包[麵]油炸細麵帶著些許飼料味，口感不壞，只是分量不夠[高湯包]雞湯口味平板，參雜著少許醬油味。咖哩的刺激雖然單調，力道卻很強勁[其他]調理方式是用水煮2分鐘，但沒想到過程卻意外忙碌。外包裝標示了各種語言，非常國際化[試吃日期]2008.01.20[保存期限]2008.09.25[購買管道]日光食品 日幣90圓

Maggi 2 Minute Noodles Assam Laksa Flavour 亞三叻沙味

⊙類別：
拉麵
⊙口味：
叻沙
⊙製法：
油炸麵條
⊙調理方式：
水煮2分鐘

■總重量：78g ■熱量：349kcal

[配料]調味粉包[麵]油炸細麵吃起來有廉價的氣息。水煮2分鐘就能煮軟，也不容易糊[高湯包]酸辣味十足，但鮮味很淡。有幾分像泰式酸辣湯，也有幾分像番茄味口味[其他]不是日本熟悉的風味，我想日本人大概不容易接受[試吃日期]2010.07.04[保存期限]2010.05.23[購買管道]The Jannat Halal Food 日幣80圓

Maggi 2 Minute Noodles Beef Flavour

⊙類別：
拉麵
⊙口味：
牛肉
⊙製法：
非油炸麵條
⊙調理方式：
**水煮2分鐘 /
微波2分鐘**

■總重量：77g ■熱量：281kcal

[配料]調味粉包[麵]油炸粗麵的重量感和存在感都強，但缺乏彈性，咬起來就像咬起士一樣沉重[高湯包]湯頭澄澈的西式雞湯口味，微甜、是香氣、鮮味、刺激通通不足[其他]因為沒有使用化學調味料，味道果然乏善可陳，毫無亮點可言[試吃日期]2011.05.01[保存期限]2011.05.30[購買管道]Furuyama特派員送我的（購於澳洲）

Maggi 2 Minute Noodles Chicken Flavour

⊙類別：
拉麵
⊙口味：
雞肉
⊙製法：
油炸麵條
⊙調理方式：
**水煮2分鐘 /
微波2分鐘**

■總重量：72g ■熱量：274kcal

[配料]調味粉包（內含荷蘭芹）[麵]油炸粗麵的捲度很強，質地偏硬，存在感強。但是嚼起來口感沉重[高湯包]清澈的鹹味湯頭，鮮味很弱。香氣和味道的組成單調，荷蘭芹也沒有味道[其他]這應該是針對大洋洲地區開發的口味，沒想到麵條和湯頭都很粗糙，沒有細緻的質感[試吃日期]2011.06.09[保存期限]2011.06.17[購買管道]Furuyama特派員送我的（購於澳洲）

馬來西亞

Cintan Mmm...Perisa Asam Laksa 亞三叻沙味

⊙類別：拉麵
⊙口味：叻沙
⊙製法：油炸麵條
⊙調理方式：沒有標示水煮時間

■總重量：76g ■熱量：340kcal

[配料]調味粉包[麵]油炸麵的粗細中等，形狀清晰，沒有蓬鬆感。具備適當的柔軟度，品質和日本製品屬於同一等級[高湯包]酸味和辣味很強。酸味的來源是魚肉的發酵味。辣度的來源很複雜，和泰式酸辣湯不一樣[其他]在日本絕對不可能商品化的口味，不過，不排斥泰式酸辣湯的人應該可以接受吧[試吃日期]2012.08.04[保存期限]2012.06.06[購買管道]7-Eleven（Malaysia）1.2RM

Cintan Mmm...Perisa Ayam Cendawan 冬菇雞湯味

⊙類別：
　拉麵
⊙口味：
　蘑菇
⊙製法：
　油炸麵條
⊙調理方式：
　沒有標示水煮時間

■總重量：75g ■熱量：341kcal

[配料]調味粉包[麵]油炸麵的粗細中等，有蓬鬆感，品質良好。和日本製品相比毫不遜色，但是分量不多[高湯包]白濁的雞湯味，香菇的氣味很濃，感覺很像Acecook的餛飩麵[其他]鮮味不過量，味道細緻高雅。辣度很低，連小朋友也能接受。感覺是很大眾化的口味[試吃日期]2012.09.26[保存期限]2013.01.18[購買管道]7-Eleven（Malaysia）1.2RM

Cintan Perisa Asli Original Flavour 上湯味

⊙類別：
　拉麵
⊙口味：
　原味
⊙製法：
　油炸麵條
⊙調理方式：
　水煮3分鐘

■總重量：80g ■熱量：357kcal

[配料]調味粉包[麵]油炸麵偏細，咬勁稍差，不過油的品質和細緻度都有達到水準以上[高湯包]稍顯濃稠的湯頭，刺激少，口味溫和。化學調味料的濃度似乎很高，隱約有海鮮味[其他]這分HALAL食品的分量很少，不夠當作一餐[試吃日期]2008.04.12[保存期限]2008.05.05[購買管道]日光食品 日幣120圓

馬來西亞

MAMEE Perisa Vegetarian 素食味

⊙類別：拉麵
⊙口味：素食
⊙製法：油炸麵條
⊙調理方式：水煮2分鐘

2.5

■總重量：75g
■熱量：360kcal

[配料]調味粉包、調味油包[麵]或許是因為只煮了2分鐘，偏細的油炸麵還是有點硬，沒有蓬鬆感。香氣普通，質感頗佳[高湯包]白濁的湯頭聞不出肉味，感覺像日本的鹽味拉麵。胡椒和辣椒的辣度很強[其他]分量雖少，但是有了適度的辣味點綴，吃起來不覺得單調，反而有幾分親切感[試吃日期]2012.08.23[保存期限]2013.02.23[購買管道]7-Eleven（Malaysia）1.2RM

MAMEE SLLRRRP！Perencah Kari Xtra Pedas

⊙類別：拉麵
⊙口味：咖哩
⊙製法：油炸麵條
⊙調理方式：水煮2分鐘

2.5

■總重量：77g ■熱量：359kcal

[配料]調味粉包[麵]中等粗細的麵條經過水煮2分鐘後，呈現出令人難以置信的重量感，只是口感有些沉重[高湯包]紅通通的辣椒帶來視覺上的震撼，不過辣歸辣，也不至於辣到無法下箸。鮮味的成分複雜[其他]包含包裝在內，產品讓人留下刺激度很強的印象，不過本款並不是只以辣度取勝的產品[試吃日期]2012.09.28[保存期限]2013.02.22[購買管道]7-Eleven（Malaysia）1.2RM

MAMEE Premium Kari Ayam Curry Chicken Flavour 咖哩雞味

⊙類別：拉麵
⊙口味：咖哩
⊙製法：油炸麵條
⊙調理方式：水煮3分鐘

3

■總重量：80g ■熱量：No Data

[配料]調味粉包、調味油包[麵]麵條偏細，以東南亞的製作水準而言，品質算是普通[高湯包]辣度適中，以咖哩而言算是很簡單的味道[其他]質感佳，是日本人完全不會排斥的味道[試吃日期]1998.07.25[保存期限]1998.06.25[購買管道]Masaoka特派員送我的

馬來西亞

Ibumie Mee Baa..gus Mi Sup Perisa Ayam Bawang Chicken Onion Flavour　洋蔥雞湯味

⊙類別：**拉麵**
⊙口味：**雞肉**
⊙製法：**油炸麵條**
⊙調理方式：**水煮3分鐘**

■總重量：75g ■熱量：364kcal

[配料]調味粉包、調味油包[麵]中等粗細的油炸麵條頗有重量，形狀不清楚，口感軟爛無力[高湯包]濃濁的鹽味雞湯，有點像日本以前的長崎強棒麵。雞肉和洋蔥的味道很香[其他]湯頭的調配比例出色，應該會對日本人的胃口。只可惜搭配的是毫無生氣的麵條[試吃日期]2012.09.09[保存期限]2013.02.08[購買管道]Cold Storage（Malaysia）5入裝4.29RM

馬來西亞

Ibumie HarMee Mi Goreng 炒蝦麵

⊙類別：
乾麵
⊙口味：
蝦子
⊙製法：
油炸麵條
⊙調理方式：
**水煮3分鐘，
再把水倒掉**

■總重量：80g ■熱量：372kcal

[配料]調味粉包、調味油包、液體湯包、炸洋蔥、辣椒粉[麵]油炸麵條偏粗，頗有重量，口感蓬鬆，欠缺爽快的嚼勁[高湯包]蝦米的香氣很濃，紅色辣油和辣椒粉的辣度比想像中低。喝起來有舌后感[其他]鮮味足，味道的組成分子很多元。整體的步調緩慢，和Indomie的產品不太一樣[試吃日期]2012.10.04[保存期限]2013.02.17[購買管道]7-Eleven（Malaysia）1.2RM

E-Zee Instant Noodles ／ Beef Flavour

⊙類別：
拉麵
⊙口味：
牛肉
⊙製法：
油炸麵條
⊙調理方式：
水煮2分鐘

■總重量：70g ■熱量：330kcal

[配料]調味粉包[麵]稜角分明的油炸粗麵，嚼感沉重，也沒有勾起食慾的香氣和味道[高湯包]湯頭是醬油牛肉口味的，油脂很少，質地清淡。有胡椒和辣椒的刺激[其他]沒有明顯的特徵，很難激起人購買的慾望，味道平淡無奇[試吃日期]2010.07.18[保存期限]2010.08.31[購買管道]忘記購買的店家（新大久保）日幣80圓

A1 Mee Ayam Maharaja / Emperor Herbs Chicken Noodle

⊙類別：拉麵
□口味：雞肉
⊙製法：油炸麵條
⊙調理方式：水煮3分鐘

■總重量：90g ■熱量：414kcal

[配料]調味粉包[麵]方形麵條斷面的油炸麵條偏粗，質地緊緻有存在感，但是口感較重[高湯包]醬油湯底，類似五香粉的中式辛香料放得很多，沒有油脂，另外還有雞肉的焦香味[其他]味道的組成元素很多，即使沒有添加任何佐料，吃起來也不覺得空虛。是日本沒有的味道[試吃日期]2012.08.30[保存期限]2013.03.09[購買管道]Aeon（Malaysia）5入裝6.2RM

Sajimee Mi Sup Soto Asli / Original Soto Soup Flovour

⊙類別：拉麵
□口味：雞肉
⊙製法：油炸麵條
⊙調理方式：水煮3分鐘

■總重量：75g ■熱量：340kcal

[配料]調味粉包、炸洋蔥[麵]油炸麵條偏粗，口感雖然蓬鬆，咬起來比較紮實。存在感夠，但是分量很少[高湯包]濃稠的醬油雞味，充滿濃濃的阿拉伯式香料味。炸洋蔥的味道也很香[其他]難得品嚐得到充滿中東風情的口味，非常有趣，不過想必有人無法接受[試吃日期]2012.09.22[保存期限]2013.05.29[購買管道]Cold Storage（Malaysia）5入裝4.29RM

馬來西亞

INA Pan Mee Perisa Sup Lada ／ Pepper Clear Soup 胡椒湯　板麵

⊙類別：拉麵
⊙口味：胡椒
⊙製法：非油炸麵條
⊙調理方式：沒有標示水煮時間

2.5

■總重量：85g ■熱量：303kcal

[配料]調味粉包、調味油包[麵]沉甸甸的扁平非油炸麵，咬勁爽快，感覺有幾分像乾燥的烏龍麵[高湯包]湯頭濃稠，完全稱不上Clear。溫醇的口感加上胡椒的刺激，鮮味喝起來有雞肉味[其他]表現不壞，但是調理說明實在不夠清楚，搞不好湯頭和麵條要分開調理？[試吃日期]2012.09.04[保存期限]2013.06.05[購買管道]Mercato Pavillion（Malaysia）5入裝7.79RM

Telly Vegetarian Hot Pepper Soup Flavour 辣湯齋麵

⊙類別：拉麵
⊙口味：酸辣
⊙製法：油炸麵條
⊙調理方式：水煮3分鐘

2.5

■總重量：75g ■熱量：341kcal

[配料]調味粉包1、調味粉包2、調味油包[麵]油炸麵的粗細中等，吃起來沒有蓬鬆感，嚼勁適中。沒有特別突出的部分，但品質不錯[高湯包]湯底是醬油口味的，搭配喝起來很夠味的化調鮮味。白胡椒的刺激非同小可，香味的來源很多元[其他]雖然是針對素食者的產品，卻不會平淡無味。爽快的辣度很有個性，讓人吃得很過癮[試吃日期]2012.09.19[保存期限]2013.05.17[購買管道]Cold Storage（Malaysia）5入裝3.99RM

馬來西亞

Vit's 唯一 鴨麵　Mi Segera Instant Noodles with Duck Flavour

⊙類別：拉麵
⊙口味：鴨肉
⊙製法：油炸麵條
⊙調理方式：水煮3分鐘

2

■總重量：85g
■熱量：369kcal

[配料]調味粉包[麵]油炸麵粗硬，重量感十足，口感紮實。感覺沒有添加鹼水，很像烏龍麵[高湯包]有八角的香味，稍微偏甜。鴨肉的鮮味明顯，辣椒的刺激也強。整體味道很有個性[其他]完全沒有油脂，吃起來有幾分不滿足。和日本的拉麵是兩種截然不同的產品[試吃日期]2012.09.17[保存期限]2013.05.15[購買管道]Supermart（Malaysia）5入裝4.2RM

Mi Segera Mi Goreng Pedas Instant Noodles

⊙類別：乾麵
⊙口味：印尼撈麵
⊙製法：油炸麵條
⊙調理方式：水煮3分鐘，再把水倒掉

2.5

■總重量：85g
■熱量：319kcal

[配料]液體湯包[麵]較粗的油炸麵柔軟Q彈，很有存在感，相對的口感也顯得較重[高湯包]味道濃厚，有醬油的焦香味、類似花生的氣味、洋蔥和大蒜的味道，組成元素很複雜[其他]相較於最具代表性的印尼撈麵品牌Indomie的輕快感，本款給人的印象比較厚重沉穩[試吃日期]2012.09.15[保存期限]2013.03.16[購買管道]Aeon（Malaysia）5入裝4.79RM

馬來西亞

第七章

印尼

Indonesia

印尼的泡麵

印尼對泡麵的總需求僅次於中國，位居全世界第二名；每個人平均的年消費量也僅次於韓國，高居世界第二。印尼泡麵的特徵是有一種Mi Goreng炒麵（作法不像日本的袋裝炒麵是倒進平底鍋拌炒，印尼的是用熱水泡開，把水倒掉，再倒入醬汁拌勻），很受歡迎。因為幾乎全國都信奉伊斯蘭教，所有泡麵都是不用豬肉的HALAL食品（我猜的），口味以雞肉、蝦子、蔬菜和咖哩為主。雖然很多產品都會附帶辣椒粉包和參巴（Sambal）辣椒醬，不過一般而言，辣度都不會太強。還有不少產品都會用椰漿粉和炒過的洋蔥提味。

印尼和日本一樣，都是多地震國家。我從震災後的新聞報導中，看到過好幾次災民一身襤褸，坐在廢墟旁邊吃著泡麵的畫面。想到泡麵雖然不起眼，卻也能化為實用的救災物資，一解飢餓之苦，心裡也跟著感動起來。

主要品牌有
■Indomie、Sarimi、SuperMi等（Indofood公司）
■Sedaap（Wingsfood公司）
■ABC（ABC President）
■Nissin（Nissinmas公司）

Indomie的市占率在印尼排行第一，除了國內市場，出口業務也遍及各國，事業版圖擴及中東和非洲等競爭對手很難打入的地區，在伊斯蘭文化圈的認知度恐怕無人能出其右。舉例而言，Indomie在同為泡麵生產大國的奈及利亞（大家可能很意外）也有設廠生產。除了世界知名的Indomie，旗下還有Sarimi、SuperMi等品牌。不用說，品項非常豐富，除了針對高所得族群開發的系列，也有以傳統料理為藍本，嘗試以泡麵型態呈現的創新產品。本書介

紹的品項，不過是九牛一毛。Indomie的產品種類，可說是多到不勝枚舉。

Sedaap以急起直追之姿，緊跟在巨人Indomie之後，也是值得注意的黑馬潛力股。日清食品在印尼設立Pt Nissinmas Indonesia公司，並在當地生產和銷售。印在包裝背面斗大的Indofood字樣，吸引了我的注意，調查以後發現，原來Nissinmas是日清食品和Indofood的合資公司，雙方是透過日本的技術，和印尼的通路管道互蒙其利。

ABC President是ABC和台灣統一企業（Uni-President）的合資企業。ABC本身出品袋裝麵和杯麵，以及價位稍高的ABC Selera Pedas、生產袋裝麵的guri mi、杯麵的EAT&GO等品牌。

透過進口食品店或網路購物，要在日本找到Indomie的產品算是比較容易的。近來連Sedaap的產品也看得到，不過其他品牌還是完全找不到。

🔲 HALAL 認證，使異國風情油然而生

HALAL是清真食品的認證標章。書法般的文字是阿拉伯文，讀法是從右至左。HALAL的認證標章，在每一個國家的設計都不一樣，如果看習慣了，只要一看到這個標章，立刻可以分辨產品的銷售地。照片的左上方依序是緬甸、馬來西亞、泰國；左下依序是印尼、新加坡、越南、阿拉伯聯合大公國。

印尼的泡麵品牌

🔲 Indomie, Sarimi
（Indofood）0 89686

⊙http://www.indofood.com/　⊙http://www.indomie.com/

🔲 ABC
（ABC President）8 992388

⊙http://www.abcpresident.com/

🔲 Sedaap
（Wingsfood / PT. Karuina）8 998866

⊙URL Unknown

🔲 Nissinmas
8 992718

⊙http://nissinmas.blogspot.jp/

印尼

129

Indomie Mi Goreng

⊙類別：乾麵
⊙口味：印尼撈麵
⊙製法：油炸麵條
⊙調理方式：水煮3分鐘，再把水倒掉

■總重量：80g　■熱量：383kcal

[配料]液體湯包、調味粉包、調味油、辣椒粉[麵]中等粗細的油炸麵質地溼潤有黏性，重量感和存在感都很強，為整體印象加分不少[高湯包]雖然稍顯人工，但是鮮味的比例調配得宜。辣度適中，算是接受度高的大眾化口味[其他]很有包容力，可單吃或加很多配菜，也是日本人容易接受的口味[試吃日期]2009.05.09[保存期限]2009.09.14[購買管道]Shapla日幣100圓

Indomie Mi Goreng Pedas

⊙類別：乾麵　⊙口味：印尼撈麵
⊙製法：油炸麵條
⊙調理方式：水煮3分鐘，再把水倒掉

■總重量：80g　■熱量：390kcal

[配料]調味粉包、調味油、辣椒粉、醬油醬汁、炸洋蔥[麵]油炸麵嚼起來Q彈有勁，重量感剛剛好，讓本產品給人一種穩定的印象[高湯包]醬油搭配湯的鹹甜味很人工。Pedas是辣味的意思，不過吃起來並不會很辣[其他]和日本的醬汁炒麵截然不同。若每天吃會有點痛苦，但偶爾也會有嘴饞的時候[試吃日期]2007.07.08[保存期限]2007.05.08[購買管道]Rose Family Store日幣70圓

Indomie Mi Goreng Rendang

⊙類別：乾麵　⊙口味：印尼撈麵
⊙製法：油炸麵條
⊙調理方式：水煮3分鐘，再把水倒掉

■總重量：80g　■熱量：390kcal

[配料]調味粉包、調味油、辣椒粉、醬油醬汁、炸洋蔥[麵]油炸麵充滿彈性，以印尼撈麵來說稍嫌粗糙，不過清晰的形狀突顯出存在感[高湯包]牛肉參雜椰漿的奶味，喝起來甜中帶辣，不知該說是花俏還是豐富[其他]迥異於日式料理的口味讓人震撼，與異國風無關，應該有很多人沒辦法接受它的味道[試吃日期]2007.06.24[保存期限]2007.04.14[購買管道]Rose Family Store日幣70圓

印尼

Indomie Mi Goreng Satay

⊙類別：**乾麵**　⊙口味：**印尼撈麵**
⊙製法：**油炸麵條**
⊙調理方式：**水煮3分鐘，再把水倒掉**

■總重量：80g ■熱量：383kcal

[配料]調味粉包、調味油、辣椒粉、醬油醬汁、炸洋蔥[麵]油炸麵Q彈有勁道，品質出色，有國際水準。分量太少，若當正餐吃得吃兩包[高湯包]辣味比甜味明顯。 各種東南亞特有的味道錯綜複雜，非常熱鬧[其他]一定得加點配菜，感覺是大人版的印尼撈麵。Satay好像是沙嗲的意思[試吃日期]2007.05.13[保存期限]2007.05.15[購買管道]Rose Family Store日幣70圓

Indomie Chatz Mie BBQ Sausage Rasa Sosis Panggang

⊙類別：**乾麵**　⊙口味：**印尼撈麵**
⊙製法：**油炸麵條**
⊙調理方式：**水煮3分鐘，再把水倒掉**

■總重量：85g ■熱量：410kcal

[配料]調味粉包、調味油包、液體湯包、佐料包（炸洋蔥）[麵]油炸粗麵的存在感強，品質不遜於日本製品，只是分量偏少[高湯包]沒有甜味，辣味也軟弱無力。以化學調味料為主的鮮味也是半斤八兩[其他]BBQ的名稱讓人聯想到重口味，沒想到味道卻意外平淡，可惜了品質如此出色的麵條[試吃日期]2006.02.19[保存期限]No Data[購買管道]日光食品

Indomie Mi Goreng BBQ Chicken

⊙類別：**乾麵**　⊙口味：**印尼撈麵**
⊙製法：**油炸麵條**
⊙調理方式：**水煮3分鐘，再把水倒掉**

■總重量：85g ■熱量：440kcal

[配料]調味粉包、調味油、辣椒粉、醬油醬汁、炸洋蔥[麵]油炸麵的形狀分明，質地細緻，口感好，存在感強[高湯包]味道和香氣都比一般的印尼撈麵更濃，醬油的甜味明顯。 炸洋蔥發揮了很好的提味效果[其他]味道雖然接近垃圾食品，但是刺激食慾的效果很強烈。 麵的分量很少，讓人意猶未盡[試吃日期]2011.06.04[保存期限]2011.07.16[購買管道]Maxvalu（Thailand）14.75B

Indomie 營多撈麵　正宗原味　Original Flavour Fried Noodles

⊙類別：**乾麵**　⊙口味：**印尼撈麵**
⊙製法：**油炸麵條**
⊙調理方式：**水煮3分鐘／微波2分鐘，再把水倒掉**

■總重量：85g ■熱量：435kcal

[配料]調味粉包、調味油、辣椒粉[麵]偏細的油炸麵帶有黏性和咬勁，口感很好，但是分量少[高湯包]南國特有的香味、醬油的甜味和辣椒、以化學調味料為主的鮮味等各種滋味取得了很好的平衡[其他]不知道和印尼本土版的印尼撈麵有何差異，本款是鋁箔包裝[試吃日期]2010.06.13[保存期限]2010.10.27[購買管道]惠康Wellcome（HK）HK$ 2.8

印尼

Indomie Rasa Soto Mie

⊙類別：拉麵
⊙口味：雞肉
⊙製法：油炸麵條
⊙調理方式：水煮3分鐘／微波5分鐘

■總重量：70g ■熱量：370kcal

[配料]調味粉包、調味油、辣椒粉[麵]（微波調理）和水煮調理相比，口感比較粗糙，有一股明顯的乾燥異味[高湯包]顏色澄澈的雞湯味。因為調理無需攪拌，感覺更加透明。沒有醬油的成分[其他]有幾分復古的日式風味。如果花點工夫，放進鍋裡水煮再吃，味道保證更好[試吃日期]2010.02.20[保存期限]2010.01.13[購買管道]Fukuchan駐在員送給我的

Indomie Rasa Ayam Bawang

⊙類別：拉麵　⊙口味：雞肉
⊙製法：油炸麵條
⊙調理方式：水煮3分鐘

■總重量：69g ■熱量：370kcal

[配料]調味粉包、調味油、辣椒粉[麵]油炸麵的粗細中等，密度高，口感紮實。存在感強[高湯包]湯頭澄澈的淡色雞湯口味，鮮味平實。味道和刺激感很強，不會讓人覺得膩[其他]可惜分量太少。我猜日本人也會很喜歡這個口味[試吃日期]2010.03.20[保存期限]2010.03.10[購買管道]Fukuchan駐在員送給我的

Indomie Rasa Ayam Spesial

⊙類別：拉麵　⊙口味：雞肉
⊙製法：油炸麵條
⊙調理方式：水煮3分鐘／微波5分鐘

■總重量：68g ■熱量：350kcal

[配料]調味粉包、調味油、辣椒粉[麵]方形切口的油炸麵條，粗細中等。質地稍硬，密度高。雖然欠缺爽快感，但重量感十足[高湯包]單純的雞湯口味，味道和刺激都不會過重，也不至於淡而無味，有著完美的均衡[其他]毫無花俏之處，味道平實耐吃，算是滋味雋永的產品[試吃日期]2010.02.06[保存期限]2010.03.24[購買管道]Fukuchan駐在員送給我的

印尼

Indomie Rasa Kari Ayam

⊙類別：拉麵　⊙口味：咖哩
⊙製法：油炸麵條
⊙調理方式：水煮3分鐘 / 微波5分鐘

■總重量：72g ■熱量：380kcal

[配料]調味粉包、調味油、辣椒粉、炸洋蔥[麵]油炸麵條的粗細中等，存在感強，品質優秀。可惜分量有點少[高湯包]以雞湯為主，搭配些許的咖哩味。口味單純，但比例調配得很好，辣椒的刺激很爽快[其他]加了大量的炸洋蔥，味道很香，充分發揮了提味的效果。味道很實在[試吃日期]2010.03.06[保存期限]2010.03.03[購買管道]Fukuchan駐在員送給我的

Indomie Vegetables Flavour

⊙類別：拉麵　⊙口味：蔬菜
⊙製法：油炸麵條
⊙調理方式：水煮3分鐘

■總重量：80g ■熱量：373kcal

[配料]調味粉包、調味油、辣椒粉[麵]油炸麵條的粗細中等，沒有蓬鬆感，質地平滑。口感在水準之上，可惜缺少香氣，散發著廉價感[高湯包]鮮味雖然人工，但並不讓人反感。辣椒的刺激主導了整體的味道[其他]沒有添加乾燥蔬菜是正確的作法。棕櫚油的味道洋溢著南國風情[試吃日期]2008.03.01[保存期限]2008.05.10[購買管道]Rose Family Store日幣70圓

Indomie Shrimp Flavour

⊙類別：拉麵　⊙口味：蝦子
⊙製法：油炸麵條
⊙調理方式：水煮3分鐘

■總重量：70g ■熱量：311kcal

[配料]調味粉包、辣椒粉[麵]質地沉甸甸的偏粗油炸麵，口感紮實，沒有輕快感[高湯包]和同廠牌的雞肉口味相比，鮮味顯得制式，還好有辣椒的刺激扳回幾分[其他]可能是這包剛好不一樣？印象和其他Indomie的產品不一樣。多加點水去調理可能會好些[試吃日期]2007.06.09[保存期限]2007.04.14[購買管道]Rose Family Store日幣70圓

Indomie Instant Noodles Beef Flavour

⊙類別：拉麵　⊙口味：牛肉
⊙製法：油炸麵條
⊙調理方式：水煮3分鐘

■總重量：80g ■熱量：408kcal

[配料]調味粉包、調味油、辣椒粉[麵]油炸麵吃起來有點硬，且很有存在感。聞起來沒有飼料味很棒[高湯包]沒有醬油的牛肉口味，湯頭是淡茶色。聞不出肉腥味，調味簡單，辣度也適中[其他]牛肉的油脂多，整體印象顯得厚重。以泡麵而言是很少見的[試吃日期]2007.04.29[保存期限]2007.06.04[購買管道]Rose Family Store日幣70圓

Indomie Rasa Mi Kocok Bandung ╱ Khas Jawa Barat

⊙類別：**拉麵**　⊙口味：**牛肉**
⊙製法：**油炸麵條**
⊙調理方式：**水煮3分鐘**

■總重量：75g ■熱量：320kcal

[配料]調味粉包、調味油、辣椒粉、佐料包（炸洋蔥．大豆蛋白？）[麵]和一般的Indomie印象完全不同，麵條更寬，質地紮實。屬於存在感強的油炸麵[高湯包]湯頭透明清爽，喝得出牛內臟味和鮮味，不過不是日本人熟悉的味道[其他]加了彈性十足的大豆蛋白？但完全是累贅。整體的感覺很粗曠，也很Local[試吃日期]2009.12.26[保存期限]2010.01.18[購買管道]Fukuchan駐在員送給我的

Indomie Rasa Mi Celor ╱ Spicy Coconut Shrimp Flavour ╱ Khas Sumatera Selatan

⊙類別：**拉麵**　⊙口味：**蝦子**
⊙製法：**油炸麵條**
⊙調理方式：**水煮3分鐘**

■總重量：75g ■熱量：370kcal

[配料]調味粉包、調味油、辣椒粉、炸洋蔥[麵]和一般的Indomie完全不同，屬於質地厚實的油炸麵粗麵。口感厚重，存在感強[高湯包]椰漿為湯底，加上味道有點重的蝦味。辣得恰到好處，很順口[其他]我加的水量比標示的300ml還少，所以變得有點像義大利麵。麵和湯頭都很有個性，勁道十足，給人留下深刻的印象[試吃日期]2009.11.28[保存期限]2010.02.01[購買管道]Fukuchan駐在員送給我的

Indomie Rasa Coto Makassar ╱ Coto Makassar Flavour ╱ Khas Sulawesi Selatan

⊙類別：**拉麵**　⊙口味：**牛肉**
⊙製法：**油炸麵條**
⊙調理方式：**水煮3分鐘**

■總重量：75g ■熱量：370kcal

[配料]調味粉包、調味油、辣椒粉、炸洋蔥[麵]保持Indomie一貫品質的油炸麵，口感紮實，存在感強。分量有點少[高湯包]有牛雜燉煮過的味道，辣度很強，沒有讓人介意的腥味。還有花生的味道，滋味很複雜[其他]裹上麵衣的炸洋蔥發揮了威力。雖然不是讓人一再回味的產品，卻是很棒的嘗鮮經驗[試吃日期]2009.10.31[保存期限]2010.02.03[購買管道]Fukuchan駐在員送給我的

Indomie Rasa Mi Cakalang ╱ Skip Jack Tuna Noodles ╱ Khas Sulawesi Utara

⊙類別：**拉麵**　⊙口味：**魚**
⊙製法：**油炸麵條**
⊙調理方式：**水煮3分鐘**

■總重量：75g ■熱量：380kcal

[配料]調味粉包、調味油、辣椒粉、佐料包（柴魚片）[麵]麵條細歸細，卻也具備適度的咬勁。偏少的分量也符合Indomie一貫的作風[高湯包]最先喝到的是柴魚的鮮味，感覺有點像蕎麥麵還是沖繩豬肉麵。醬油成分很少[其他]附帶類似柴魚鬆的佐料，辣椒粉的威力很大。在味覺上出人意料的驚喜[試吃日期]2009.10.03[保存期限]2010.01.28[購買管道]Fukuchan駐在員送給我的

印尼

Indomie Rasa Kari Ayam Medan ／ Medan Chicken Curry Flavour ／ Khas Sumatera Utara

◎類別：拉麵 　◎口味：咖哩
◎製法：油炸麵條
◎調理方式：水煮3分鐘

■總重量：75g ■熱量：321kcal

[配料]調味粉包、調味油、辣椒粉、炸洋蔥[麵]油炸麵條偏細，有韌性，口感溼潤。提升了產品整體的印象[高湯包]首當其衝的是椰漿的味道，咖哩味和辣度顯得低調，但味道感鹹[其他]感覺湯頭的比例有點不均衡，應該添加大量的蔬菜去調理會更好[試吃日期]2010.01.09[保存期限]2010.02.01[購買管道]Fukuchan駐在員送給我的

Indomie Rasa Sop Buntut ／ Oxtail Soup Flavour ／ Khas Jakatra

◎類別：拉麵 　◎口味：牛肉
◎製法：油炸麵條
◎調理方式：水煮3分鐘

■總重量：75g ■熱量：380kcal

[配料]調味粉包、調味油、辣椒粉、炸洋蔥[麵]麵條是方形剖面，粗細中等，品質優良。標準的Indomie作風，重量感十足[高湯包]基本上屬於清爽的口味，也吃得出充滿南國風情的香料味，可惜幾乎嚐不出牛尾的鮮味[其他]印象以前好像吃過一次？希望這款產品能表現出自己的個性，擁有獨一無二的特徵[試吃日期]2010.01.23[保存期限]2010.02.24[購買管道]Fukuchan駐在員送給我的

Indomie Rasa Empal Gentong ／ Beef Soto Flavour ／ Khas Jawa Barat

◎類別：拉麵 　◎口味：牛肉
◎製法：油炸麵條
◎調理方式：水煮3分鐘

■總重量：75g ■熱量：330kcal

[配料]調味粉包、調味油、辣椒粉、炸洋蔥、佐料包[麵]油炸麵具有重量感和適度的彈性，保持Indomie一貫的作風，分量很少[高湯包]加了椰漿的牛雜湯頭味道頗重，還有咖哩味和辣椒的刺激[其他]口味繁雜。我猜應該有不少日本人會排斥這種氣味和味道[試吃日期]2009.09.23[保存期限]2010.03.10[購買管道]Fukuchan駐在員送給我的

Indomie Rasa Soto Betawi ／ Soto Betawi Flavour ／ Khas Jakarta

◎類別：拉麵 　◎口味：
◎製法：油炸麵條
◎調理方式：水煮3分鐘

■總重量：75g ■熱量：370kcal

[配料]液體湯包、調味粉包、調味油、辣椒粉、炸洋蔥[麵]咬勁彈性十足，頗具有存在感的油炸麵，可惜分量太少，沒有飽足感[高湯包]添加了椰漿的雞湯味道很濃，搭配辣的刺激很對味，也沒有讓人討厭的味道[其他]與其說是泡麵，更接近異國料理。雖然不會每天都想吃，卻遺滿對日本人的胃口[試吃日期]2009.08.29[保存期限]2010.03.13[購買管道]Fukuchan駐在員送給我的

印尼

Indomie Rasa Rawon / Rawon Flavour / Khas Jawa Timur

◎類別：拉麵　◎口味：牛肉
◎製法：油炸麵條
◎調理方式：水煮3分鐘

■總重量：73g ■熱量：330kcal

[配料]調味粉包、調味油、辣椒粉、佐料包（炸洋蔥）[麵]剖面幾乎接近正方形，油炸麵條覺厚重紮實，充滿男子氣概[高湯包]黑色的牛肉湯頭，撇開辣椒的刺激不談，整體味道比外觀來得沉穩高雅，獨具個性[其他]味道對日本人而言，不像No.3292那麼突兀，應該可以接受。炸洋蔥有發揮刺激食慾的效果[試吃日期]2006.02.05[保存期限]No Data[購買管道]日光食品

Indomie Rasa Sup Binte Biluhuta / Fish Soup and Corn Flavour / Khas Gorontalo

◎類別：拉麵　◎口味：魚
◎製法：油炸麵條
◎調理方式：水煮3分鐘

■總重量：74g ■熱量：340kcal

[配料]調味粉包、佐料包（乾燥蔬菜・玉米）、調味油、辣椒粉、炸椰子[麵]方形剖面的油炸麵又粗又重，用來搭配湯頭感覺太過強勢[高湯包]帶有微微的發酵味，有酸味和魚醬的香味，但沒有魚腥味。味道還算平實，只是會辣[其他]散發著類似黃豆？未成熟的玉米和椰漿的味道，對日本人來說是陌生的味道[試吃日期]2006.02.11[保存期限]No Data[購買管道]日光食品

Indomie Rasa Sup Konro / Beef Ribs Soup Flavour / Khas Sulawesi Selatan

◎類別：拉麵　◎口味：牛肉
◎製法：油炸麵條
◎調理方式：水煮3分鐘

■總重量：73g ■熱量：330kcal

[配料]調味粉包、調味油、辣椒粉、佐料包（炸洋蔥）[麵]油炸麵條沒有蓬鬆感，質地緊致。方形剖面，有稜有角，存在感強[高湯包]湯頭是暗褐色的，有幾分台灣牛肉麵的影子。辣椒的辣味爽快，很容易入口[其他]雖然是日本沒有的味道，但是接受度應該不低。包裝的照片上有檸檬和番茄[試吃日期]2006.02.12[保存期限]No Data[購買管道]日光食品

Indomie Mi Goreng Yiloni / Fried Noodles with Roasted Chicken Curry Flavour / Khas Gorontalo

◎類別：乾麵　◎口味：咖哩
◎製法：油炸麵條
◎調理方式：水煮3分鐘，再把水倒掉

■總重量：82g ■熱量：380kcal

[配料]液體湯包（醬油包）、調味粉包、調味油、辣椒粉、佐料包（炸洋蔥）[麵]方形剖面的油炸麵稜角分明，沒有蓬鬆感，密度高[高湯包]偏甜，沒有咖哩味，有一定的辣度。鮮味以油調為主，味道粗糙[其他]調味油味好像加了yiloni seasoning，但是我吃不出來是什麼味道[試吃日期]2006.02.18[保存期限]No Data[購買管道]日光食品

印尼

Indomie Mi Keriting Rasa Ayam Panggang / Curly Noodle with Grilled Chicken Flavour

◎類別：**乾麵**
◎口味：**咖哩**
◎製法：**油炸麵條**
◎調理方式：**水煮2分鐘，再把水倒掉**

■總重量：90g ■熱量：430kcal

2.5

[配料]調味粉包、調味油、辣椒醬、佐料包（雞肉香腸‧蔬菜）、杯裝湯調味粉[麵]寬版油炸麵口感紮實，存在感強，分量也多。吃起來很滿足[高湯包]鮮味稍嫌人工，但是沒有令人討厭的味道，能促進食慾大開。湯頭接近透明，有咖哩的味道，沒有刺激味[其他]味道非常強烈，讓我很想加點佐料進去。內容物和No.4221很接近，只是包裝不同[試吃日期]2010.12.11[保存期限]2011.05.06[購買管道]Fukuchan駐在員送給我的

Indomie Mi Keriting Rasa Laksa Spesial / Curly Noodle with Special Laksa&Chilli

◎類別：**拉麵** ◎口味：**叻沙**
◎製法：**油炸麵條**
◎調理方式：**水煮3分鐘**

■總重量：85g ■熱量：370kcal

2.5

[配料]液體湯包、佐料包（蝦子‧豆腐‧大豆蛋白‧蔥花‧紅椒）[麵]切口扁平的油炸麵，相當有勁道，口感細緻，品質佳[高湯包]味道雖甜，但是可以享受到多種香料的複雜味道。吃起來帶點奶味，但不是椰漿味[其他]豆腐的形狀像海綿，感覺像凍豆腐，還有小隻的蝦子。是走印尼版的中華料理風嗎[試吃日期]2010.10.30[保存期限]2011.05.04[購買管道]Fukuchan駐在員送給我的

Indomie Mi Keriting Goreng Spesial / Special Fried Curly Noodles

◎類別：**乾麵** ◎口味：**印尼撈麵**
◎製法：**油炸麵條**
◎調理方式：**水煮2分鐘，再把水倒掉**

■總重量：90g ■熱量：450kcal

2.5

[配料]調味粉包、調味油、辣椒醬、液體湯包、佐料包（雞肉香腸‧胡蘿蔔）[麵]油炸粗麵的切口扁平，質地紮實偏硬，具備適度的韌性，質感佳[高湯包]又辣又甜，鮮味稍微人工。調味多元，組成元素豐富，不會覺得平凡無味[其他]佐料少，麵條的存在感強，唯有活潑的調味才鎮得住[試吃日期]2011.04.29[保存期限]2011.05.07[購買管道]Fukuchan駐在員送給我的

印尼

Indomie Mie Keriting Rasa Ayam Panggang / Curly Noodles with Grilled Chicken Flavor

⊙類別：**乾麵**　⊙口味：**咖哩**
⊙製法：**油炸麵條**
⊙調理方式：**水煮2分鐘，再把水倒掉**

■總重量：90g ■熱量：440kcal

[配料]調味粉包、調味油、辣椒醬、佐料包（胡蘿蔔・大蒜・青菜）、杯麵用調味粉包[麵]寬版的油炸乾麵，Q彈有勁，以東南亞製品而言，分量出乎意料得大多[高湯包]印尼撈麵的味道。鮮味稍嫌人工，卻不讓人討厭，是我可以接受的味道[其他]辣椒醬的辣度溫和。雖然屬於高價位版的Indomie，但是定位卻值得玩味[試吃日期]2009.10.17[保存期限]2010.03.30[購買管道]Fukuchan駐在員送給我的

Indomie Mie Ayam / Chicken Flavor

⊙類別：**乾麵**　⊙口味：**雞肉**
⊙製法：**油炸麵條**
⊙調理方式：**水煮2分鐘，再把水倒掉**

■總重量：100g ■熱量：445kcal

[配料]調味粉包、調味油、辣椒粉、液體湯包、佐料包（雞肉·胡蘿蔔·蔥花）、杯麵調味包[麵]油炸麵的稜角分明，咬勁十足，口感佳，充滿自己的特色[高湯包]偏醎，辣度意外偏低。調味的味道稍重，還好有清淡的湯頭中和[其他]帶有南國風情的炒麵，品質絕佳。以indomie的產品而言，分量算多，可以吃飽[試吃日期]2009.12.12[保存期限]2010.02.19[購買管道]Fukuchan駐在員送給我的

Sarimi Rasa Ayam Bawang / Ekstra Minyak Bawang

⊙類別：**拉麵**　⊙口味：**雞肉**
⊙製法：**油炸麵條**
⊙調理方式：**水煮3分鐘**

■總重量：70g ■熱量：350kcal

[配料]調味粉包、調味油、辣椒粉[麵]油炸麵的粗細中等，口感紮實，存在感十足。沒有怪味，咬勁也不錯[高湯包]雞湯味剛剛好，搭配適度的刺激。感覺像是鹽味拉麵加上了棕櫚油和辣椒的調劑[其他]Bawang近似洋蔥，味道也很接近洋蔥。麵條和湯面的表現都很穩重[試吃日期]2009.09.05[保存期限]2010.02.06[購買管道]Fukuchan駐在員送給我的

Sarimi Soto Koya Jeruk Nipis

⊙類別：**拉麵**　⊙口味：**雞肉**
⊙製法：**油炸麵條**
⊙調理方式：**水煮3分鐘**

■總重量：70g ■熱量：350kcal

[配料]調味粉包2包、調味油包、辣椒粉[麵]油炸麵條偏粗，口感層次分明，存在感強，提升了產品的整體印象[高湯包]柑橘類的酸味和洋蔥的香味保持很好的平衡，為平穩的雞湯味增添了幾分個性[其他]產品本身和日本的拉麵大異其趣，但是整體的協調度很優秀[試吃日期]2009.10.24[保存期限]2010.03.09[購買管道]Fukuchan駐在員送給我的

印尼

Sarimi Soto Koya Gurih

⊙類別：**拉麵**
⊙口味：**蝦子**
⊙製法：**油炸麵條**
⊙調理方式：**水煮3分鐘**

■總重量：70g ■熱量：350kcal

[配料]調味粉包1、調味粉包2、調味油、辣椒粉[麵]油炸麵的粗細中等，質地緊緻，重量感十足。咬勁Q彈，品質很好，只是量少[高湯包]喝起來像是蝦殼熬出來的高湯。適中的辣度和南國風格的香料保持很好的均衡度[其他]有個性，但並不讓人生厭，只可惜分量太少。吃完覺得意猶未盡[試吃日期]2010.02.25[保存期限]2010.03.10[購買管道]Fukuchan駐在員送給我的

Sarimi Soto Koya Pedasss

⊙類別：**拉麵** ⊙口味：**蝦子**
⊙製法：**油炸麵條**
⊙調理方式：**水煮3分鐘**

■總重量：70g ■熱量：330kcal

[配料]調味粉2包、調味油包[麵]方形剖面的油炸麵口感紮實、堅固，提升了整體的品質[高湯包]淡茶色的蝦味湯頭，味道的組成元素複雜，喝起來濃郁鮮醇。辣度也很剛好[其他]實際吃過後的印象和包裝上畫的大叔完全相反，不論湯頭還是麵條，感覺都很厚重[試吃日期]2009.12.30[保存期限]2010.03.02[購買管道]Fukuchan駐在員送給我的

Pop Bihun Spesial Instant Rice Vermicelli / Rasa Soto Ayam

⊙類別：**米粉** ⊙口味：**雞肉**
⊙製法：**非油炸麵條**
⊙調理方式：**水煮2分鐘**

■總重量：63g ■熱量：No Data

[配料]調味粉包、調味油包、辣椒粉、佐料包（蘑菇，胡蘿蔔）[麵]乾燥細米粉的捲度很強，質地偏硬，口感不算分明[高湯包]以雞湯為主體，口味雖然單純，鹹度卻很驚人[其他]辣度普通，香氣也不甚明顯。覺得不太夠味，讓我很想加許多配料進去[試吃日期]2011.01.29[保存期限]2011.01.20[購買管道]Fukuchan駐在員送給我的

印尼

Pop Bihun Spesial / Rasa Ayam Bawang

⊙類別：米粉
⊙口味：雞肉
⊙製法：非油炸麵條
⊙調理方式：水煮2分鐘

■總重量：63g ■熱量：No Data

[配料]調味粉包、調味油、辣椒粉、佐料包（魚漿製品？．胡蘿蔔、蔥花）[麵]乾燥細麵的質地頗硬，口感輕快，雖然沒有不討喜的味道，總覺得缺少了點什麼[高湯包]口味基本上算清淡，但蒜頭和洋蔥加重了湯頭的力道，辣度則是有手下留情[其他]這是我第一次品嚐印尼的米粉，結果發現每個國家的米粉吃起來差異都不大[試吃日期]2010.11.13[保存期限]2010.12.28[購買管道]Fukuchan駐在員送給我的

Pop Bihun Spesial / Goreng Spesial

⊙類別：乾麵 ⊙口味：印尼撈麵
⊙製法：非油炸麵
⊙調理方式：水煮2分鐘，再把水倒掉

■總重量：77g ■熱量：No Data

[配料]調味粉包、液體湯包、辣椒醬、炸洋蔥[麵]非油炸細米粉的口感分明，只煮了2分鐘，質地就變得很柔軟[高湯包]很像Indomie印度撈麵的味道，一樣是適度的甜辣味。鮮味雖然人工，卻不讓人反感[其他]整體感很均衡。如果加入各種配料進去煮，應該也不錯吧[試吃日期]2011.01.08[保存期限]2011.01.01[購買管道]Fukuchan駐在員送給我的

Pop Bihun Spesial / Rasa Kari Ayam Pedas

⊙類別：米粉 ⊙口味：咖哩
⊙製法：非油炸麵
⊙調理方式：水煮2分鐘

■總重量：63g ■熱量：230kcal

[配料]調味粉包、咖哩醬、辣椒粉、炸洋蔥[麵]乾燥米粉又硬又細，水煮2分鐘後，還是有些部分沒有煮開[高湯包]略有勾芡感，辣度適中。湯底是雞湯，雖然味道的組成複雜，但總覺得不像咖哩[其他]炸洋蔥的香味差強人意，而且麵條、湯頭、佐料各自為政，沒有整體感[試吃日期]2011.03.21[保存期限]2011.04.27[購買管道]Fukuchan駐在員送給我的

印尼

Mi ABC Selera Pedas ／ Rasa Gulai Ayam Pedas ／ Hot Gulai Chicekn Flavour

⊙類別：拉麵
⊙口味：雞肉
⊙製法：油炸麵條
⊙調理方式：水煮3分鐘

■總重量：70g ■熱量：No Data

[配料]調味粉包、調味油、辣椒粉[麵]沉甸甸的油炸麵，粗細中等，質感出色。可惜分量太少，當作正餐吃不飽[高湯包]咖哩的香氣不明顯，除了辣椒，還有其他辛香料，充滿複雜的刺激感[其他]辣味中帶著清爽的尾韻，是本款產品獨一無二的特色[試吃日期]2010.03.13[保存期限]2010.08.27[購買管道]Fukuchan駐在員送給我的

Mi ABC Selera Pedas ／ Rasa Semur Ayam Pedas ／ Hot Semur Chicken Flavour

⊙類別：
拉麵
⊙口味：
雞肉
⊙製法：
油炸麵條
⊙調理方式：
水煮3分鐘

■總重量：70g ■熱量：No Data

[配料]調味粉包、調味油包、辣椒粉、甜醬油醬[麵]油炸麵的粗細中等，存在感不低，質感絕佳。每次吃ABC的麵條，都會讓我有所改觀[高湯包]湯底帶著東南亞特有的溫和甜味，搭配辣椒毫不留情的刺激[其他]鮮味很足，也沒有討厭的怪味，是一碗充滿異國風味的拉麵，洋溢著熱帶地區的風情[試吃日期]2010.01.16[保存期限]2010.02.28[購買管道]Fukuchan駐在員送給我的

Mi ABC Rasa Ayam Bawang ／ Onion Chicken Flavor

⊙類別：
拉麵
⊙口味：
雞肉
⊙製法：
油炸麵條
⊙調理方式：
水煮3分鐘

■總重量：70g ■熱量：No Data

[配料]調味粉包、調味油、辣椒粉[麵]油炸麵偏細，和印尼最普遍的Indomie相比，咬勁稍弱，口感蓬鬆[高湯包]以單純的雞湯為底，搭配高強度的辣椒刺激。整體的味道缺乏醇厚感[其他]Bawang是類似洋蔥的蔬菜。本款的洋蔥味不像No.4191的Sarimi那麼強[試吃日期]2009.09.26[保存期限]2010.03.07[購買管道]Fukuchan駐在員送給我的

印尼

Mi Sedaap Mi Goreng Perisa Asli

⊙類別：乾麵
⊙口味：印尼撈麵
⊙製法：油炸麵條
⊙調理方式：熱水沖泡3分鐘，再把水倒掉

■總重量：91g ■熱量：400kcal

[配料]液體湯包、調味粉包、調味油、辣椒醬、炸洋蔥[麵]油炸麵的質地緊緻有彈性，存在感十足，質感良好。分量很多，有飽足感[高湯包]辣度對日本人來說剛剛好，和甜味也保持完美的均衡度。洋溢著南國風情的香氣能發揮刺激食慾的效果[其他]炸洋蔥的口感清脆有嚼勁，品質和Indomie相比絲毫不遜色[試吃日期]2011.05.20[保存期限]2011.10.18[購買管道]Barahi 日幣75圓

Mi Sedaap Mi Sup Perisa Soto

⊙類別：拉麵　⊙口味：雞肉
⊙製法：油炸麵條
⊙調理方式：水煮3分鐘

■總重量：75g ■熱量：350kcal

[配料]調味粉包1、調味粉包2、調味油、辣椒粉[麵]油炸麵的粗細中等，稍有蓬鬆感，但品質很不錯[高湯包]白濁的雞湯香味複雜，帶有俐落的酸味和適度的辣味，營造出清爽的形象[其他]感覺像是南國版的日本鹽味拉麵，很適合在炎熱的夏天享用[試吃日期]2011.07.24[保存期限]2011.10.18[購買管道]Barahi 日幣75圓

Mie Sedaap Instant ／ Mie Kuah Rasa Soto

⊙類別：拉麵　⊙口味：雞肉
⊙製法：油炸麵條
⊙調理方式：水煮3分鐘

■總重量：75g ■熱量：350kcal

[配料]調味粉包、調味油、辣椒粉[麵]偏細的油炸麵質地柔軟，奇怪的是，吃起來沒有軟爛無力的感覺[高湯包]湯頭濃稠，鮮味十足。除了辣味，酸味也重，滋味複雜[其他]調味粉的味道很香，也深具特色，更難得的是，整體的比例調配得很均勻[試吃日期]2010.03.27[保存期限]2010.04.01[購買管道]Fukuchan駐在員送給我的

印尼

Mie Sedaap Instant ／ Mie Kuah Rasa Kaldu Ayam

◉類別：拉麵　◉口味：雞肉
◉製法：油炸麵條
◉調理方式：水煮3分鐘

■總重量：66g ■熱量：280kcal

[配料]調味粉包、調味油包、辣椒粉[麵]感覺比印尼的Indomie稍微細了一點，油炸麵的口感較不紮實。分量少[高湯包]湯頭澄澈、清爽的雞湯，帶有南洋風的油脂，辣味不是很強[其他]本身的個性不強，如果要當正餐來吃，我會想加一些味道較重的配料[試吃日期]2009.10.10[保存期限]2010.02.27[購買管道]Fukuchan駐在員送給我的

Mie Sedaap Instant ／ Kari Spesial Bumbu Kari Kental

◉類別：拉麵　◉口味：咖哩
◉製法：油炸麵條
◉調理方式：水煮3分鐘

■總重量：75g ■熱量：360kcal

[配料]調味粉包、調味油、辣椒粉、炸洋蔥[麵]麵條雖細，質地卻挺紮實。沒有討厭的怪味，品質很不錯[高湯包]咖哩搭配椰漿的湯頭很對味，感覺有幾分像泰式咖哩，辣椒的刺激也很爽快[其他]炸油蔥的分量很多，充滿南洋風情，而且整體的均衡度表現很好[試吃日期]2009.11.07[保存期限]2010.02.13[購買管道]Fukuchan駐在員送給我的

Mie Sedaap Instant ／ Mie Kuah Rasa Ayam Bawang

◉類別：拉麵　◉口味：雞肉
◉製法：油炸麵條
◉調理方式：水煮3分鐘

■總重量：75g ■熱量：320kcal

[配料]調味粉包、調味油、辣椒粉、炸洋蔥[麵]油炸麵的口感分明，存在感相當突出。麵條不是很粗，卻很有自己的特性，品質出色[高湯包]顏色清澈、滋味淳樸的雞湯口味，不過大蒜、炸洋蔥和辣椒發揮了刺激食慾的效果[其他]椰子油的味道迥異於日本的國產品，充分營造出異國情調，而且均衡度佳，百吃不厭[試吃日期]2009.12.19[保存期限]2010.03.31[購買管道]Fukuchan駐在員送給我的

Mie Sedaap Instant ／ Mie Kuah Rasa Kari Ayam

◉類別：拉麵　◉口味：咖哩
◉製法：油炸麵條
◉調理方式：水煮3分鐘

■總重量：72g ■熱量：330kcal

[配料]調味粉包、調味油包、辣椒粉、咖哩調味粉[麵]油炸麵的粗細中等，口感滑順，質地緊實。存在感十足的上等貨[高湯包]稍帶濃濁感，咖哩的香氣和味道不搶風頭，和雞湯取得良好的平衡[其他]味道平實不花俏，我覺得這個味道即使多吃幾次，也不會覺得膩[試吃日期]2010.01.30[保存期限]2010.05.09[購買管道]Fukuchan駐在員送給我的

印尼

Nissin Mi Rasa Kari Ayam ／ Chicken Curry Flavor

⊙類別：**拉麵**
⊙口味：**咖哩**
⊙製法：**油炸麵條**
⊙調理方式：**水煮1.5分鐘／熱水沖泡3分鐘**

■總重量：62g ■熱量：No Data

[配料]調味粉包、調味油包、辣椒粉[麵]添加了麵粉以外的澱粉，帶著一股QQ的重量感。品質良好，只是分量不多[高湯包]咖哩的香味和辣椒充滿力道的刺激相得益彰。只是溫和的雞湯，滋味卻深具內涵[其他]雖然冠上日清的品牌，卻和日式口味天差地遠。有一種挖到寶的感覺[試吃日期]2009.09.19[保存期限]2009.09.16[購買管道]Fukuchan駐在員送給我的

Nissin Mi Rasa Ayam Bawang ／ Onion Chicken Flavor

⊙類別：**拉麵** ⊙口味：**雞肉**
⊙製法：**油炸麵條**
⊙調理方式：**水煮1.5分鐘／熱水沖泡3分鐘**

2.5

■總重量：62g ■熱量：No Data

[配料]調味粉包、調味油包、辣椒粉[麵]油炸粗麵的質地緊緻，口感紮實，即使放久了也不會糊掉。品質優秀[高湯包]樸實的西式雞湯味，雖然個性不強，卻能充分襯托麵條[其他]以印尼製產品而言，辣度算是溫和，只可惜分量有點不夠[試吃日期]2009.12.05[保存期限]2010.04.10[購買管道]Fukuchan駐在員送給我的

New Bihunku Rice Vermicelli ／ Goreng Special Pedas

⊙類別：**乾麵** ⊙口味：**印尼撈麵**
⊙製法：**非油炸麵**
⊙調理方式：**熱水沖泡3分鐘**

■總重量：80g ■熱量：419kcal

[配料]液體湯包、調味粉包、調味油包、辣椒粉、炸洋蔥[麵]有一半的麵條泡不開，硬成一團，沒辦法吃。這是老問題了，和品質也脫不了關係[高湯包]口味是標準的印尼撈麵，只是稍嫌人工，但搭配米粉很對味。有些許辣椒的刺激[其他]如果麵條可以均勻泡開，我想分數應該會落在2～2.5分，真的很可惜[試吃日期]2010.11.27[保存期限]2011.01.05[購買管道]Fukuchan駐在員送給我的

印尼

第八章

韓國
Korea

韓國的泡麵

日本的明星食品公司，從1963年為三養食品提供技術支援，開啟了韓國生產泡麵之路。之後，農心出品的辛拉麵成為熱門暢銷產品，帶動各家廠商積極拓展海外市場的風潮，大幅提升了韓國泡麵的能見度。韓國泡麵的特色是麵條粗又圓，分量感十足。麵條也因為加了馬鈴薯澱粉，帶著一股很有嚼勁的黏性。加了辣椒粉的湯頭味道很強烈，但鮮味的調配多而雜，稱不上高明。不論是哪一間廠商的產品，只要包裝以紅色或橘色為基本色調，大多辣得驚人。不過偶爾也有例外，例如某些使用牛尾高湯、口味溫和的產品。我想，大家可以從包裝氛圍，推測產品的辣度高低。

韓國泡麵的調理方式，和日本泡麵的差異在於，韓國把麵條放進鍋內，要立刻加入調味粉一起煮。基於太早放入調味粉，會使香味打折的理由，日本廠商都會建議麵快要煮好了再加，但是韓國的作法可能是想把麵煮得更入味吧。韓國的麵條大多做成圓盤狀，很容易放進鍋裡。調理時間大多比日本更久，需要4～5分鐘。另外，我也沒有看過只要沖入滾水，蓋上碗蓋，等待3分鐘就可以開動的韓國泡麵。

主要品牌有
■農心
■Paldo（韓國養樂多）
■三養食品
■不倒翁

除此之外，北韓也從2000年左右開始生產泡麵，聽說有個叫做大同即席Gusuku的品牌，不過我還沒有買到。

農心的辛拉麵遍及全球各地，在很多國家都能夠輕鬆買到。農心在亞洲各國和北美都是能見度很高的大品牌，在美國和中國當地也有生產。包含在海外生產的產品，辛拉麵在各地的口味差異並不大（辣度有調整），我想以單一口味而言，算是全世界接受度最高的泡麵了。（日清食品的雞湯拉麵、出前一丁也在全世界銷售，杯麵部分也有Cup Noodles等，但是每個地區的口味相差很大。）

Paldo是日本養樂多的關係企業，擁有韓國養樂多的經營權。拌麵是以前的招牌產品，在2011年推出改用青辣椒取代紅辣椒的咕咕麵，大受好評，展現後來居上的氣勢。三養食品是韓國泡麵的老字號，多年以來的代表商品是橘色包裝的三養拉麵。韓國版的長崎強棒麵也很暢銷。不倒翁近年來的熱賣商品則是白色湯頭的雞絲拉麵。所以，就目前韓國泡麵界的發展局勢而言，形成了堅持紅色路線的農心，被推出白色湯頭的3間大廠所包圍。

農心在日本已經建立了強大的銷售通路，所以在日本要買韓國泡麵，可去一趟超市，就能夠買到辛拉麵等各種產品。或許因為是針對日本人開發的，口味都有經過調整。如果要買其他廠牌的產品，住在關東的人可以直接去大久保。在「韓國市場」等專賣韓國食材的超市中，都可以買到和韓國同步流行的泡麵。當然，購物網站的貨色也相當多樣，只要花點時間搜尋，也能買到相當冷門的產品。方便到讓我覺得根本不必為了採購泡麵而專程去一趟韓國呢。

多種語言的標示

在各種語言共聚一堂的地區、所銷售的產品，會以多種語言標示調理方式和成分，這種情況在歐洲尤其普遍。以照片中的產品為例，包裝背面用七國語言密密麻麻的記載了產品說明，字體很小，讓人想用放大鏡來看。至於作法的說明，通常只要看插圖或圖示就能大致理解。

韓國的泡麵品牌

農心
（Nong Shim）8 801043

⊙http://www.nongshim.co.kr/

不倒翁
（Ottogi）8 801045

⊙http://www.ottogi.co.kr/

韓國養樂多
（Korea Yakult）8 801128

⊙http://www.yakult.co.kr/

Binggrae
（Binggrae）8 801104

⊙http://www.bing.co.kr/

三養食品
（Samyang Foods）8 801073

⊙http://www.samyangfood.co.kr/

黑辛拉麵　（日本版）

⊙類別：**拉麵**
⊙口味：**牛肉**
⊙製法：**油炸麵條**
⊙調理方式：**水煮4分鐘半**

3

■總重量：130g
■熱量：547kcal

[配料]牛骨雪濃湯粉末包、佐味粉包、佐料包（調味牛肉．香菇．蔥花）[麵]圓形切口的粗油炸麵，Q彈有咬勁，不過和一般的辛拉麵差別不大[高湯包]牛骨湯喝起來像豚骨高湯一樣濃密，味道溫醇，不過辣度也很強烈[其他]佐料豐富，品質也好，替整體增添了高級的質感，不過日幣195圓的價格實在太貴[試吃日期]2011.12.23[保存期限]2012.01.07[購買管道]伊藤洋華堂 日幣195圓

辛拉麵

⊙類別：
拉麵
⊙口味：
牛肉
⊙製法：
油炸麵條
⊙調理方式：
水煮4分鐘半

3

■總重量：120g ■熱量：515kcal

[配料]調味粉包、佐料包（胡蘿蔔．香菇）[麵]麵體的形狀渾圓，很容易放進鍋內。圓形切口的粗油炸麵條，帶有一股黏性，堪稱最具代表性的韓國麵條[高湯包]辛辣的湯頭以牛肉高湯為底，味道濃醇，質地卻很清爽，有一種沁入心脾的感覺[其他]這個味道讓我有種熟悉感。可能因為是大量生產，覺得價格很超值[試吃日期]2007.01.20[保存期限]2006.11.29[購買管道]唐吉軻德 日幣55圓

泡菜辛拉麵

⊙類別：
拉麵
⊙口味：
泡菜
⊙製法：
油炸麵條
⊙調理方式：
水煮4分鐘半

2.5

■總重量：84g ■熱量：345kcal

[配料]調味粉包、佐料包（胡蘿蔔．白菜）[麵]四方形的麵體和一般的辛拉麵不一樣，黏勁微弱，有一種好像不是韓國產品的錯覺[高湯包]猛烈的辣度很突出，相形之下，泡菜的味道和酸味、牛肉的鮮味則顯得低調，質地清爽[其他]將辣味的爽快發揮到極致，以商品的角度而言，有存在的價值，只是和一般的辛拉麵大不相同[試吃日期]2010.07.10[保存期限]2010.06.27[購買管道]韓流館首爾市場 日幣105圓

辛拉麵　味噌口味　（日本版）

⊙類別：
　拉麵
⊙口味：
　味噌
⊙製法：
　油炸麵條
⊙調理方式：
　水煮4分鐘半

2.5

■總重量：130g ■熱量：No Data

[配料]調味粉包、佐料包（胡蘿蔔·青江菜·蔥花·辣椒·海帶芽）[麵]標準的韓國袋裝麵作風，也是Q黏有勁的粗麵。存在感強，只是香味弱了點[高湯包]不至於到辣到受不了的地步，只是味噌的味道有點平板。不是泡菜口味，所以沒有酸味[其他]韓國袋裝麵的出色麵質和特色，反而因為味噌被扣分了[試吃日期]2000.08.27[保存期限]2000.09.09[購買管道]唐吉軻德 日幣50圓

辣牛肉湯拉麵

⊙類別：拉麵　⊙口味：牛肉
⊙製法：油炸麵條
⊙調理方式：水煮4分鐘半

2.5

■總重量：120g ■熱量：500kcal

[配料]調味粉包、佐料包（乾燥蔬菜）[麵]口感和一般韓國製品一樣Q彈有咬勁，存在感強[高湯包]因為沒有使用化學調味料，牛肉高湯的味道蠻清淡的。以韓國製品而言，辣度算是有節制的[其他]雖然力道不足，但是和辛拉麵相比，感覺沒那麼張牙舞爪，口味清爽[試吃日期]2008.04.19[保存期限]2008.03.29[購買管道]韓流館 日幣140圓

浣熊拉麵

⊙類別：
　拉麵
⊙口味：
　海鮮
⊙製法：
　油炸麵條
⊙調理方式：
　水煮5分鐘

3

■總重量：120g ■熱量：495kcal

[配料]調味粉包、佐料包（花枝·高麗菜·蛋·魚漿製品·蔥花）[麵]切口偏圓的油炸麵，粗細和烏龍麵差不多，嚼感很沉，有存在感[高湯包]口感比辛拉麵溫和，喝得出海鮮味，滋味複雜有深度[其他]用來熬湯的昆布很有意思。擁有和辛拉麵截然不同的明確個性，我覺得應該很耐吃[試吃日期]2006.12.02[保存期限]2006.12.02[購買管道]唐吉軻德 日幣93圓

浣熊拉麵　淡口味

⊙類別：
　烏龍麵
⊙口味：
　牛肉
⊙製法：
　油炸麵條
⊙調理方式：
　水煮3分鐘

3

■總重量：120g ■熱量：500kcal

[配料]調味粉包、佐料包（海帶芽·魚板·胡蘿蔔·蔥花）、昆布[麵]圓形切口的油炸粗麵帶有黏性，感覺不像拉麵，比較接近細烏龍麵或長崎強棒麵[高湯包]海鮮湯頭很清爽，因為是昆布高湯的關係，有點像在喝火鍋的湯[其他]以韓國產品而言辣度不強。雖然油脂不多，力道卻很強勁，深具個性[試吃日期]2011.02.12[保存期限]2011.03.31[購買管道]韓流館首爾市場 日幣110圓

韓國

蝦子湯麵　　Seutanmyon

⊙類別：
拉麵
⊙口味：
蝦子
⊙製法：
油炸麵條
⊙調理方式：
水煮4分鐘半

3

■總重量：123g ■熱量：505kcal

[配料]調味粉包、佐料包（蝦子‧胡蘿蔔‧蔥花）[麵]圓形成體的油炸麵條，切口又圓又粗，質地Q彈有黏性。存在感強[高湯包]不脫韓國麵的範圍，不過有了乾燥櫻花蝦的加持，讓它有了自己的特色[其他]Seutan就是蝦湯，不過包裝的圖示也未免太過誇張。當然也是辣死人不償命的辣度[試吃日期]2006.08.12[保存期限]2006.10.25[購買管道]韓流館（新大久保）日幣150圓

花枝炒碼麵

⊙類別：
拉麵
⊙口味：
海鮮
⊙製法：
油炸麵條
⊙調理方式：
水煮4分鐘半

2.5

■總重量：124g ■熱量：520kcal

[配料]調味粉包、佐料包（花枝‧蔥花等）[麵]圓形切口的油炸粗麵，口感Q彈。雖然不是咬勁十足，存在感卻不低[高湯包]紅色的湯頭充滿辛辣勁道，類似魷魚的味道中夾雜著蒜味[其他]和日本的強棒麵截然不同，味道清爽，可惜醇味和深度較弱[試吃日期]2008.08.13[保存期限]2008.05.05[購買管道]Koga送我的

海鮮鍋麵 Seafood Ramyun

⊙類別：
拉麵
⊙口味：
海鮮
⊙製法：
油炸麵條
⊙調理方式：
水煮4分鐘半

2.5

■總重量：125g ■熱量：515kcal

[配料]調味粉包、佐料包（昆布，胡蘿蔔，海帶芽、蔥花？）[麵]圓形成體＆切口的油炸粗麵，容易放進鍋內。質感Q彈，存在感強，但香氣差強人意[高湯包]隱約散發著貝類、魷魚等海鮮的味道，口感恰到好處，不會太過濃嗆，油脂不多[其他]雖然標榜是海鮮口味，但是唯一符合主題的佐料只有魚板？還添加了小塊的昆布，滋味龐雜[試吃日期]2006.11.25[保存期限]2006.11.13[購買管道]唐吉軻德 日幣93圓

鯷魚刀削麵 Myorchi Kalguksu

⊙類別：**烏龍麵**　⊙口味：
⊙製法：**非油炸麵**
⊙調理方式：**水煮5分鐘**

2.5

■總重量：98g ■熱量：335kcal

[配料]調味粉包、佐料包（蛋絲，胡蘿蔔、青菜）[麵]非油炸的扁平烏龍麵，味道樸實，沒有太多特色。感覺不論搭配什麼湯頭都適合[高湯包]醬油的成分不多，喝得到鯷魚乾的味道。口味意外地自然順口，只有一點點辣[其他]Myorchi就是炒過的鯷魚。以韓國製品而言，算是少見的平穩滋味，日本人也可以接受[試吃日期]2006.08.14[保存期限]2006.11.07[購買管道]韓流館（新大久保）日幣100圓

No.4175 農心　4 582214 630076

Hururu 冷麵　辣味拌冷麵　（日本版）

⊙類別：冷麵　⊙口味：
⊙製法：乾燥麵條
⊙調理方式：水煮2.5分鐘再用水沖涼

■總重量：162g ■熱量：480kcal

[配料]液體拌麵醬、佐料包（鱈魚鬆·白菜·芝麻粒）[麵]麵條很細，卻很有咬勁。咀嚼的時候甚至會喀滋作響，非常彈牙[高湯包]甜味之後，接著是排山倒海而來的辣味。如果不另外添加配料，直接加入整包拌麵醬，可能會發生慘劇[其他]鱈魚的口感很像海綿，鬆軟空虛。可以體驗未經調整、最真實的刺激口味[試吃日期]2009.08.13[保存期限]2010.03.14[購買管道]相鐵Rozen 日幣168圓

No.3427 農心　8 801043 003230

綠茶拌麵　Nokcha Bibimmyun

⊙類別：
　涼麵
⊙口味：

⊙製法：
　油炸麵條
⊙調理方式：
　水煮3分鐘半
　再用水沖涼

■總重量：135g ■熱量：515kcal

[配料]液體湯包[麵]綠色的油炸細麵。要非常仔細的嗅聞，才會聞到一股若有似無的綠茶味[高湯包]除了辣味和甜味，幾乎感覺不到介於兩者之間的其他味道。日本人應該…好吧，起碼我吃不習慣[其他]醬料的味道非常搶戲，即使如此還是不會覺得膩口，果然是綠茶發揮了威力？應該本來就要加點青菜吧[試吃日期]2006.08.18[保存期限]2006.11.18[購買管道]紫禁城亞洲中國食品店（新大久保）日幣130圓

No.1124 農心　8 801043

橡實涼麵

⊙類別：
　涼麵
⊙口味：

⊙製法：
　油炸麵條
⊙調理方式：
　水煮5～6分鐘
　再把水瀝乾

■總重量：120g ■熱量：No Data

[配料]液體湯包、佐料包（海苔·蛋）[麵]麵條口感很紮實，聞起來像什麼味道？大概是某種山產吧[高湯包]醬汁濃稠，感覺像甜甜辣辣的味噌醬[其他]堪稱泡麵界的奇珍異寶。剛才看了包裝，發現上面畫了橡實。就是這個吧！[試吃日期]1998.10.10[保存期限]1998.06.19[購買管道]韓國市場 日幣110圓

No.3518 農心　8 801043 002943

炸醬麵

⊙類別：乾麵　⊙口味：味噌
⊙製法：油炸麵條
⊙調理方式：水煮5分鐘，再把水倒掉

■總重量：140g ■熱量：610kcal

[配料]調味粉包、佐料包（高麗菜·炸馬鈴薯·洋蔥·胡蘿蔔）[麵]圓形切口的油炸粗麵，口感超級彈牙有黏性，質地介於烏龍麵和拉麵之間[高湯包]帶有苦澀味的味噌湯頭，鮮味頗低調，偏向成人口味。不過整體表現並不軟弱[其他]和在日本吃到的炸醬麵完全不一樣，我猜有人只吃一口，就會覺得難以下嚥了[試吃日期]2006.12.29[保存期限]2006.12.10[購買管道]唐吉軻德 日幣93圓

蘿蔥蒜湯麵 Mupama Tanmyon

⊙類別：
拉麵
⊙口味：
牛肉
⊙製法：
油炸麵條
⊙調理方式：
水煮4分鐘半

■總重量：122g　■熱量：515kcal

[配料]調味粉包、佐料包（蔥花·胡蘿蔔·海帶芽·肉？）[麵]感覺和P150的蝦子湯麵非常類似，只是本款為方形成體。圓形切口的油炸粗麵存在感很強[高湯包]牛肉和大蒜的味道很強勢，但是多了白蘿蔔的助陣，入口的感覺很清爽。味道的組合很複雜[其他]Mupamu就是蘿蔔、蔥、蒜的開頭字母，味道和同公司的辛拉麵極為相近[試吃日期]2006.08.13[保存期限]2006.09.18[購買管道]韓流館（新大久保）日幣120圓

馬鈴薯麵

⊙類別：
拉麵
⊙口味：
泡菜
⊙製法：
油炸麵條
⊙調理方式：
水煮3分鐘半

■總重量：117g　■熱量：480kcal

[配料]調味粉包、佐料包（香菇·辣椒·胡蘿蔔·蔥花）[麵]油炸麵中添加了馬鈴薯澱粉，質地柔軟，很容易糊。即使如此，還是帶有黏性[高湯包]湯頭清澈，調味接近口味清淡的西式雞湯。加上辣椒適度的刺激，油脂不多[其他]前所未見的麵條，搭配不像韓式作風的湯頭。我會給它高分的原因不是因為美味，而是獨創性[試吃日期]2006.11.11[保存期限]2007.12.09[購買管道]唐吉軻德 日幣93圓

牛骨燉湯

⊙類別：
拉麵
⊙口味：
牛肉
⊙製法：
油炸麵條
⊙調理方式：
水煮4分鐘

■總重量：110g　■熱量：480kcal

[配料]調味粉包、佐料包（蔥花）[麵]油炸麵偏細，圓形切口。Q勁十足，帶黏性，存在感不低[高湯包]以清爽的白濁牛骨高湯為底，喝起來鮮味十足，搭配有辣椒和大蒜的香氣[其他]雖然是日本沒有的味道，但是不擅長吃辣的日本人應該也可以接受。麵的品質主導著整體表現[試吃日期]2006.11.18[保存期限]2007.11.15[購買管道]唐吉軻德 日幣93圓

馬鈴薯湯麵

⊙類別：**拉麵**　⊙口味：**豬肉**
⊙製法：**油炸麵條**
⊙調理方式：**水煮3分鐘半**

■總重量：121g　■熱量：525kcal

[配料]調味粉包、佐料包（蔬菜類·番茄？）[麵]麵條偏粗，圓形切口。口感Q彈帶黏性，是因為馬鈴薯澱粉的威力？[高湯包]韓國製品中少見的豬肉口味，稍帶奶味，感覺有點像醬油豚骨拉麵。不用說，當然很辣[其他]大蒜的味道撲鼻而來，吃完以後身體發熱。看似日本也有，其實找不到這種味道[試吃日期]2008.01.13[保存期限]2008.04.13[購買管道]韓流館 日幣120圓

安城湯麵

⊙類別：**拉麵**　⊙口味：**泡菜**
⊙製法：**油炸麵條**
⊙調理方式：**水煮4分鐘半**

■總重量：125g ■熱量：590kcal

[配料]調味粉包、佐料包（胡蘿蔔．海帶芽等）[麵]圓形切口，寬版油炸麵Q彈有黏性。彈性十足，方形成體[高湯包]以韓國拉麵而言算是口味清淡，不過吃起來還是很過癮。只是甜味和稍嫌人工的尾韻讓人有些介意[其他]加入小塊的海帶芽和蔬菜也無損其風味。和同公司出品的辛拉麵相比，味道沒那麼重，接受度更高[試吃日期]2005.11.20[保存期限]2006.03.09[購買管道]富士超市 日幣102圓

泡菜火鍋湯麵

⊙類別：**拉麵**　⊙口味：**泡菜**
⊙製法：**油炸麵條**
⊙調理方式：**水煮4分鐘半**

■總重量：120g ■熱量：490kcal

[配料]調味粉包、佐料包（白菜泡菜．胡蘿蔔．年糕．香菇．青菜．火腿？）[麵]麵條是圓形成體，方便放入鍋內水煮。又粗又圓，彈性十足，表皮和中心的力道一樣強[高湯包]有大蒜味和酸味。以韓國拉麵而言，肉汁的味道很濃，感覺非常厚重[其他]厚度約1mm的韓式年糕片很硬，感覺和拉麵格格不入[試吃日期]2005.11.27[保存期限]2006.03.06[購買管道]紫禁城亞洲中國食品店 日幣120圓

Kong （豆子） 拉麵紅

⊙類別：
　拉麵
⊙口味：

⊙製法：
　油炸麵條
⊙調理方式：
　水煮4～5分鐘

■總重量：120g ■熱量：510kcal

[配料]調味粉包、佐料包（海帶芽．蔬菜）[麵]偏細的韓國袋裝麵，但是Q黏的勁道相當驚人，韌性十足。存在感很強[高湯包]辣椒的刺激痛快過癮，而且味道不像一般韓國產品紛雜，滋味高雅，讓人意猶未盡[其他]適合剛接觸韓國食品的嗜辣人士？攻擊性強到會流鼻水，如果身體不適，可能會覺得更辣[試吃日期]2002.02.02[保存期限]2001.07.21[購買管道]Dragon送我的

Kong （豆子） 拉麵黃

⊙類別：
　拉麵
⊙口味：
　辣味噌
⊙製法：
　油炸麵條
⊙調理方式：
　水煮4～5分鐘

■總重量：125g ■熱量：500kcal

[配料]調味粉包、佐料包（青菜．海帶芽．辣椒）[麵]重量感特別突出的油炸麵。麵條又粗又紮實，水分的分布很均衡，整體都帶著溼潤感[高湯包]辣度的持續力道頗長，高湯的味道也很渾厚，香氣濃郁。只是舌尖的觸感有些人工[其他]麵條和湯頭都採取主動攻擊的姿態，如果身體狀況不佳，吃起來可能會覺得有負擔[試吃日期]2002.05.19[保存期限]製造日？2001.06.09[購買管道]Dragon送我的

Paldo　咕咕麵

⊙類別：拉麵
⊙口味：雞肉
⊙製法：油炸麵條
⊙調理方式：水煮4分鐘

3

■總重量：120g
■熱量：520kcal

[配料]調味粉包、佐料包（蔥花・雞肉・青辣椒・胡辣椒）[麵]麵條
Q彈的油炸粗麵很有存在感，但是表面過於光滑，吃起來不像拉麵
[高湯包]稍帶甜味。雞湯搭配青辣椒的刺激組合很像不倒翁的雞絲
拉麵[其他]對象年齡層比雞絲拉麵還低的感覺？在炎炎夏日裡，與
其面對一碗紅通通的辣味拉麵，這款清爽的拉麵無疑是更好的選擇
[試吃日期]2012.07.19[保存期限]2013.02.01[購買管道]唐吉軻德 日
幣98圓

Paldo　拌麵　Bibimmyun

⊙類別：涼麵　⊙口味：
⊙製法：油炸麵條
⊙調理方式：水煮4分鐘再用水沖涼

2.5

■總重量：130g　■熱量：530kcal

[配料]液體湯包[麵]白色油炸麵的捲度很強，不會很粗。有彈性，
但還不至於很黏[高湯包]感覺比其他廠牌的產品更有深度，酸味也
濃。喝得出味噌的蛋白質味[其他]我一連吃了3款的拌麵，這款的價
格最便宜，卻最合我的胃口。但是連續幾餐都吃，真的很辣[試吃
日期]2006.08.20[保存期限]2006.12.13[購買管道]韓流館（新大久
保）日幣100圓

Paldo 夾縫拉麵

⊙類別：
拉麵
⊙口味：
牛肉
⊙製法：
油炸麵條
⊙調理方式：
水煮3分鐘半

3

■總重量：120g　■熱量：490kcal

[配料]調味粉包、佐料包（白菜・蔥花）[麵]（打了顆生蛋一起煮）
油炸麵具有黏性，粗細中等，重量感和存在感十足[高湯包]總而言
之就是辣，辣到我鼻水和眼淚直流。鮮味很明顯，但是整體的味道
很清爽[其他]比農心的辛拉麵更有勁，餘味無窮。很能吃辣的人應
該會吃得津津有味[試吃日期]2010.09.25[保存期限]2010.10.24[購
買管道]韓流館首爾市場 日幣108圓

韓國

Paldo　御膳火　Hwa Ramyun Hot & Spicy

⊙類別：拉麵
⊙口味：泡菜
⊙製法：油炸麵條
⊙調理方式：水煮4分鐘

■總重量：120g ■熱量：520kcal

[配料]調味粉包[麵]圓形切口的油炸粗麵分量很多，口感Q彈有黏性，而且很有重量[高湯包]強烈的辣度壓下了酸味。刺激和鮮味與其說是輕，應該是味道缺乏深度[其他]感覺只有麵條的存在感和辣度特別突出[試吃日期]2011.05.07[保存期限]2012.07.04[購買管道]Gourmet Market（Thailand）38.0B

Paldo Korean Noodle Seafood Flavor
高麗麵　海鮮味

⊙類別：拉麵　⊙口味：海鮮
⊙製法：油炸麵條
⊙調理方式：水煮4分鐘

■總重量：113g ■熱量：490kcal

[配料]調味粉包、佐料包（魷魚·魚板·蔥花）[麵]圓形切口的油炸粗麵，吃起來口感蓬鬆，沒有類似日本拉麵的香氣[高湯包]不帶油脂，鮮味很淡。輕爽的海鮮風味。不曉得是不是因為是外銷版，辣度不強[其他]加了魷魚的碎塊，相較於麵條的強大存在感，湯頭顯得遜色幾分[試吃日期]2012.04.28[保存期限]2012.08.15[購買管道]Yoshimura特派員送我的

御膳火麵　Hwa Ramyun Hot & Spicy
（外銷版）

⊙類別：拉麵　⊙口味：
⊙製法：油炸麵條
⊙調理方式：水煮4分鐘

■總重量：120g ■熱量：No Data

[配料]調味粉包、佐料包（海帶芽、蔥花、胡蘿蔔、香腸、高麗菜、蘑菇）[麵]圓形切口的油炸粗麵，雖然存在感強，但以韓國製麵條而言，黏性較低[高湯包]爽快的辣度加上明顯的甜味，口味雖重，卻都是稍縱即逝。感覺味道的深度還有待加強[其他]佐料的分量不多，種類卻很多樣。老實說我喝不出湯頭是以什麼食材為底，可能是豬肉吧？[試吃日期]2008.09.28[保存期限]2009.05.18[購買管道]韓流館 日幣120圓

Paldo Maepsymyun
（Slightly Hot & Spicy Flavor）

⊙類別：
　拉麵
⊙口味：

⊙製法：
　油炸麵條
⊙調理方式：
　水煮2分鐘

■總重量：100g ■熱量：430kcal

[配料]調味粉包[麵]油炸麵偏細，分量不多，口感帶有黏性[高湯包]紅通通的湯頭乍看很辣，其實以韓國製品而言，辣度算是手下留情。有酸味，喝起來清爽有勁[其他]味道在韓國產品中，屬於例外的清淡。我想調味對日本人來說剛好[試吃日期]2010.04.29[保存期限]2010.05.10[購買管道]韓流館首爾市場 日幣70圓

韓
國

綠茶綠藻麵

⊙類別：
拉麵
⊙口味：
海鮮
⊙製法：
油炸麵條
⊙調理方式：
水煮4分鐘

■總重量：120g ■熱量：510kcal

[配料]調味粉包、佐料包（海帶芽‧蔥花‧辣椒）[麵]添加了綠茶和綠藻的綠色油炸麵，切口為圓形。麵條很粗，像烏龍麵，還帶有苦味[高湯包]清爽的海鮮湯頭。因為沒有添加化學調味料，欠缺力道。怪的是還有一般不自然的甜味[其他]以韓國產品而言辣度適中，但是朝天椒的辣度十足，會讓日本人吃不消[試吃日期]2008.03.08[保存期限]2008.04.22[購買管道]韓流館 日幣150圓

匠拉麵 Dyan Ramen

⊙類別：
拉麵
⊙口味：
辣味噌
⊙製法：
油炸麵條
⊙調理方式：
水煮4分鐘

2.5

■總重量：120g ■熱量：510kcal

[配料]調味粉包、佐料包（香菇‧蔥花‧大蒜）[麵]油炸麵偏粗，黏性弱，品質比農心略遜一籌[高湯包]蒜味的刺激是其特徵，以韓式味噌為湯底，喝得出豆子的香味[其他]賣場標示為「味噌拉麵」，其實味道和日本的味噌拉麵天差地遠[試吃日期]2006.08.16[保存期限]2006.12.01[購買管道]韓流館（新大久保）日幣100圓

利川米　雪濃湯麵

⊙類別：
拉麵
⊙口味：
牛肉
⊙製法：
非油炸麵條
⊙調理方式：
水煮3分鐘

韓國

2.5

■總重量：125g ■熱量：490kcal

[配料]液體湯包、佐料包（青菜）[麵]以韓國製品而言偏細，質地Q軟有咬勁，吃起來不會軟爛無力[高湯包]味道平穩溫和，牛骨高湯滋味清爽卻很有深度，而且完全不辣[其他]這是日本吃不到的味道，所以很難得。可惜嘴唇會被油弄得很黏膩[試吃日期]2008.05.03[保存期限]2008.04.30[購買管道]韓流館 日幣150圓

雪濃湯麵

⊙類別：拉麵　⊙口味：牛肉
⊙製法：油炸麵條
⊙調理方式：水煮3分鐘

■總重量：125g ■熱量：470kcal

3

[配料]液體湯包、佐料包[麵]具有黏性的油炸細麵，沒有Q彈感，和一般的韓國麵條不太一樣[高湯包]白色的牛骨湯頭，味道清淡，喝起來卻是鮮味十足，而且完全沒有辣度[其他]和左邊的No.3856一樣，也是同一廠牌的雪濃湯麵，不過本款的味道更為清爽[試吃日期]2008.07.19[保存期限]2008.07.16[購買管道]韓流館 日幣150圓

一品炸醬麵

⊙類別：
乾麵
⊙口味：
味噌
⊙製法：
油炸麵條
⊙調理方式：
**水煮5分鐘，
再把水倒掉**

■總重量：200g ■熱量：595kcal

[配料]調理醬包（洋蔥．豬肉．馬鈴薯．高麗菜）[油炸麵]馬鈴薯澱粉含量很高，圓形切口，質地Q彈帶黏性，口感吃起來很新奇[高湯包]黑味噌的香氣挺有深度，雖然沒有濃郁的鮮味，味道卻很自然[其他]幾乎沒有添加任何佐料（還是融化了？），內容物和包裝的照片有如天壤之別。但是產品本身很有趣，有一試的價值[試吃日期]2007.12.29[保存期限]2008.04.17[購買管道]韓流館 日幣150圓

海鮮拉麵　中辣

⊙類別：**拉麵** ⊙口味：**海鮮**
⊙製法：**油炸麵條**
⊙調理方式：**水煮4分鐘**

■總重量：120g ■熱量：515kcal

[配料]調味粉包、佐料包（魚板．蔥花．胡蘿蔔？）[麵]充分展現出韓國麵條特色的Q勁，分量夠，和湯頭很搭[高湯包]辣度爽快的橘色湯頭讓人喝得很痛快。各種海鮮混合的腥味不明顯，這點有些和韓式風格不一樣[其他]麵條和湯頭都深具個性，即使加入各色佐料也不會黯然失色。魚板的口感有點軟爛[試吃日期]2008.01.26[保存期限]2008.05.18[購買管道]韓流館 日幣150圓

蛤蜊刀削麵

⊙類別：
烏龍麵
⊙口味：
醬油
⊙製法：
非油炸麵
⊙調理方式：
水煮6分鐘

■總重量：130g ■熱量：355kcal

[配料]調味粉包、調理包（蛤蜊5顆）、佐料包（調味絞肉．青江菜．蛋．蔥花．辣椒）[麵]白色的扁平麵條很像以前的非油炸烏龍麵，沒有韓國特有的黏性。水煮後，沒有煮得很均勻[高湯包]以高雅的海鮮湯頭為主調，不添加化學調味料。味道溫和，吃起來不像不錯的韓國製品[其他]雖然蛤蜊很小，感覺卻很豪華。產品充滿企圖心，但內容物不夠豐富[試吃日期]2008.04.05[保存期限]2008.07.01[購買管道]韓流館 日幣150圓

蘿蔔葉拌麵 Yormu Bibimmyun

⊙類別：
冷麵
⊙口味：

⊙製法：
油炸麵條
⊙調理方式：
**水煮4分鐘，
再沖水**

■總重量：130g ■熱量：530kcal

[配料]液體湯包[麵]油炸細麵稍微帶點橘色，質地雖軟，卻不會軟爛無嚼勁[高湯包]醬汁有些不夠滑順，屬於甜甜辣辣的重口味，和同一廠牌的其他產品感覺差不多[其他]Yormu就是嫩蘿蔔，不知道是否因為這樣，味道顯得很平淡，一點都不強烈[試吃日期]2006.08.19[保存期限]2006.12.08[購買管道]韓流館（新大久保）日幣120圓

韓國

韓式白色長崎強棒麵 （以日文標示）

⊙類別：長崎強棒麵
⊙口味：海鮮總匯
⊙製法：油炸麵條
⊙調理方式：水煮5分鐘

3

■總重量：115g
■熱量：475kcal

[配料]調味粉包、佐料包（高麗菜‧魷魚‧胡蘿蔔‧蔥花‧櫻桃蘿蔔葉‧紅椒‧蘑菇）[麵]Q勁十足的粗油炸麵，圓形切口。彈性佳，表面平滑，頗有重量感[高湯包]豚骨搭配海鮮的雙味湯頭，只是味道很弱，覺得不夠味。青辣椒的刺激爽快新鮮[其他]佐料的種類很豐富，但是分量太少。產品的整體性不錯，但是和日本的長崎強棒麵完全不一樣[試吃日期]2012.07.01[保存期限]2012.08.30[購買管道]唐吉軻德 日幣98圓

三養拉麵　元祖　SINCE 1963

⊙類別：拉麵　⊙口味：牛肉
⊙製法：油炸麵條
⊙調理方式：水煮3～4分鐘

2.5

■總重量：120g　■熱量：505kcal

[配料]調味粉包、佐料包（香菇‧胡蘿蔔‧蔥花‧白菜）[麵]油炸麵的粗細中等，帶有黏性，但是以韓國袋裝麵的標準而言偏弱[高湯包]辣度不算強，有胡椒的刺激。口味偏清淡，缺乏深度[其他]添加有香菇和白菜，符合韓式作風，品質和辛拉麵不分上下，只是更加輕薄[試吃日期]2006.12.23[保存期限]2006.11.24[購買管道]唐吉軻德 日幣93圓

Chacharoni

⊙類別：
乾麵
⊙口味：
辣味噌
⊙製法：
油炸麵條
⊙調理方式：
水煮7分鐘

2

■總重量：140g　■熱量：575kcal

[配料]液體湯包、佐料包（豌豆‧胡蘿蔔‧洋蔥‧大豆蛋白）[麵]油炸麵很粗，表面平滑，口感意外柔軟，像烏龍麵。分量相當多[高湯包]甜味沒有想像中重，也帶有苦味。味道單調，感覺不出層次和香氣[其他]液體湯包的品質不錯，但是就炸醬麵而言，還是農心的比較高級[試吃日期]2010.05.23[保存期限]2010.05.13[購買管道]韓流館首爾市場 日幣130圓

韓國

手工刀削麵

⊙類別：
烏龍麵
⊙口味：
醬油
⊙製法：
非油炸麵條
⊙調理方式：
水煮6分鐘

■總重量：100g ■熱量：355kcal

[配料]調味粉包、佐料包（海帶芽‧菇類‧雞肉‧蔥花‧胡蘿蔔）[麵]扁平的非油炸寬麵，帶有咬勁，感覺像薄一點的烏龍麵。顏色白，沒有怪味[高湯包]以雞湯為主，油脂很少，質地清爽，但辣椒的刺激很強勁[其他]如果減少水量，味道會變得比較重，但是也會太辣。撇去辣度不談，整體的味道溫和平實[試吃日期]2009.03.29[保存期限]2009.09.05[購買管道]韓國市場 日幣98圓

宴會麵線

⊙類別：**麵線**　⊙口味：
⊙製法：**非油炸麵**
⊙調理方式：**水煮4～5分鐘**

■總重量：90g ■熱量：290kcal

[配料]調味粉包、佐料包（海苔‧蔥花‧胡蘿蔔）[麵]非油炸麵偏白，缺乏嚼勁，吃不出拉麵的味道。感覺很像有捲度的麵線[高湯包]清淡的海鮮湯頭，搭配洋蔥和大蒜的強烈香味。完全沒有辣味[其他]麵條和湯頭的口感都很模糊，整體的感覺很低調，和拉麵是兩種完全不同的食物[試吃日期]2009.04.26[保存期限]2009.09.30[購買管道]韓國市場 日幣140圓

手打麵

⊙類別：
拉麵
⊙口味：
辣味噌
⊙製法：
油炸麵條
⊙調理方式：
水煮4分鐘

■總重量：120g ■熱量：500kcal

[配料]調味粉包、佐料包（胡蘿蔔‧香菇‧蔥花）[麵]圓形切口的油炸麵粗麵，Q彈平滑，存在感強。感覺麵粉裡還加了其他東西[高湯包]韓國特有的陽剛式辣味讓人大呼痛快，但是牛肉的鮮味平板，缺乏深度[其他]我按照韓國泡麵的煮法，把調味粉包和麵條一起煮，再加進乾燥蔬菜。雖然口味的精緻度有待加強，卻很有勢頭[試吃日期]2008.06.28[保存期限]2008.05.10[購買管道]韓流館 日幣130圓

好吃拉麵

⊙類別：
烏龍麵
⊙口味：
醬油
⊙製法：
油炸麵條
⊙調理方式：
水煮4分鐘

■總重量：115g ■熱量：475kcal

[配料]調味粉包、佐料包（香菇‧青花菜‧胡蘿蔔‧蔥花‧海帶芽）[麵]油炸麵的粗細中等，Q度和黏性以韓國產品而言偏低，不過還是很有存在感[高湯包]辣度和刺激的餘味十足，質地清淡，但蔬菜的鮮味很明顯[其他]很難看得到泡麵的佐料中有青花菜。調味不但深具創意，而且整體的表現很協調[試吃日期]2008.11.24[保存期限]2008.12.08[購買管道]韓流館 日幣120圓

韓國

No.4636 三養食品　　　8 801073 106222

牛肉麵 Sogokymyon

⊙類別：**拉麵**　⊙口味：**牛肉**
⊙製法：**油炸麵條**
⊙調理方式：**水煮4分鐘**

■總重量：120g ■熱量：495kcal

[配料]調味粉包、佐料包（胡蘿蔔·香菇·白菜？）[麵]圓形切口的油炸粗麵，存在感雖高，但是就韓國麵條來說，黏性不是很強[高湯包]湯頭濃稠，辣度微弱，牛肉的香氣和鮮味也淡。雖然沒有不討喜的味道，力道卻明顯不足[其他]整體的味道很清淡，吃起來覺得不夠味。煮的時候應該少放點水[試吃日期]2011.06.25[保存期限]2011.07.20[購買管道]Gourmet Market（Thailand）35.0B

No.3426 三養食品　　　8 801073 101630

泡菜拉麵

⊙類別：**拉麵**　⊙口味：**泡菜**
⊙製法：**油炸麵條**
⊙調理方式：**水煮4～5分鐘**

■總重量：122g ■熱量：510kcal

[配料]調味粉包、佐料包（蔥花·泡菜）[麵]圓形切口的油炸粗麵，沒有蓬鬆感，但是重量感也不太明顯，缺乏彈性[高湯包]包裝雖然是一片鮮紅，辣度以韓國麵的標準而言，只能算小意思。酸味中等，很洗鍊的味道[其他]即使撇開我打了一顆生蛋下去煮這點不談，泡菜的存在還是很微弱，佐料包也完全沒有發揮效果[試吃日期]2006.08.17[保存期限]2006.09.18[購買管道]唐吉軻德 日幣93圓

No.4724 三養食品　　　0 74603 514

Samyang Ramen Oriental Noodle Chicken Flavor （外銷款）

⊙類別：**拉麵**　⊙口味：**雞肉**
⊙製法：**油炸麵條**
⊙調理方式：**水煮3分鐘**

■總重量：85g ■熱量：370kcal

[配料]調味粉包[麵]偏細的油炸麵感覺很像日本以前的泡麵，韓式特色不明顯，味道差強人意[高湯包]黃色的泡菜湯頭幾乎喝不出醬油味，鹽分離重，但是完全沒有辣度和刺激[其他]如果用日本產品比喻，大概就是札幌一番的鹽味拉麵再降一級的感覺[試吃日期]2011.10.29[保存期限]2012.01.23[購買管道]Ueda駐在員送我的

No.4747 三養食品　　　0 74603 545

Samyang Ramen Oriental Noodle Shrimp Flavor （外銷款）

⊙類別：**拉麵**　⊙口味：**蝦子**
⊙製法：**油炸麵條**
⊙調理方式：**水煮3分鐘**

■總重量：85g ■熱量：370kcal

[配料]調味粉包[麵]油炸麵稍細，質地平滑，但是缺乏刺激食慾的味道。感覺三養外銷到歐洲的麵條都是同一個樣[高湯包]有濃稠感，也有醬油味。鮮味稍嫌人工，如果不說，吃不出蝦子的味道[其他]雖然是韓國製造，卻一點也不辣，讓我以為自己吃的是30年以前的日本泡麵[試吃日期]2011.11.30[保存期限]2012.02.09[購買管道]Ueda駐在員送我的

韓國

雞絲麵

⊙類別：**拉麵**
⊙口味：**雞肉**
⊙製法：**油炸麵條**
⊙調理方式：**水煮3分鐘**

■總重量：115g
■熱量：485kcal

[配料]調味粉包、佐料包（蔥花‧胡蘿蔔‧高麗菜）[麵]以韓國產品的標準看來，油炸麵的麵條算細，帶有澱粉的黏性，口感相當紮實[高湯包]淺色湯頭，看起來溫和無害，其實青辣椒的威力相當驚人。鮮味的來源包括雞肉和海鮮，滋味複雜[其他]異於傳統韓式的火辣刺激，是「冷」刺激，而且搭配稍微低調的鮮味，吃起來很對味[試吃日期]2012.06.09[保存期限]2012.08.26[購買管道]唐吉軻德日幣98圓

熱拉麵 Yeul Ramen （Hot Taste）

⊙類別：
拉麵
⊙口味：
辣味噌
⊙製法：
油炸麵條
⊙調理方式：
水煮4分鐘

■總重量：120g　■熱量：506kcal

[配料]調味粉包、佐料包（蔥花‧香菇‧胡蘿蔔‧牛肉）[麵]油炸麵的粗細中等，質感沉甸甸。黏度以韓國製品而言，希望可以再加把勁[高湯包]雖然辣到舌頭幾乎要麻痺，餘味停留的時間卻意外短暫。醇度和鮮味都不明顯[其他]和韓國本國的產品相比，比農心的辛拉麵清爽，吃完總覺得還少了些什麼[試吃日期]2010.01.31[保存期限]2010.06.22[購買管道]長崎屋 日幣98圓

Beijing Chajang Ramen ／ Jiajang Ramyon
北京炸醬麵

⊙類別：**乾麵**　⊙口味：**味噌**
⊙製法：**油炸麵條**
⊙調理方式：**水煮5分鐘，再把水倒掉**

■總重量：135g　■熱量：575kcal

[配料]調味粉包、佐料包（高麗菜‧洋蔥‧豬肉）、調味油[麵]圓形切口的油炸粗麵，軟Q有勁，存在感強。分量也多[高湯包]稍帶苦味的味噌湯頭，甜度和辣度偏弱。調味很有深度，香氣也很濃郁[其他]以麵的分量而言，醬汁太少。麵條和醬汁保持完美的平衡，味道穩重，適合成人[試吃日期]2011.06.18[保存期限]2011.07.11[購買管道]Gourmet Market（Thailand）45.0B

韓
國

161

百歲咖哩拉麵 Bekse Curry Myon

⊙類別：
　拉麵
⊙口味：
　咖哩
⊙製法：
　油炸麵條
⊙調理方式：
　水煮4分鐘

■總重量：100g ■熱量：420kcal

[配料]調味粉包、佐料包（香菇‧青花菜‧番茄‧馬鈴薯）[麵]油炸麵稍粗，韓國麵特有的黏性和重量感一應俱全，但是和湯頭的協調性還有待加強[高湯包]湯頭濃稠。辣椒的刺激雖強，咖哩的氣味卻平板單調[其他]第一次在泡麵裡看到青花菜當作佐料，還可以吃到骰子般大小的馬鈴薯[試吃日期]2008.02.09[保存期限]2008.03.10[購買管道]韓流館 日幣140圓

真拉麵 Jin Ramen （Hot）

⊙類別：拉麵　⊙口味：牛肉
⊙製法：油炸麵條
⊙調理方式：水煮4分鐘

■總重量：120g ■熱量：505kcal

[配料]調味粉包、佐料包（胡蘿蔔‧青菜？）[麵]才一撕開包裝袋，「油炸物」的味道馬上撲身而來。Q彈的粗麵條，口感充實，存在感強[高湯包]有辣椒和魚高湯的味道，辣度適中[其他]韓國袋裝麵是自成一格的世界，但很難分辨每間廠商的產品差異[試吃日期]1998.11.01[保存期限]1998.08.10[購買管道]韓國市場 日幣110圓

泡菜拉麵 （日本版）

⊙類別：拉麵　⊙口味：泡菜
⊙製法：油炸麵條
⊙調理方式：水煮4分鐘

■總重量：120g ■熱量：510kcal

[配料]調味粉包、佐料包（蔥花‧胡蘿蔔‧白菜）[麵]切口圓形的油炸麵，粗細中等。以韓國袋裝麵的標準而言，Q黏的勁道中等，口感差強人意[高湯包]首當其衝的是甜味，缺乏泡菜的酸味和發酵味。沒有痛快的辣度也讓人扼腕[其他]連佐料包都用日語標示？是不是為了銷往日本，所以辣度和味道都經過調整？[試吃日期]2006.11.23[保存期限]2007.04.12[購買管道]唐吉軻德 日幣102圓

辛豆拉麵　正宗韓國味 （日本版）

⊙類別：拉麵　⊙口味：
⊙製法：油炸麵條
⊙調理方式：水煮4分鐘

■總重量：120g ■熱量：430kcal

[配料]調味粉包、佐料包（香菇‧泡菜‧大蒜）[麵]圓形成體的麵條，重量感更勝農心和不倒翁。咬勁Q彈[高湯包]幾乎沒有吃到豆子的感覺，味道比不倒翁厚重、比農心更有內涵。很舒服順口的辣度[其他]有辣椒和大蒜的香味。如果能夠接受它的辣度，那麼日本人應該會很捧場[試吃日期]2003.01.31[保存期限]2003.06.13[購買管道]KALDI 日幣88圓

韓國

第九章

美國

United States of America

美國的泡麵

日本的日清、東洋水產、三養食品在1970年代紛紛進軍美國的泡麵市場，這三間公司，目前是稱霸美國世界的三巨頭。美國泡麵的內容物大多簡單，會附帶調味油和佐料包的產品不多。主打健康概念的文宣雖多，但是味道對日本人而言，大多過於平淡，讓人深刻體會到美日兩國飲食口味的差異，以及不同的講究之處。超市的貨架上，泡麵的陳列數量也比亞洲各國少。主要的購買客層是年輕人。我想，全家一起吃泡麵的光景，可能並不常見。不過，走進亞洲食材專賣店一看，來自世界各地、應有盡有的泡麵大軍卻讓我瞠目結舌。

主要品牌包括日系的
■Maruchan（Maruchan是公司名，不是東洋水產 www.nissinfoods.com）
■Nissin（Nissin Foods U.S.A.公司 www.nissinfoods.com）
■Sapporo Ichiban（Sanyo Foods of America公司）

其他投入美國泡麵業界的，還有以美國為主要出口市場的日本企業Shirakiku（西本貿易）所推出的品牌，以及幾個當地的資本企業。

只有Sapporo Ichiban採取強調產品是正宗日本口味（札幌一番醬油味）路線，味道也的確很接近日本當地口味。有趣的是，他們連日本在地的醬汁炒麵也推出美國版，甚至還把日本沒有的豆皮烏龍麵也納入商品陣容。

在日本很難買到美國的泡麵。想必對日本人而言，美國的泡麵雖然系出同門，但是滋味卻差強人意（不合胃口），所以就算有進口商引進，銷路也相當有限吧。如果想要試試美國泡麵的滋味，最方便的方法就是去拜託要去旅行或出差的親友。

□ 滲透全世界的日本技術

JAPANESE STYLE NOODLES

THE JAPANESE WAY" 日式

MADE WITH JAPANESE TECHNOLOGY

MADE WITH JAPANESE TECHNOLOGY

撇開本來就是日商的產品不談，放眼世界各國的產品，不難看出許多企業都喜歡藉由包裝，大打日本牌。原因在於，他們要向消費者傳達的訴求是產品的品質很高。有很多泡麵的製造廠，即使和日本的泡麵廠商沒有直接往來，但是在生產設備方面，還是得仰賴日本的企業。就泡麵的製造業界而言，日本的廠商算是箇中翹楚，所以日本品牌的勢力範圍也跟著遍布全球了。

美國

164

美國的泡麵品牌

⊟ Maruchan
0 41789

⊙http://www.nissinfoods.com

⊟ Tradition Foods Inc.
7 35375

⊙http://www.traditionfoods.com/

⊟ Nissin Foods
0 70662

⊙http://www.nissinfoods.com

⊟ Union Foods
0 71816

⊙URL 不明

⊟ Sapporo Ichiban
（Sanyo Foods of America）0 76186

⊙URL 不明

我還想要多幾隻手，變成八爪章魚！

正如P114專欄3所言，我在拍攝產品包裝的時候，除了手和腳，連嘴巴和臉都動員了。拍照時，還得同時扭曲身體。

0 70662 01050 1

Oodles of Noodles / Roast Chicken Flavor

Cooking Directions

 1. Place noodles (breaking up if desired) and seasoning into microwavable bowl and add 2 cups of water.

 2. Cook in microwave for 4 minutes. (For better results, please stir after 3 minutes.) Let stand 1 minute and enjoy!

[配料]調味粉包[麵]微波加熱後的細麵，吃起來口感鮮明，但比日本的雞湯拉麵普通[高湯包]醬油成分不多，和美國的杯麵一樣，洋蔥和芹菜等蔬菜味很濃[其他]雖然外觀相似，味道和日本的雞湯拉麵卻完全不同，和日本人的喜好也是天差地遠[試吃日期]2008.11.30[保存期限]2009.02.28[購買管道]Tanaka駐在員送我的

⊙類別：拉麵
⊙口味：雞肉
⊙製法：油炸麵條
⊙調理方式：微波4分鐘

■總重量：80g ■熱量：380kcal

---

0 70662 01002 6

Top Ramen Beef Flavor

⊙類別：拉麵　⊙口味：牛肉
⊙製法：油炸麵條
⊙調理方式：水煮3分鐘

■總重量：85g ■熱量：380kcal

[配料]調味粉包[麵]品質不比日本國產品遜色，聞得出炸物的香味，沒有飼料般的怪味[高湯包]醬油湯底呈咖啡色，就泡麵的標準來說，沒有人造感這點值得加分。胡椒的刺激很強[其他]油脂量適中，欠缺力道，但是味道平實溫和。和出前一丁相比，我個人比較偏好這款[試吃日期]2005.02.19[保存期限]2005.12.06[購買管道]我哥哥送我的

---

0 70662 01003 7

Top Ramen Chicken Flavor

⊙類別：拉麵　⊙口味：雞肉
⊙製法：油炸麵條
⊙調理方式：水煮3分鐘

■總重量：85g ■熱量：380kcal

[配料]調味粉包[麵]印象和牛肉口味差不多，從好的方面來說是很有泡麵的風格。味道雖不花俏，卻給人一種安心感[高湯包]黃色的湯頭有幾分不自然的感覺，有一股甜膩的氣息撲鼻而來。這也算是一種相當強烈的刺激成分[其他]不曉得為什麼美國的雞湯麵都有一種很奇怪的味道？[試吃日期]2005.02.20[保存期限]2005.12.13[購買管道]我哥哥送我的

美國

Top Ramen Oriental Flavor

Recommended Cooking Directions

1. Boil 2 cups water.
Add noodles, breaking up
if desired.
Cook 3 minutes,
stirring occasionally.

2. Remove from heat.
Stir in seasonings
from flavor packet.
To lower sodium,
use less seasoning.

DO NOT PURCHASE IF BAG IS OPEN OR TORN.

[配料]調味粉包[麵]偏粗的油炸麵條口感Q彈，感覺卻有些沉重。品質雖然略勝美國的Maruchan一籌，香氣卻差強人意[高湯包]茶色湯頭有濃稠感，很強調醬油味。味道淡而偏甜，只有些許的芹菜味和薑味[其他]鮮味表現普通，刺激不多。和日本的醬油拉麵相比，味道繁雜[試吃日期]2012.10.01[保存期限]2013.06.04[購買管道]Shoko＆Junko特派員送我的

⊙類別：拉麵
⊙口味：東方
⊙製法：油炸麵條
⊙調理方式：水煮3分鐘

■總重量：85g ■熱量：380kcal

Top Ramen Shrimp Flavor

⊙類別：拉麵　⊙口味：蝦子
⊙製法：油炸麵條
⊙調理方式：水煮3分鐘

■總重量：85g ■熱量：380kcal

[配料]調味粉包[麵]有和日本相同的水準，麵條應該是整個系列都共通使用的。表現中規中矩[高湯包]醬油湯底，但是味道比No.3055（牛肉）淡，刺激性也較弱。鮮味中還帶著一股藥味[其他]既然是蝦子口味，原本期待吃得到海鮮味，結果大失所望。感覺不到味道的重點[試吃日期]2005.02.26[保存期限]2005.11.18[購買管道]我哥哥送我的

Top Ramen ／ Spicy Chile Chicken Flavor

⊙類別：拉麵　⊙口味：雞肉
⊙製法：油炸麵條
⊙調理方式：水煮3分鐘

■總重量：85g ■熱量：380kcal

[配料]調味粉包[麵]味道很重，反而削弱了麵條的存在。分量稍少。以油炸麵的標準來看，口感平滑，形狀清楚[高湯包]辣椒的刺激和酸味聯手，對味蕾展開毫不留情的攻擊。稍帶濃稠感，鮮味很淡，味道又人工[其他]喝得出甜味和類似魚肉的味道，讓我想到泰國的泡麵。表現比No.3057的杯麵版強[試吃日期]2005.02.27[保存期限]2005.11.30[購買管道]我哥哥送我的

美國

0 70662 01402 8

Choice Ramen / Slow Stewed Beef Flavor

⊙類別：拉麵　⊙口味：牛肉　⊙製法：非油炸麵
⊙調理方式：水煮3分鐘

■總重量：80g
■熱量：280kcal

[配料]調味粉包[麵]稜角分明的非油炸麵，帶有咬勁，只是味道
單調。感覺和湯頭不甚協調[高湯包]沒有油脂，缺乏力道。湯頭
的調配有入味，喝得出牛肉味[其他]我也吃了同系列的雞肉和
蝦子口味，結果都不如預期。只有牛肉口味是最正常的[試吃日
期]2009.03.28[保存期限]2010.03.09[購買管道]corner駐在員送我
的

---

0 70662 01401 1

Choice Ramen / Savory Herb Chicken Flavor

⊙類別：
拉麵
⊙口味：
雞肉
⊙製法：
非油炸麵
⊙調理方式：
水煮3分鐘

■總重量：80g ■熱量：280kcal

[配料]調味粉包[麵]偏扁平的非油炸麵，口感分明。但是質感過於
工業化，缺乏生命力[高湯包]毫無力道可言，感覺是用廉價的香料
來彌補過少的油脂和鹽分。味道的組成元素很簡單[其他]喝得出黑
胡椒的刺激。我認同它有預防成人病的效果，但它絕對不是以味道
取勝的產品[試吃日期]2009.02.11[保存期限]2010.03.01[購買管道]
corner駐在員送我的

---

0 70662 01403 5

Choice Ramen / Shrimp Supreme Flavor

⊙類別：
拉麵
⊙口味：
蝦子
⊙製法：
非油炸麵
⊙調理方式：
水煮3分鐘

■總重量：80g ■熱量：280kcal

[配料]調味粉包[麵]充滿咬勁的非油炸麵，存在感雖強，但也很
突兀[高湯包]首先感受到的是蝦味，滋味溫和、不過太過單調，
缺乏層次。刺激性低[其他]麵條過於強出頭，造成整體的味道不
協調。缺乏油脂，吃完後仍不滿足[試吃日期]2009.03.01[保存期
限]2010.03.10[購買管道]corner駐在員送我的

Maruchan Ramen ／ Beef Flavor

⊙類別：拉麵
⊙口味：牛肉
⊙製法：油炸麵條
⊙調理方式：水煮3分鐘

 1.5　　　■總重量：85g ■熱量：380kcal

[配料]調味粉包[麵]油炸麵條偏粗，吃起來口感沉重，有一股類似飼料的味道[高湯包]醬油湯底，牛肉味很淡，鮮味平板單調，也幾乎沒有刺激性[其他]原本以為是很熟悉的品牌，但是這個味道在日本市場應該沒有生存的空間[試吃日期]2011.01.10[保存期限]2011.02.10[購買管道]Noma特派員送我的

Maruchan Ramen ／ Chicken Flavor

⊙類別：拉麵　⊙口味：雞肉
⊙製法：油炸麵條
⊙調理方式：水煮3分鐘

■總重量：85g ■熱量：380kcal　 2

[配料]調味粉包[麵]油炸麵條又粗又紮實，口感有些軟爛無力，沒有Q勁[高湯包]鮮味濃過頭，而且又有點人工，不過喝起來倒是溫醇順口[其他]本產品在Youtube上的影片在美國獲得很大的迴響，難道吃泡麵已經成為美國人生活中的一部分了嗎[試吃日期]2008.08.02[保存期限]2008.11.01[購買管道]Nao特派員送我的

Maruchan Ramen ／ Roast Chicken Flavor

⊙類別：拉麵　⊙口味：雞肉
⊙製法：油炸麵條
⊙調理方式：水煮3分鐘

■總重量：85g ■熱量：380kcal　 3

[配料]調味粉包[麵]麵條只比日清USA的TopRamen粗一點，有重量感。品質和日本是一樣的水準[高湯包]喝得出焦香味，刺激性強，甚至有咖哩的感覺。整體的表現不差[其他]醬油成份比No.3065多，一樣是雞肉湯底，但是兩者涇渭分明，本款的味道很實在[試吃日期]2005.03.06[保存期限]2006.06.09[購買管道]我哥哥送我的

美國

Maruchan Ramen / Shrimp Flavor

⊙類別：拉麵　⊙口味：蝦子
⊙製法：油炸麵條
⊙調理方式：水煮3分鐘

■總重量：85g ■熱量：380kcal

[配料]調味粉包[麵]油炸麵條偏粗，存在感不低，但是口感沉重，麵粉的味道也感覺很廉價[高湯包]偏白的湯頭有人工味，但是鮮味溫和平實。蝦子的味道不是很明顯[其他]其實我兩年前也吃過一次，覺得包裝和鹽量都有改變，但是卻吃不太出來味道的變化[試吃日期]2010.09.29[保存期限]2011.09.08[購買管道]Noma特派員送我的

Maruchan Ramen / Lime Chili Shrimp Flavor

⊙類別：拉麵　⊙口味：蝦子
⊙製法：油炸麵條
⊙調理方式：水煮3分鐘

■總重量：85g ■熱量：380kcal

[配料]調味粉包[麵]很有泡麵的風格，具備適度的咬勁和密度，有一種低調的存在感[高湯包]辣味、酸味、甜味互不相讓，味道花俏外放。基本上也喝得出高湯的味道，只是味道很淡[其他]腦中浮現出熱帶地區的形象，如果告訴我這是泰國製的產品，我也不疑有它[試吃日期]2005.03.13[保存期限]2006.03.07[購買管道]我哥哥送我的

Maruchan Ramen / Creamy Chicken Flavor

⊙類別：拉麵　⊙口味：奶油
⊙製法：油炸麵條
⊙調理方式：水煮3分鐘

■總重量：85g ■熱量：400kcal

[配料]調味粉包[麵]存在感強而有力，沒有國外拉麵常會有的飼料味[高湯包]有奶味，感覺有點像杯麵，不過高湯還是保持泡麵的風格，胡椒的點綴提升了整體的風味[其他]雖說是雞肉口味，卻不像日清USA帶著一股奇怪的甜味，吃起來很正常[試吃日期]2005.03.05[保存期限]2006.03.11[購買管道]我哥哥送我的

Maruchan Ramen / Picante Chicken Flavor

⊙類別：拉麵　⊙口味：雞肉
⊙製法：油炸麵條
⊙調理方式：水煮3分鐘

■總重量：85g ■熱量：380kcal

[配料]調味粉包[麵]整個系列共有7種口味，光就麵條的部分而言，最後還是吃不出有什麼差別[高湯包]土黃色的粉末聞起來有咖哩香，辣椒的辣度很強，是整體最突出的味道。不過基本上，整體的味道算溫和[其他]不知道為什麼只有這種口味加上西班牙文的標示，是因為也外銷到中南美洲嗎？感覺有點像異端份子[試吃日期]2000.10.15[保存期限]2000.04.24？[購買管道]Ramen×Fighter特派員送我的

Maruchan Ramen ／ Oriental Flavor

⊙類別：拉麵　⊙口味：醬油
⊙製法：油炸麵條
⊙調理方式：水煮3分鐘

■總重量：85g ■熱量：380kcal

[配料]調味粉包[麵]質感和日本產品相比毫不遜色，質地平滑密度高，只是缺乏香氣[高湯包]有醬油味，另外微微有股日本好像沒有的香料味。餘韻短，沒什麼深度[其他]品質比美國當地企業的產品好，但是就這款產品來說，似乎無法透過品嘗來得到喜悅或樂趣[試吃日期]2000.10.01[保存期限]2000.10.25[購買管道]Ramen×Fighter特派員送我的

Maruchan Ramen ／ Pork Flavor

⊙類別：拉麵　⊙口味：豬肉
⊙製法：油炸麵條
⊙調理方式：水煮3分鐘

■總重量：85g ■熱量：380kcal

[配料]調味粉包[麵]品質稱不上優質，但也挑不出缺點。印象和左邊的醬油口味差不多[高湯包]在醬油的添加上頗有節制，因而突顯出溫和的鮮味。也喝得出黑胡椒的刺激[其他]感覺比醬油口味更有親和力。老實說如果有機會，我還真想同時比較這系列的另5種口味[試吃日期]2000.10.04[保存期限]2000.10.05？[購買管道]Ramen×Fighter特派員送我的

Maruchan Ramen ／ Chicken Mushroom Flavor

⊙類別：拉麵　⊙口味：雞肉
⊙製法：油炸麵條
⊙調理方式：水煮3分鐘

■總重量：85g ■熱量：380kcal

[配料]調味粉包[麵]和這個系列的其他麵條一樣，表現不好不壞，平凡無奇[高湯包]和雞肉口味一樣都是黃色的湯頭，帶著一股奇怪的甜味，讓整體表現扣了分[其他]我很確定美國日清Top Ramen的蘑菇口味是醬油湯底。完全不覺得這是發源自亞洲的食物[試吃日期]2000.10.09[保存期限]2000.05.04？[購買管道]Ramen×Fighter特派員送我的

Tradition Ramen Noodle Soup ／ Chicken Style

⊙類別：拉麵　⊙口味：雞肉
⊙製法：油炸麵條
⊙調理方式：水煮3分鐘

■總重量：79g ■熱量：360kcal

[配料]調味粉包[麵]咬勁很弱的細麵，才煮3分鐘就煮過頭了。質感的水準一般[高湯包]黃色湯頭的色彩鮮豔，一開始讓我內心的警鈴大響，沒想到一入口卻是正常的雞湯口味，只是感覺有點廉價[其他]美國製的產品常有一股討人厭的玉米油味，好險本款沒有這種味道。口味意外的日式[試吃日期]2009.02.14[保存期限]2010.12.03[購買管道]Ryutaro駐在員送我的

美
國

Sapporo Ichiban / Hot &Spicy Chicken Flavored-Soup

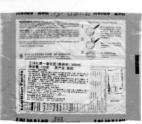

[配料]調味粉包[麵]切口為方形的油炸細麵，口感蓬鬆輕盈，和日本的札幌一番系列有點不一樣[高湯包]辣味很強，帶有番茄及柑橘類水果的酸味。鮮味模糊，喝不出是哪一種肉類的高湯[其他]以美國製產品而言，很難得的刺激性過重。辣度對日本人來說也很強，但還是有一種國籍不明的感覺[試吃日期]2012.04.01[保存期限]2012.06.13[購買管道]伊勢丹（China）13.2RMB

⊙類別：拉麵
⊙口味：雞肉
⊙製法：油炸麵條
⊙調理方式：水煮3分鐘

■總重量：100g ■熱量：480kcal

Sapporo Ichiban / Chicken Flavored-Soup

⊙類別：拉麵　⊙口味：雞肉
⊙製法：油炸麵條
⊙調理方式：水煮3分鐘

■總重量：100g ■熱量：480kcal

[配料]調味粉包[麵]柔軟的油炸細麵，和日本的札幌一番相比，質地輕盈，較不紮實[高湯包]黃色的湯頭有咖哩味，有點類似札幌一番的鹽味拉麵。鹽分高，香味卻很弱，鮮味有添加過度的問題[其他]如果旅居海外，這款添加大量芝麻的產品，可以當作札幌一番鹽味拉麵的代替品[試吃日期]2012.05.01[保存期限]2012.06.23[購買管道]Ramen Fighter×家送我的

Sapporo Ichiban / Shrimp Flavored-Soup

⊙類別：拉麵　⊙口味：蝦子
⊙製法：油炸麵條
⊙調理方式：水煮3分鐘

■總重量：100g ■熱量：501kcal

[配料]調味粉包[麵]方形切口的油炸麵，粗細中等，和日本的札幌一番拉麵一樣沒有重量感。香味的表現不佳[高湯包]醬油加得不多，蝦子稍嫌人工且鮮味頗重。味道幾乎沒有刺激性，口味很溫和[其他]味道和札幌一番拉麵沒有關聯，但是和美國本土產品相比，比較平易近人[試吃日期]2012.02.05[保存期限]2012.04.20[購買管道]Ramen Fighter×家送我的

美國

Sapporo Ichiban ／ Original Flavored-Soup

⊙類別：拉麵　⊙口味：醬油
⊙製法：油炸麵條
⊙調理方式：水煮3分鐘

■總重量：100g　■熱量：480kcal

[配料]調味粉包[麵]總覺得麵條比日本國內版稍微細了一點？Q勁不明顯，但我個人覺得這種麵條也不錯[高湯包]強調干貝鮮味的醬油調味，味道酷似日本國內版。不過感覺有稍微重視高湯[其他]味道以美國製而言算重口味。以繪畫比喻的話就是高彩度，或許這樣能抓住美國人的胃？[試吃日期]2001.08.16[保存期限]2001.07.02[購買管道]Iwa2特派員送我的

Sapporo Ichiban ／ Beef Flavored-Soup

⊙類別：拉麵　⊙口味：牛肉
⊙製法：油炸麵條
⊙調理方式：水煮3分鐘

■總重量：100g　■熱量：480kcal

[配料]調味粉包[麵]口感沉甸甸的麵條很有個性。從本質而言，美國的日清在本質上比Maruchan來得好些[高湯包]濃濃的醬油味帶著油膩的牛肉風味，沒有怪味，喝起來很自然，有點像台灣的泡麵[其他]麵條和湯頭的表現都可圈可點，而且兩者搭配得天衣無縫，讓人激賞。以美國製的產品來說實屬佳作[試吃日期]2005.03.20[保存期限]製造日2004.07.07[購買管道]我哥哥送我的

Sapporo Ichiban ／ Chowmein 醬汁炒麵

⊙類別：炒麵　⊙口味：醬汁
⊙製法：油炸麵條
⊙調理方式：炒到湯汁收乾

■總重量：102g　■熱量：510kcal

[配料]調味粉包、海苔粉包[麵]口感有點硬梆梆，麵條不容易糊，只是不夠精緻。分量很多[高湯包]味道頗有熟悉感，和日本國內版相比，多了一股廉價的甜味，而且還有一種奇怪的香草味？[其他]喜歡札幌一番醬汁炒麵的人，如果被派駐到美國也不用擔心了，因為美版的味道吃起來也差不多[試吃日期]2005.04.02[保存期限]製造日2004.10.28[購買管道]我哥哥送我的

Sapporo Ichiban ／ Kitsune 豆皮烏龍麵

⊙類別：
　烏龍麵
⊙口味：
　醬油
⊙製法：
　油炸麵條
⊙調理方式：
　水煮5分鐘

■總重量：107g　■熱量：489kcal

[配料]調味粉包、豆皮[麵]油炸烏龍麵的麵條又寬又扁平，口感稍嫌笨重。總而言之，麵條的質感很接近日本[高湯包]質地濃稠，鮮味明顯，只是欠缺深度。辣椒粉讓整碗麵都變辣了[其他]看到炸豆皮讓我開心了一下，只是比日清和Maruchan的豆皮烏龍杯麵都小塊，口感也弱[試吃日期]2009.02.07[保存期限]2009.01.13[購買管道]ryutaro駐在員送我的

美國

Smack Ramen Noodles ORIENTAL Flavor

⊙類別：拉麵　⊙口味：醬油
⊙製法：油炸麵條
⊙調理方式：水煮3分鐘

■總重量：85g ■熱量：360kcal

[配料]調味粉包[麵]稍粗的麵條偏硬，感覺像無機質的工業產品[高湯包]醬油味很淡（實際上不是），感覺有一層油膜浮在湯上[其他]沒有特別致命的缺點，但是當作正餐來吃不夠味[試吃日期]1999.06.27[保存期限]1999.07.03[購買管道]Iwa2特派員送我的

Smack Ramen Pork Flavor Oriental Noodle Soup

⊙類別：拉麵　⊙口味：豬肉
⊙製法：油炸麵條
⊙調理方式：水煮3分鐘

■總重量：85g ■熱量：No Data

[配料]調味粉包[麵]麵條偏粗，可是毫無生氣、不具特色，吃起來味同嚼蠟[高湯包]穩當的豬肉口味，味道溫和（這麼說絕對不是讚美）[其他]缺少個性和特色[試吃日期]1999.07.19[保存期限]No Data[購買管道]Iwa2特派員送我的

Smack Ramen Noodles Mushroom Flavor

⊙類別：拉麵　⊙口味：磨菇
⊙製法：油炸麵條
⊙調理方式：水煮3分鐘

■總重量：85g ■熱量：380kcal

[配料]調味粉包[麵]蓬鬆感不明顯，但是黏性很弱，吃起來有點硬梆梆[高湯包]味道溫和，沒有刺激性[其他]裡面居然有蟲子～～～！[試吃日期]1999.09.04[保存期限]No Data[購買管道]Iwa2特派員送我的

RAMEN PRIDE Shrimp Flavor

⊙類別：拉麵　⊙口味：蝦子
⊙製法：油炸麵條
⊙調理方式：水煮3分鐘

■總重量：79.4g ■熱量：No Data

[配料]調味粉包[麵]我猜應該有引進日本的技術，麵條柔軟，但是質地很平滑[高湯包]吃不太出來蝦味，整體是沒有怪味的醬油口味[其他]調理方式上也有標示可以微波調理，照片和說明的圖示都是用盤子盛裝，而不是用碗公[試吃日期]1998.05.16[保存期限]1998.08[購買管道]Otani特派員送我的

第十章

其他各國

Other Countries

Fiji
Australia
Philippines
Singapore
Myanmar
Bangladesh
Nepal
India
Pakistan
United Arab Emirates
Slovakia
Hungary
Switzerland
Poland
Czech
Germany
Sweden
Nederland
France
United Kingdom
Russia
Brasil

世界各國的泡麵

●斐濟諸島

雖然是個小國，當地的泡麵卻是本地產。除了Nestle公司（www.maggi.com.au）旗下的Maggi，還有我尚未品嘗過的品牌Chow，由FMF Snax公司（www.fmf.com.fj）出品。泡麵已經全面普及於斐濟的日常生活，包括從印尼等國進口的產品，品項相當豐富。

●澳洲

最主流的品牌也是Nestle公司（www.maggi.com.au）旗下的Maggi。澳洲市場除了銷售澳洲本土製造的產品，也有來自馬來西亞的進口貨。另外，還有幾個在國內製造泡麵的小公司。Coles和Woolworths等大型超市都推出自有品牌的泡麵。不過，從海外進口的泡麵，種類也相當繁多。

●菲律賓

Pancit Canton炒麵（和印尼的Mi Goreng一樣，都不使用平底鍋來料理，而是用熱水泡開，把水倒掉，再倒入醬汁拌勻），在菲律賓的需求量很高。最受歡迎的吃法是淋上酸柑汁。另外，讓我意外的是，杯麵在菲律賓也很常見。
在日本想要買到菲律賓的泡麵非常困難。唯二的管道是去菲律賓食品店碰碰運氣，或者利用網購。但是因為需求量很低，能找到的種類不多。即使在網路上偶有發現，也大多是缺貨中。

■Lucky Me！（Monde Nissin公司 www.mondenissin.com）
■Nissin、Payless（Nissin Universal Robina公司 www2.urc.com.ph）
■Quickchow（Zest-O公司 www.zesto.com.ph）
■Maggi（Nestle公司 www.nestle.com.ph）
以Nissin為名的公司有兩間，和日本的日清食品有關連的是Universal Robina。Lucky Me！（Monde Nissin公司）是菲律賓泡麵界的No.1。他們原本

是一間製造餅乾的公司，從1989年才開始生產泡麵。雖然和日本的日清食品八竿子打不著關係，卻和日清製果（以奶油椰子聞名）有業務合作關係（這部分的來龍去脈非常複雜）。Quickchow（Zest-O公司）原本是生產飲料的廠商，在1991年開始投入泡麵界。

●新加坡

新加坡鄰近馬來西亞，宗教的背景也很類似，所以在泡麵上有很多共同的特徵，例如沒有豬肉口味的產品，沙嗲口味有一定的市場等，而且兩國的泡麵也互有流通。新加坡所獨有的特徵是很多廠商都會以不添加化學調味料為訴求。

■KOKA（Tat Hui Foods公司 www.tathui.com/index.php）
■Yeos（Yeo Hiap Seng公司 www.yeos.com.sg）
■Nissin、Myojo（Nissin Food（Asia）公司 www.nissinfoods.com.sg）

包括杯麵在內，KOKA（Tat Hui Foods）的產品包裝一向很有質感，而且維持一貫的風格，但缺點就是消費者很難迅速從外觀判斷產品之間的味道差異。有Revolution之稱的廣告策略，實在充滿刺激，而且KOKA對拓展外銷市場也很積極，在很多國家都可以看到他們的產品，在日本的進口食品店也多能見到。他們的產品很強調不使用化學調味料，有部分產品使用非油炸麵條。
Yeo's的兄弟公司在馬來西亞成立Cintan這個品牌，不過從產品包裝看不出兩間公司有何關聯，但卻同樣以不使用化學調味料為賣點。明星食品從很久以前就開始在經營新加坡市場，Nissin接收了明星長久耕耘的結果，讓兩個品牌一起搶攻市場。另外，新加坡也有進口日清泰國廠和印尼廠製造的商品。

其他國家

●緬甸
Cho Cho Industry公司旗下的品牌是ShinShin，
生產以緬甸料理為基礎，所開發的速食米粉。另
外，泰國企業有授權緬甸當地生產，所以MAMA和
YumYum的產品也有在市面流通。專做杯麵的Ngu
Shwe War公司（www.heinsi.com/nippon.htm），
製造與銷售的品牌是Nippon Noodle。

●孟加拉
有Cocola Foods（www.cocolafood.net）和Nestle
公司旗下的Maggi生產泡麵。為了因應近年泡麵的
需求急速增加，Thai President Food（MAMA的品
牌）和日清食品等海外品牌都競相在孟加拉設廠，
想必之後的競爭也會愈加白熱化。包裝的說明是孟
加拉文，解讀困難。（沒想到Cocola Foods的公
司官網，竟然放上了本人所製作的試吃影片！）

●尼泊爾
尼泊爾國內泡麵的廠商數量以及每個人平均的消費
量都頗低。每包泡麵的包裝封面，一定都有個印得
像日本國旗的圖案，也就是四角形裡面都有個圓。
如果圓的顏色是紅色，表示湯頭有使用肉類；如果
是綠色，代表是素食。另外，尼泊爾的泡麵還會把
麵的顏色分為「White」和「Brown」（並不是米
粉和麵粉的差別）。尼泊爾生產的泡麵，也大量銷
往印度。雖然我個人只吃過尼泊爾的杯麵，不過
就我所知，擁有2pm等品牌的Asian Thai Foods公
司，是尼泊爾的泡麵大廠。
Mayos（Himalayan Snax＆Noodles公司www.
himalayansnax.com）隸屬於泰國MAMA旗下，
由大家都很熟悉的泰國Thai President Food公
司提供技術支援，是尼泊爾首屈一指的企業。他
們的網站也註明有引進日本的機台生產。MAMA
在尼泊爾擁有Mayos以外的品牌，生產杯麵等許
多品項。WaiWai（Chaudhary Foods公司www.
chaudharygroup.com）是尼泊爾的企業集團
Chaudhary Group旗下的某個企業。如同WaiWai
的品牌名稱所示，這個企業也和Thai Preserved
Food Factory進行技術支援，所以尼泊爾的泡麵市
場，等於成了兩間泰國企業大打代理戰的戰場。

RARA（Him-Shree Foods公司）從1980年投入生
產，是尼泊爾第一間製造泡麵的廠商。雖然擁有高
知名度，廣告策略和銷售通路卻處於下風，所以業
績被Mayos和WaiWai大幅超前。有趣的是，他們
的產品包裝還寫著「Made the Japanese Way」。
（日本製作風格）

●印度
市場由Maggi（Nestle公司 www.nestle.in）領頭，
雖然較早投入印度市場的日清（www.topramen.
in）也設立了TopRamen這個品牌，還是不敵
Maggi的優勢而陷入苦戰。相較於印度的廣大人
口，泡麵的普及率卻是不成比例的低，所以一直被
視為有很高潛在需求的市場。據說今後還有Knorr
等大廠投入，所以後續的發展也值得密切注意。至
於口味也充分反映出印度的特色，咖哩和馬沙拉
（綜合香料）口味很受歡迎。做得特別寬的兩入包
裝也是印度市場特有。印度與其周邊國家的速食品
大多有一個共通的特徵：調味雖淡，卻放有很多強
烈香料。

●巴基斯坦
依然是Maggi（Nestle公司 www.nestle.pk）的天
下。不過，Knorr（Unilever公司 www.unilever.pk）
也推出不少種類的產品。

●UAE（阿拉伯聯合大公國）
Jenan（Al Ghurair集團 www.al-ghurair.com）是生產
泡麵的廠商。不知是否因為同屬伊斯蘭文化圈，所
以有非常類似於印尼的產品，連商品名稱都很像，
味道也差不多，基本上吃不出什麼中東特色。

其他國家

●斯洛維尼亞

我還沒有確認斯洛維尼亞的國內到底有沒有生產泡麵。本書介紹的是Clever（www.clever-billa.sk）公司的產品。Clever素來對包裝的設計很有原則，所以泡麵的包裝也延續這個風格，看起來很有統一感，但是它的泡麵其實是越南的Acecook Vietnam公司所代工。至於其他的越南產品，還有VIFON等品牌在市面上流通。也看得到Maggi和Knorr這兩個牌子。

●匈牙利

日清食品（nissinfoods.hu）有在匈牙利設廠生產，並外銷到其他國家。我在2002年拿到了在本書中介紹到的Smack這個牌子的產品，但是當時Smack屬於美國的Union Foods，製造商卻是韓商Hanwha Foods，構成可說相當複雜，讓我百思不得其解。不過Smack現在已被日清食品納入旗下，推出各種產品。

●瑞士

世面上雖然看得到Maggi、Knorr等知名品牌的產品，但是我沒有確認是不是在瑞士當地生產。當地也有從東南亞進口的產品。

●波蘭

Unilever在當地推出amino這個品牌，生產與銷售泡麵（不是Knorr）。口味接近歐式風格的湯品，和亞洲的泡麵大異其趣，麵條吃起來像杯麵的烏龍麵。值得一提的是，味之素（www.ajinomoto.com.pl）有在波蘭設廠，產品以「親方拉麵」為名，遍及整個歐洲。進口貨則是越南的VIFON最常見。

●捷克

世面上流通的產品是Unilever旗下的Knorr所生產。商品的內容和amino的產品非常相像。他們另外還有Alten JM Group這間公司，不過似乎採用獨家的製法生產杯麵和袋麵，和其他大廠沒有業務上的往來。

●德國

日清食品（www.nissin-foods.de）雖然在德國設立銷售據點，但是生產據點還是集中在匈牙利。商品名稱是用日語原本的日清炒麵和出前一丁等，產品銷售網路遍及歐洲各地。

●瑞典

Matkompaniet公司（matkompaniet.se/）在瑞典國內生產泡麵。

●荷蘭

有Unox（www.unox.nl）推出Good Noodle系列，還有GranFoods（www.granfood.nl/）推出Campbell's SuperNoodles品牌，從事泡麵的生產與銷售。

●法國

Nestle（www.maggi.fr）旗下雖有Maggi的產品，但是規模不大。或許法國國內沒有生產泡麵？（關於製造地點，歐洲國家都只標示Made in EU，所以很難知道是哪個特定國家）

●英國

Batchelors公司（www.batchelorsrange.co.uk/）以品牌Super Noodles，在泡麵市場上表現得相當活躍。大型超市Sainsbury（www.sainsburys.co.uk）也推出自有品牌的產品，品項非常豐富。G.Costa公司的Blue Dragon品牌（www.bluedragon.com）則委託中國廠商代工。Unilever旗下的Pot Noodle專做杯麵，產品都充滿強烈的個性。如果本書之後有機會推出續集，我真的很想介紹給讀者。

●俄羅斯

因應泡麵的需求急速增加，日清食品和三養食品等日資、韓資企業都競相前來設廠，進軍俄羅斯的泡麵市場。本書所介紹的Rollton公司（www.rollton.ru）是歷史悠久的老字號，產品種類繁多。

●巴西

市占率最高的是日清味之素Alimentos（www.nissinmiojo.com.br）。如公司名稱所示，它是日清食品與味之素共同出資的企業，銷售的品項很多。不僅限於日清，在巴西銷售的泡麵，包裝上都印著「Miojo」。不過，這個詞彙的語源並非來自日本的明星食品（Miojo和日文的明星發音一樣），而是意味著所有的泡麵。巴西的泡麵市場競爭激烈，另外還有Panco公司（www.panco.com.br）、Unilever系列的Arisco（www.arisco.com.br）等多數企業。看來，我得趕快找時間專程去掃貨了。

本書未介紹到的國家，泡麵都已深植於民眾的日常生活。
攝於古巴的超市（販售的是從越南進口的VIFON）。

[斐濟] Maggi 2 Minute Noodles Beef Flavour

◎類別：拉麵　◎口味：牛肉　◎製法：油炸麵條　◎調理方式：水煮2分鐘

■總重量：85g
■熱量：No Data

[配料]調味粉包[麵]麵條稍粗，有存在感。雖然不至於到很硬的程度，但是不容易彎曲。用的油質不壞[高湯包]湯頭清淡，油脂很少。米粉的風味很淡，醬油濃度也低，有一種少見的香草味[其他]沒想到斐濟這種地方居然也有泡麵工廠！而且味道比預期中還要正常[試吃日期]2004.11.20[保存期限]2005.01.27[購買管道]Onodera特派員送我的，購自於新喀里多尼亞

[澳洲] Three Cooks Instant Noodles Prawn Flavour

◎類別：拉麵　◎口味：蝦子　◎製法：油炸麵條　◎調理方式：水煮2分鐘／微波2分鐘

■總重量：85g
■熱量：No Data

[配料]調味粉包[麵]（水煮調理）麵條比上面的Maggi細，存在感較弱，香氣也不明顯，有一般飼料味[高湯包]湯頭顏色很淺，沒有一點醬油的成分。雖然點綴有辛香料，感覺卻不痛不癢，顏依賴化學調味料[其他]南半球製造的泡麵讓我有很大的感慨。黃色的包裝袋在這裡是稀鬆平常的Style嗎？[試吃日期]2004.11.21[保存期限]2005.04.22[購買管道]Onodera特派員送我的，購自於法屬新喀里多尼亞

[澳洲] Maggi 2 Minute Noodles Beef Flavour

⊙類別：
拉麵
⊙口味：
牛肉
⊙製法：
油炸麵條
⊙調理方式：
水煮2分鐘 / 微波2分鐘

■總重量：85g ■熱量：380kcal

[配料]調味粉包[麵]麵條的粗細中等，重量十足，口感沉甸甸。這點應該是澳洲泡麵共通的特徵[高湯包]牛肉高湯頭的顏色很深，味道的組成元素不多，顯得平板單薄，有一股非日式口味的香草味[其他]味道清淡沒有怪味，從日本人的喜好來看，總覺得欠缺亮點[試吃日期]2005.05.12[保存期限]2005.07.15[購買管道]Iwa2特派員送我的

[澳洲] Farmland 2 Minute Noodles Beef Flavour

⊙類別：
拉麵
⊙口味：
牛肉
⊙製法：
油炸麵條
⊙調理方式：
水煮2分鐘 / 微波3分鐘

■總重量：85g ■熱量：448kcal

[配料]調味粉包[麵]油炸麵稍細，有點潮溼，口感軟爛無力。帶有一股飼料味[高湯包]有一股非日式口味的香草味，喝起來有類似咖哩的味道，只是味道單調沒有深度，還有酸味[其他]就收藏的角度來說是非常有趣的，但吃的時候，覺得自己好像變成了家畜[試吃日期]2005.05.08[保存期限]2006.01.15[購買管道]Iwa2特派員送我的

[澳洲] Pam's Instant Noodles Chicken Flavour

⊙類別：
拉麵
⊙口味：
雞肉
⊙製法：
油炸麵條
⊙調理方式：
熱水沖泡3分鐘 / 水煮2分鐘

■總重量：85g ■熱量：306kcal

[配料]調味粉包[麵]（水煮調理）粗細普通，沒有韌性可言，口感扎舌，吞嚥不易。淡而無味，吃起來有點痛苦[高湯包]沒有刺激性，也沒有值得稱道的特色，就像面無表情的無臉妖怪[其他]我想這個國家的泡麵，應該永遠沒有機會進口到日本銷售吧。是珍稀產品[試吃日期]2000.06.11[保存期限]2000.08.04[購買管道]Kaneko特派員送我的

[澳洲] Fanstastic 2 Minute Noodles Chicken&Corn

⊙類別：
拉麵
⊙口味：
雞肉
⊙製法：
油炸麵條
⊙調理方式：
水煮2分鐘 / 微波1分鐘以上 / 當作零食直接吃

■總重量：85g ■熱量：No Data

[配料]調味粉包[麵]（這次用微波調理）蓬鬆感明顯，口感很像東南亞泡麵。油質應該比普通再好一點[高湯包]前所未有的新體驗！喝起來有一種自動販賣機賣的玉米湯的甜味，也不是中華料理的味道。單就味道而言，算是上等[其他]這是我的澳洲泡麵初體驗。大概是我先入為主的成見，我總覺得這個味道和麵條的組合就是不協調[試吃日期]1999.01.31[保存期限]1999.07.02[購買管道]Masaoka特派員送我的

其他國家

[菲律賓] Lucky Me！Pancit Canton Original

⊙類別：乾麵　　⊙口味：
⊙製法：油炸麵條
⊙調理方式：水煮3分鐘，再把水倒掉

1.5

■總重量：65g　■熱量：290kcal

[配料]液體湯包、調味粉包、調味油包[麵]油炸麵的口感分明，充滿嚼勁，帶著一股飼料味，讓人食慾大失[高湯包]鮮味有人工感，喝起來卻覺得不夠味。奇怪的是，質地很油，讓我喝得膽戰心驚[其他]這大概是整個系列中，味道最基本的，辣味和酸味都很淡，吃起來很不過癮[試吃日期]2009.05.27[保存期限]2010.01.31[購買管道]Shapla 日幣100圓

[菲律賓] Lucky Me！Pancit Canton Kalamansi Flavor

⊙類別：乾麵　　⊙口味：
⊙製法：油炸麵條
⊙調理方式：水煮3分鐘，再把水倒掉

2

■總重量：60g　■熱量：270kcal

[配料]液體湯包、調味粉包、調味油包[麵]咬勁稍微軟了一點，重量感十足。麵粉的香氣不是很明顯，有點可惜[高湯包]鮮味喝起來很夠味，也有幾分炒麵的味道。有辣度的刺激，只是油分太多[其他]Calamansi是一種柑橘類水果，有著類似沖繩金桔的香氣和酸味，提升了整體味道的層次[試吃日期]2009.06.20[保存期限]2009.07.05[購買管道]向日葵 日幣60圓

[菲律賓] Lucky Me！Instant Pancit Canton Chili-Mansi Flavour ／ Chow Mein with Chili&Citrus

⊙類別：乾麵　　⊙口味：
⊙製法：油炸麵條
⊙調理方式：水煮3分鐘，再把水倒掉

2.5

■總重量：65g　■熱量：302kcal

[配料]液體湯包、調味粉包、調味油包[麵]油炸麵條的香味差強人意，重量感十足，口感很紮實。分量不多[高湯包]鮮味雖然以化學調味料為主，但是辣度和酸味都恰到好處。大蒜的香味發揮了刺激食慾的效果[其他]油脂很多，讓人怕怕。在Lucky Me！的Pancit Canton中，口味最簡潔明瞭[試吃日期]2009.08.01[保存期限]2010.01.31[購買管道]Shapla 日幣100圓

其他
國家

[菲律賓] Lucky Me！Pancit Canton Extra Hot Chili Flavor

⊙類別：乾麵　⊙口味：
⊙製法：油炸麵條
⊙調理方式：水煮3分鐘，再把水倒掉

■總重量：60g ■熱量：270kcal

[配料]液體湯包、調味粉包、調味油包[麵]油炸麵條稍粗，稜角分明，質地紮實況甸甸。麵粉的味道有一點飼料味[高湯包]同時具有醬油的焦香味、油脂，以及過濃的鮮味，交織出複雜的南國風味[其他]辣椒的刺激很強，辣得很舒服。味道雖然有點混雜，卻似乎會讓人上癮[試吃日期]2009.04.12[保存期限]2009.06.08[購買管道]向日葵 日幣60圓

[菲律賓] Lucky Me！Artificial Chicken Flavour

⊙類別：乾麵　⊙口味：雞肉
⊙製法：油炸麵條
⊙調理方式：水煮3分鐘

■總重量：55g ■熱量：235kcal

[配料]調味粉包[麵]油炸麵條在水煮的時候，略微散發出飼料味，但是吃的時候覺得不到，只覺得麵條偏軟[高湯包]雞湯口味的湯頭是白濁的，感覺和日本的鹽味拉麵差不多，只是味道稍濃，而且沒有那麼人工[其他]味道對日本人來說不會感到突兀，但是分量不上不下，當作正餐來吃太少，只能當點心[試吃日期]2009.07.12[保存期限]2009.11.26[購買管道]Shapla 日幣100圓

[菲律賓] Lucky Me！Instant Lomi Seafood and Vegetable Flavor

⊙類別：乾麵　⊙口味：海鮮
⊙製法：油炸麵條
⊙調理方式：熱水沖泡3分鐘

■總重量：65g ■熱量：250kcal

[配料]調味粉包[麵]油炸麵又粗又結實，很像烏龍麵。重量感十足，但是形狀很模糊[高湯包]麵條的澱粉似乎有溶入湯頭，所以喝起來很濃稠。鮮味清淡平實，沒什麼刺激度[其他]調味對日本人來說並不突兀，所以只要不排斥濃到化不開的湯頭，應該可以接受[試吃日期]2009.05.17[保存期限]2009.11.27[購買管道]Shapla 日幣110圓

[菲律賓] Maggi Rich Mami Noodles Beef

⊙類別：乾麵　⊙口味：牛肉
⊙製法：油炸麵條
⊙調理方式：水煮3分鐘

■總重量：55g ■熱量：No Data

[配料]調味粉包[麵]說好聽點是樸實，不過麵條的質感稍微粗糙，以日本人的感覺來說，相當於上個世代的古早油炸麵[高湯包]缺乏油脂，質地清淡。牛肉的滋味鮮明強烈，大蒜的味道很直接[其他]一樣是牛肉口味，調味和台灣等地截然不同，反而比較接近美國，但是香味不一樣[試吃日期]2006.06.03[保存期限]2006.08.28[購買管道]牙姿亞蓮有限公司（在台灣訂購）7元

其他國家

[菲律賓] Instant Pancit Canton Origianl　日清炒麵　原味

⊙類別：炒麵　⊙口味：　⊙製法：油炸麵條　⊙調理方式：水煮2分鐘 / 熱水沖泡3分鐘，再把水倒掉

■總重量：59g ■熱量：300kcal

[配料]調味粉包、調味油包[麵]扁平的油炸寬麵，味道類似左下角的綠色袋裝牛肉麵，只是再細一點。口感充滿嚼勁[高湯包]接近牛肉口味的醬油湯底，稍微清淡了點，因此，鮮明地突出了化學調味料的味道[其他]麵條和湯頭的表現都很有層次感，只是分量少，但或許也不是能多吃的產品[試吃日期]2006.05.28[保存期限]2006.09.10[購買管道]牙姿亞蓮有限公司（在台灣訂購）7元

[菲律賓] NISSIN'S YAKISOBA SAVORY BEEF Extra Oridinary Instant Pancit 日清照燒麵　牛肉

⊙類別：炒麵　⊙口味：牛肉
⊙製法：油炸麵條
⊙調理方式：水煮2分鐘 / 熱水沖泡3分鐘，再把水倒掉

■總重量：59g ■熱量：270kcal

[配料]調味粉包、調味油包[麵]扁平的油炸寬麵，口感倒落。麵質帶有厚重感，挑不出什麼缺點，可惜分量太少[高湯包]茶色的拌麵醬，雖然也以化學調味料為主，但沒有令人難以接受的味道。有南洋風味，但是和印尼的產品不一樣[其他]刺激食慾的效果很強，最大的缺點是分量太少。是日本人也可以接受的口味，但是要連吃好幾餐會膩[試吃日期]2006.05.24[保存期限]2006.12.20[購買管道]牙姿亞蓮有限公司（在台灣訂購）7元

[菲律賓] Instant Sotanghon Noodle Soup Seafood 海鮮冬粉

⊙類別：冬粉　⊙口味：蝦子
⊙製法：非油炸麵
⊙調理方式：水煮3分鐘

■總重量：46g ■熱量：160kcal

[配料]調味粉包、調味油[麵]透明冬粉很細，味道和香氣也很透明。沒有突出之處，口感很軟[高湯包]有魚粉的味道，還有類似魚醬、略帶廉價感的發酵味（我個人並不討厭），沒有油脂[其他]很想加點肉片、蝦子、蔬菜等配料進去。拉麵和冬粉的價格差了一倍呢[試吃日期]2006.05.27[保存期限]2006.09.10[購買管道]牙姿亞蓮有限公司（在台灣訂購）15元

No.4132 Zest-O Corp. 4 804888 889001

[菲律賓] Quickchow Instant Pancit Palabok

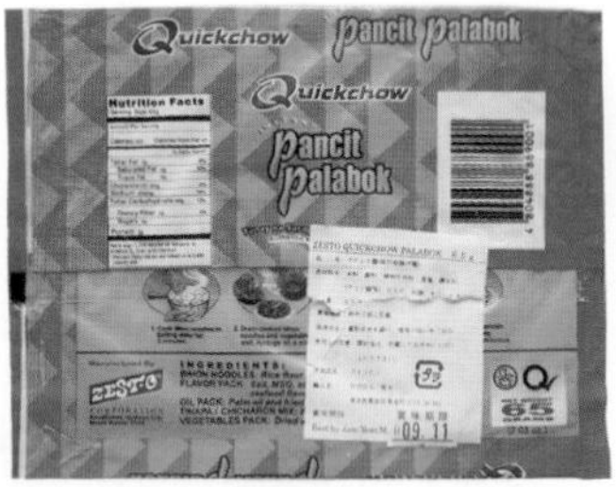

⊙類別：**米粉**　⊙口味：
⊙製法：**非油炸麵條**
⊙調理方式：**水煮3分鐘，再把水倒掉**

2

■總重量：65g ■熱量：220kcal

[配料]調味粉包、佐料包（Tinpa / Chicharon mix）、乾燥蔬菜、調味油包[麵]外觀和味道都很「米粉」，雖然細，咬勁卻剛剛好，感覺很質樸[高湯包]有人工的鮮味，也有一股獨特的味道。包裝上雖然出現魷魚和蝦子的照片，但喝起來並沒有海鮮味[其他]佐料的Tinpa是燻魚，Chicharon是炸豬皮。吃起來沒有怪味，只是分量很少，但聊勝於無[試吃日期]2009.06.13[保存期限]2009.11.30[購買管道]Shapla 日幣100圓

No.4096 Zest-O Corp. 4 804888 800990

[菲律賓] Quickchow Instant BIHON GUISADO with Real Vegetables added

⊙類別：**米粉**　⊙口味：
⊙製法：**非油炸麵條**
⊙調理方式：**水煮2分鐘，再把水倒掉**

1.5

■總重量：95g ■熱量：220kcal

[配料]液體湯包、調味粉包、佐料包（胡蘿蔔．高麗菜）、調味油包[麵]非油炸米粉又細又硬，質地硬梆梆，具有彈性，口感有點像橡皮筋[高湯包]鮮味很人工，醬油的味道有點特殊。整體的味道很熱鬧，完全不辣[其他]若是單吃感覺容易膩口。感覺這個調味的前提是需要添加各種配料[試吃日期]2009.04.19[保存期限]2010.01.31[購買管道]Shapla 日幣100圓

No.3361 ZEST-O Corp. 4 804888 889001

[菲律賓] QUICKCHOW INSTANT PANCIT PALABOK 海鮮米粉

⊙類別：**米粉**　⊙口味：**海鮮**
⊙製法：**非油炸麵**
⊙調理方式：**水煮2分鐘，再把水倒掉**

2

■總重量：65g ■熱量：256kcal

[配料]調味粉包、佐料包（高麗菜）、TINAPA / CHICHARON MIX、調味油包[麵]咬勁不錯的米粉，蓬鬆感適中。雖細，卻容易入口。整體的印象不錯[高湯包]像炒麵。橘色的湯頭有甜味、海鮮味、大蒜的嗆味。刺激性很低，不會辣到發麻[其他]TINAPA是燻魚，CHICHARON是炸豬皮。但是兩者吃起來都沒有什麼味道。若不另外添加其他配料，吃起來會覺得膩口[試吃日期]2006.05.21[保存期限]2006.07.27[購買管道]牙姿亞蓮有限公司（在台灣訂購）15元

[新加坡] KOKA Instant Non-Fried Noodles / Tomato FLAVOUR 非油炸　番茄湯麵

⊙類別：拉麵　⊙口味：番茄
⊙製法：油炸麵條
⊙調理方式：水煮2～3分鐘

■總重量：85g ■熱量：288kcal

[配料]調味粉包、佐料粉（青椒·香菜）[麵]非油炸麵條偏細，顏具黏性和溼度。口感不錯，味道卻平板單調[高湯包]番茄的氣味和酸味很強，值得讚賞的是並不甜。不知道是否因為沒有添加化學調味料，鮮味顯得微弱單薄[其他]覺得有點不夠味，但也沒有討厭的味道。如果把它當作健康食品就能接受[試吃日期]2010.09.11[保存期限]2010.11.21[購買管道]Food Asia 日幣150圓

[新加坡] KOKA INSTANT NOODLES TOM YAM FLAVOUR　快熟麵　泰式酸辣湯麵

⊙類別：
拉麵
⊙口味：
泰式酸辣湯
⊙製法：
油炸麵條
⊙調理方式：
水煮3分鐘

■總重量：85g ■熱量：378kcal

[配料]調味粉包、辣椒醬[麵]油炸麵條偏細，質地柔軟，口感和咬勁都還可以。麵條的品質有達到世界一般水準[高湯包]甜味比泰式酸辣湯的酸味和辣味明顯。雖然沒有添加化學調味料，喝起來也是有滋有味[其他]一樣是泰式酸辣湯口味，味道比泰國製的產品多了幾分成熟風味，感覺味道更加洗練[試吃日期]2008.03.15[保存期限]2008.07.28[購買管道]Rose Family Store 日幣90圓

[新加坡] KOKA INSTANT NOODLES CURRY FLAVOUR　快熟麵　咖哩湯麵

⊙類別：
拉麵
⊙口味：
咖哩
⊙製法：
油炸麵條
⊙調理方式：
水煮3分鐘

■總重量：85g ■熱量：375kcal

[配料]調味粉包[麵]油炸麵條偏細，質地的細緻程度和油的品質皆屬上等，但是分量太少[高湯包]以國外泡麵的咖哩口味而言，這款湯頭濃稠的產品很少見，但是味道本身是清淡的[其他]大概因為沒有添加化學調味料，感覺不夠味，味道有些模糊。好在有過癮的辣味可以補足[試吃日期]2008.04.06[保存期限]2008.10.19[購買管道]Rose Family Store 日幣90圓

[新加坡] KOKA Instant Noodles Pepper Crab FLAVOUR

⊙類別：
拉麵
⊙口味：
胡椒蟹
⊙製法：
油炸麵條
⊙調理方式：
水煮3分鐘

■總重量：85g ■熱量：379kcal

[配料]調味粉包[麵]該有的都有了的油炸麵，品質無可挑剔，就算跟我說是日本製的，我也不疑有它[高湯包]螃蟹的味道很模糊，但是在黑胡椒的刺激下，勉強統整了味道[其他]雖然是日本泡麵沒有的口味，奇怪的是，我並不覺得味道有何突兀[試吃日期]2008.06.07[保存期限]2008.10.09[購買管道]Rose Family Store 日幣90圓

[新加坡] KOKA Instant Non-Fried Noodles Spicy Black Pepper FLAVOUR

⊙類別：
拉麵
⊙口味：
胡椒
⊙製法：
非油炸麵
⊙調理方式：
水煮3分鐘

■總重量：100g ■熱量：356kcal

[配料]調味粉包、調味油包、佐料粉包[麵]分量稍多的非油炸麵條，表現不好不壞。味道和口感都不像非油炸[高湯包]熱水量只有350ml，偏少。湯頭顏色和味道都很濃，有類似焦糖的甜味。刺激感普通，鮮味很淡[其他]味道和香氣都很獨特，前所未見。碗底有大量的黑胡椒沉澱，撒在上面的佐料粉包也很夠味[試吃日期]2008.08.09[保存期限]2008.11.20[購買管道]Rose Family Store 日幣90圓

[新加坡] KOKA Instant Non-Fried Noodle ／ Laksa Singapura FLAVOUR 非油炸　星洲叻沙湯麵

⊙類別：
拉麵
⊙口味：
叻沙
⊙製法：
非油炸麵
⊙調理方式：
水煮2～3分鐘

■總重量：85g
■熱量：302kcal

[配料]調味粉包、調味油包、椰漿粉[麵]有非油炸麵應有的細緻質感，偏細。欠缺Q軟的勁道和麵粉的香氣，沒有特別出色之處[高湯包]椰漿的甜味和辣味的辣味主宰了整體的味道，咖哩味不太明顯[其他]透過一碗麵就能接觸異國文化，實在難能可貴，只是辛香料和鮮味如果再強烈一點就更好了[試吃日期]2010.10.23[保存期限]2010.11.21[購買管道]Food Asia 日幣150圓

[新加坡] KOKA Instant Noodles ／ Spicy Singapore Fried Noodles 辣味星洲炒麵 Mi Goreng

⊙類別：
乾麵
⊙口味：
星洲炒麵
⊙製法：
油炸麵條
⊙調理方式：
水煮2分鐘，再把水倒掉

■總重量：85g ■熱量：315kcal

[配料]調味粉包、調味油包[麵]油炸麵偏細，質地柔軟，形狀清晰，不會軟爛無力，分量也很足夠[高湯包]甜味很重，番茄的酸味和辣椒的辣味都表現得很強勢。鮮味喝起來很自然，沒有怪味[其他]和印尼的撈麵有幾分類似，只是給人更熱鬧花俏的印象，而且很有飽足感[試吃日期]2010.12.18[保存期限]2011.01.22[購買管道]中國貿易公司 日幣60圓

其他國家

[新加坡] 日清 XO 醬海鮮麵　XO Sauce Seafood Flavour
附加頂級秘製 XO 醬

[配料]液體湯包、調味粉包（內含蔥花・芝麻粒）[麵]白麵條偏細，油炸的顏色很淺。質感不壞，但是口感實在過於平淡[高湯包]有濃稠感，喝得出類似用蝦頭熬煮的香味。XO醬和辣椒也確實發揮了提味的效果[其他]質地非常清淡，一點油脂也沒有，力道不足，吃起來總覺得少了什麼。如果有附調味油就好了[試吃日期]2012.09.12[保存期限]2013.06.08[購買管道]Aeon（Malaysia）5入裝12.99RM

⊙類別：**拉麵**　⊙口味：**海鮮**
⊙製法：**油炸麵條**
⊙調理方式：**水煮3分鐘**

■總重量：100g ■熱量：394kcal

2.5

[新加坡] Myojo Chicken Tanmen 明星　雞湯麵

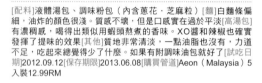

⊙類別：**拉麵**　⊙口味：**雞肉**
⊙製法：**油炸麵條**
⊙調理方式：**水煮3分鐘**

■總重量：85g ■熱量：374kcal

3

[配料]調味粉包[麵]油炸細麵的質地不硬，但是像柳條一樣有韌性。觸感乾淨俐落又纖細，是個很特別的飲食經驗[高湯包]湯頭看似濃稠，其實是味道溫醇的雞湯口味。幾乎沒有刺激性，鮮味和香氣也沒有不足之處[其他]符合日本人的口味。如果能再加些麻油，其他就什麼都不需要了。讓人吃了還想再吃[試吃日期]2012.09.18[保存期限]2013.01.27[購買管道]Isetan（Malaysia）5入裝6.9RM

其他國家

[新加坡] Myojo Mi-Goreng Pedas
明星　乾撈辣味

⊙類別：炒麵　⊙口味：印尼撈麵
⊙製法：油炸麵條
⊙調理方式：水煮3分鐘，再把水倒掉

■總重量：85g　■熱量：418kcal

[配料]調味粉包、調味油包[麵]油炸麵偏細，彈性稍強，質地緊緻平滑。口感不黏膩，很清爽[高湯包]醬油湯底的甜味很重，再加上麻油和XO醬的助陣，讓整體味道變得很複雜。辣椒會辣，但是辣度不強[其他]以印尼撈麵的分量而言算多，如果能添加許多配料，就是吃巧又吃飽[試吃日期]2012.10.05[保存期限]2013.04.04[購買管道]KK Supermart（Malaysia）5入裝6.3RM

[新加坡] Yeo's chintan 2 Minutes Isntant Noodles Beef Flavour

⊙類別：拉麵　⊙口味：牛肉
⊙製法：油炸麵條
⊙調理方式：水煮2～3分鐘

■總重量：85g　■熱量：394kcal

[配料]調味粉包[麵]無機質的白色麵條，缺乏咬勁，感覺像飼料。但是油炸的味道還挺討人喜歡的[高湯包]整體的味道很淡。牛肉醬油湯底喝起來沒有怪味，很讓人接受，煮的時候應該少放點水[其他]製造國家是馬來西亞，以法德英義荷五種語言標示。如果麵條有達到日本的水準，說不定在日本也大有可為[試吃日期]2003.02.22[保存期限]2003.10.03[購買管道]Paris Champion 0.76euro

[新加坡] Yeo's 楊協成 Curry Flavour Instant Noodles

⊙類別：拉麵　⊙口味：咖哩
⊙製法：油炸麵條
⊙調理方式：水煮2分鐘

■總重量：85g　■熱量：No Data

[配料]調味粉包[麵]只有水煮2分鐘根本泡不開。質感粗糙，欠缺韌性，吃起來平淡無味[高湯包]是由咖哩粉、化學調味料、鹽巴混合而成的味道，口味單調平板[其他]口中宛如被一層油膜包覆，吃完以後覺得不太舒服。經銷商在馬來西亞[試吃日期]2000.01.10[保存期限]2000.08.00[購買管道]奧林匹克 日幣100圓

[新加坡] Yeo's 楊協成　Laksa Flavour Instant Noodles

⊙類別：拉麵　⊙口味：叻沙
⊙製法：油炸麵條
⊙調理方式：水煮2分鐘

■總重量：85g　■熱量：No Data

[配料]調味粉包[麵]麵質硬梆梆，吃起來平淡無味。白色麵條的粗細和捲度都屬中[高湯包]只有感覺到酸味和辣味，沒有高湯的成分，味道平板[其他]吃起來很痛苦[試吃日期]2000.06.03[保存期限]2000.08.31[購買管道]奧林匹克 日幣100圓

0 51325 110226

[新加坡] 媽咪　MAMEE 胡椒湯麵

⊙類別：**拉麵**
⊙口味：**胡椒**
⊙製法：**油炸麵條**
⊙調理方式：**水煮2分鐘**

■總重量：80g ■熱量：389kcal

[配料]調味粉包、調味油包[麵]油炸細麵很硬，表面粗糙，算是比較少見的口感[高湯包]湯頭是乳白色的。是針對素食者開發的產品，鮮味單調，人工感稍重。白胡椒的刺激很強[其他]感覺很接近日本以前的鹽味拉麵。如同產品名稱所示，味道和想像中差不多[試吃日期]2010.04.11[保存期限]2010.11.07[購買管道]惠康Wellcome（HK）HK＄2.9

---

8 858708 105037

[緬甸] ShinShin Mohingar Instant Rice Vermicelli

⊙類別：**米粉**　⊙口味：**鮮魚（Mohingar）**　⊙製法：**非油炸麵**　⊙調理方式：**水煮3～4分鐘**

■總重量：50g ■熱量：No Data

[配料]調味粉包、調味油包[麵]麵條糊成一團，沒有黏性。質地脆弱易碎，質感不佳。說不定是製造不良的商品[高湯包]有濃濁感，魚肉的鮮味很有深度，也沒有化學調味料的怪味。蒜味和辣椒的刺激很強[其他]如果不攪拌，湯頭的成分會馬上沉澱，味道也會變淡。若光就湯頭來評分，可以提高到2.5[試吃日期]2012.08.26[保存期限]2013.02.04[購買管道]不記得購買店家（新大久保）日幣100圓

其他國家

[孟加拉] Cocola 2 Minute Noodles ／ Chicken Masala

⊙類別：**拉麵**　⊙口味：**咖哩**
⊙製法：**油炸麵條**
⊙調理方式：**水煮3分鐘**

■總重量：65g ■熱量：286kcal

[配料]調味粉包[麵]偏細的油炸麵口感分明，有稜有角。優秀的表現提升了整體的品質[高湯包]橘色湯頭很濃稠，酸味和辣味相當強烈。整體的感覺像咖哩。鮮味很人工，味道很淡[其他]包裝上的標示大多是孟加拉文，無法解讀。不過表現比我預期中理想[試吃日期]2010.10.02[保存期限]2011.01.03[購買管道]Food Asia日幣150圓

[孟加拉] Maggi 2 Minute Noodles Masala

⊙類別：**拉麵**　⊙口味：**咖哩**　⊙製法：**油炸麵條**　⊙調理方式：**水煮2分鐘**

■總重量：g
■熱量：No Data

[配料]調味粉包[麵]油炸麵條偏細，表面粗糙，沒有黏性。分量很少，大約只有日本的一半[高湯包]辛香料的刺激性和味道很強，也有幾分咖哩味。相反的，幾乎吃不出鮮味[其他]口味和日本的泡麵天差地遠，再加上背面的說明全是孟加拉文，完全看不懂[試吃日期]2008.06.21[保存期限]2008.04.30[購買管道]Rose Family Store日幣90圓

其他
國家

191

[尼泊爾] WaiWai Vegetable Masala Flavoured

⊙類別：**拉麵**
⊙口味：**咖哩**
⊙製法：**油炸麵條**
⊙調理方式：**沒有說明**

■總重量：75g
■熱量：375kcal

[配料]調味粉包、調味油包、辣椒粉[麵]油炸麵的稜角分明，口感軟爛，很像日本以前的泡麵。存在感強，分量少。高湯包是加了各種辛香料的咖哩口味，滋味比想像中花俏熱鬧，具備適度的辣度和酸味[其他]雖然是針對素食者的產品，吃起來也是相當夠味，讓人心滿意足。千萬不可小覷的一品[試吃日期]2010.07.11[保存期限]2010.04.22[購買管道]佐敦的尼泊爾食品行（HK）HK＄3.0

[尼泊爾] WaiWai Chicken Flavoured

⊙類別：**拉麵**　⊙口味：**雞肉**
⊙製法：**油炸麵條**
⊙調理方式：**沒有說明**

■總重量：75g　■熱量：375kcal

[配料]調味粉包、調味油包、辣椒粉[麵]散發著類似雞湯拉麵的油炸味，感覺已經受潮，口感沉重。存在感強[高湯包]湯頭濃稠，辣度很強。鮮味人工，但是很夠味。味道喝起來意外厚實[其他]本產品有得到泰國的Preserved Foods的授權，沒想到味道比原版更容易入口[試吃日期]2010.03.22[保存期限]2010.04.22[購買管道]香港的路邊攤（上海街、旺角旁邊）HK＄3.0

[尼泊爾] WaiWai Quick Kimchi

⊙類別：**拉麵**　⊙口味：**泡菜**
⊙製法：**油炸麵條**
⊙調理方式：**熱水沖泡2分鐘**

■總重量：g　■熱量：No Data

[配料]調味粉包、調味油包[麵]油炸麵又短又細，口感有點脆，好像不適合水煮調理[高湯包]渾濁的茶色湯頭，泡菜的味道很淡。辣度和酸味都不明顯，無法和正宗的韓國製品相提並論[其他]雖然是素食產品，吃起來卻鮮味十足。分量非常少，很適合當作小朋友的點心[試吃日期]2012.09.30[保存期限]2012.12.31[購買管道]Barahi Foods＆Spice Center 日幣100圓

0 890600 560017

[尼泊爾] Mayos Instant Noodles Chicken

⊙類別：拉麵
⊙口味：雞肉
⊙製法：油炸麵條
⊙調理方式：水煮2～3分鐘

■總重量：75g ■熱量：353kcal

[配料]調味粉包、調味油包、辣椒粉[麵]油炸細麵的捲度很強，條條分明，但是整體卻顯得渾沌不明[高湯包]鮮味單調，感覺以化學調味料為主。不論鮮味、鹽分、辣味，都是盡量加就對了[其他]整體的味道不是很協調。這間廠牌和泰國的president（MAMA）有合作[試吃日期]2010.06.06[保存期限]2010.03.03[購買管道]Barahi Foods＆Spice Center 日幣120圓

[尼泊爾] RARA Instant Noodles with Chicken Soup Base

⊙類別：拉麵　⊙口味：雞肉　⊙製法：油炸麵條　⊙調理方式：熱水沖泡2分鐘

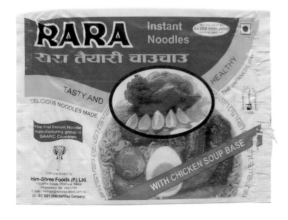

■總重量：75g ■熱量：362kcal

[配料]調味粉包[麵]感覺麵粉會溶進湯裡的油炸麵條，吃起來沒有口感可言，入口即化[高湯包]味道稍淡的樸實雞湯口味，像是在喝醬油。只有些許辛香料的點綴和刺激[其他]品嚐快要解體的麵條實在是件苦差事。食用的前提是否要在海拔很高的地方，使用沸點很低的熱水呢？[試吃日期]2010.05.02[保存期限]2010.10.30？[購買管道]佐敦的尼泊爾食品行（HK）HK＄2.5

其他國家

8 901058 117578

[印度] Maggi 2 Minutes Noodle New Rice Noodle Mania

⊙類別：**拉麵**　⊙口味：**辣椒**
⊙製法：**油炸麵條**　⊙調理方式：**水煮2分鐘**

■總重量：83g ■熱量：406kcal

[配料]調味粉包[麵]米製的油炸麵條，又細又短無黏性。因為我加的水稍微少了點，最後煮成了乾麵[高湯包]番茄味帶著辣椒的刺激，鮮味很弱。麵條溶在湯裡，導致湯頭變得很稠[其他]是完全不同於日本拉麵的食物[試吃日期]2010.07.25[保存期限]2009.08.31[購買管道]不記得購買店家（新大久保）日幣150圓

[巴基斯坦] Knorr Instant Noodles Chicken Flavour

⊙類別：
拉麵
⊙口味：
雞肉
⊙製法：
油炸麵條
⊙調理方式：
水煮2分鐘

■總重量：75g ■熱量：No Data

[配料]調味粉包[麵]口感硬梆梆的細麵。會不會是因為我只水煮了2分鐘呢？[高湯包]基本上屬於口味清淡的雞湯，但是味道有幾分強烈[其他]不知道是不是因為是屬於KNORR的品牌，所以我只對湯頭有印象。整體的味道還在日本人可以接受的範圍之內[試吃日期]1999.05.15[保存期限]1999.07.01[購買管道]Kaneko特派員送我的，購於烏茲別克

---

6 290410 130006

[阿拉伯聯合大公國] Jenan Instant Noodles Rasa Ayam Bawang

⊙類別：**拉麵**　⊙口味：**雞肉**
⊙製法：**油炸麵條**
⊙調理方式：**水煮2～3分鐘**

■總重量：60g ■熱量：308kcal

[配料]調味粉包、調味油包、辣椒粉[麵]水煮2分鐘後，中等粗細的油炸麵條仍然偏硬，但咬勁不錯。味道差強人意，分量不多[高湯包]雞湯的湯頭澄澈，帶著些洋蔥味，滋味複雜。辣椒的辣度適中，吃起來很過癮[其他]標榜是印尼口味，而實際的味道也頗接近Indomie等印尼品牌，但是感覺還是樸素了些[試吃日期]2012.01.22[保存期限]2012.03.18[購買管道]Ueda駐在員送我的

其他
國家

[阿拉伯聯合大公國] Jenan Instant Noodles Mi Goreng Fried Noodles

⊙類別：**乾麵** ⊙口味：**印尼撈麵**
⊙製法：**油炸麵條**
⊙調理方式：**水煮3分鐘，再把水倒掉**

■總重量：72g ■熱量：364kcal

[配料]液體湯包、調味粉包、調味油、辣椒粉[麵]油炸麵的口感偏硬，質地紮實。分量太少，沒有飽足感[高湯包]和正宗的印尼撈麵相比，整體味道平板，辣度、鮮味、味道的層次都稍嫌不足[其他]或許是同為伊斯蘭文化圈，所以UAE的泡麵在結構上和印尼很像，味道溫和[試吃日期]2011.09.18[保存期限]2012.03.18[購買管道]Ueda駐在員送我的

[阿拉伯聯合大公國] Jenan Instant Noodles Chicken Curry RASA KARI AYAM

⊙類別：**拉麵** ⊙口味：**咖哩**
⊙製法：**油炸麵條**
⊙調理方式：**水煮2～3分鐘**

■總重量：68g ■熱量：316kcal

[配料]調味粉包、調味油包、辣椒粉[麵]圓形切口的油炸麵，粗細中等，麵粉的香氣不太明顯。口感沉重，存在感強[高湯包]咖哩的香氣微弱，但是辣椒的刺激很痛快。鮮味突出，味道足夠[其他]感覺很接近印尼的產品，沒有中東特有的異國風情[試吃日期]2011.08.07[保存期限]2012.03.17[購買管道]Ueda駐在員送我的

[阿拉伯聯合大公國] Jenan Instant Noodles Rasa Ayam Chicken

⊙類別：**拉麵** ⊙口味：**雞肉**
⊙製法：**油炸麵條**
⊙調理方式：**水煮2～3分鐘**

■總重量：67g ■熱量：402kcal

[配料]調味粉包、辣椒粉[麵]油炸麵的稜角分明，質地稍硬，口感紮實，但是香味不明顯[高湯包]簡單平穩的雞湯口味，即使加了一整包辣椒粉，也不會辣到哪裡去[其他]UAE對這項產品的命名接近印尼口味，不過裡面沒有附調味油包，所以質地比較清爽[試吃日期]2011.12.11[保存期限]2012.03.18[購買管道]Ueda駐在員送我的

其他國家

195

[斯洛伐克] Instantna rezancova polievka Krevetova ／ Shrimp

⊙類別：拉麵　⊙口味：蝦子
⊙製法：油炸麵條
⊙調理方式：熱水沖泡3分鐘

■總重量：50g ■熱量：229kcal

[配料]調味粉包、調味油包[麵]油炸麵的蓬鬆感很明顯，質地偏硬，稜角分明。沒有軟爛的感覺[高湯包]湯頭澄澈，鮮味溫和，完全喝不出蝦味。我本來以為是雞肉口味[其他]其實這是Acecook Vietnam製造。雖然外包裝有歐洲的風格，但內容物是越南口味[試吃日期]2010.10.11[保存期限]2011.05.18[購買管道]Kihara特派員送我的

[匈牙利] Smack Oriental Noodle Hot and Spicy Flavour

⊙類別：拉麵　⊙口味：東方
⊙製法：油炸麵條
⊙調理方式：水煮3分鐘

■總重量：100g ■熱量：465.9kcal

[配料]調味粉包[麵]麵條纖細，仍具備一定的韌性。沒有飼料般的怪味，比較接近日本的麵條[高湯包]基本上喝得出鮮味，辣度也剛剛好，整體的均衡感不錯。沒有特別感受到異國風情[其他]Smack隸屬於美國Union Foods，但是品質比原版的好，我很喜歡[試吃日期]2002.08.03[保存期限]製造日2003.03.20[購買管道]Onodera特派員送我的

[瑞士] Knorr Quick Noodles Chicken 亞細亞麵

⊙類別：
　拉麵
⊙口味：
　雞肉
⊙製法：
　油炸麵條
⊙調理方式：
　熱水沖泡3分鐘

■總重量：70g ■熱量：265kcal

[配料]調味粉包、調味油包[麵]麵條為細捲麵，吃起來口感乾巴巴，彈性差。聞起來有油炸麵味[高湯包]雖然標榜是亞洲麵，實際的味道卻偏向西式雞湯。沒有醬油味，有辣椒的刺激[其他]感覺外觀跟內容物都像歐洲人所想像的亞洲。製造地可能是泰國（沒有英文標示）[試吃日期]2005.04.24[保存期限]2005.11.02[購買管道]Okita特派員送我的

[波蘭] Amino Barszcz Czerwony 甜菜口味

⊙類別：**拉麵**
⊙口味：**甜菜**
⊙製法：**油炸麵條**
⊙調理方式：**熱水沖泡3分鐘**

■總重量：69g
■熱量：320kcal

1.5

[配料]調味粉包[麵]Amino產品的共通特色是都為白色寬麵，有點像烏龍麵的油炸麵。質地很硬，咬起來硬梆梆[高湯包]味道又甜又鹹，幾乎嚐不出鮮味。有如燉蔬菜般的口感，吃起來很柔軟[其他]紫色的湯頭讓我想到泰國的映豆腐。甜菜口味這款的顏色更濃，但是味道清淡，呈現歐式作風[試吃日期]2012.02.25[保存期限]2012.03.31[購買管道]Ueda駐在員送我的

[波蘭] Amino Ogorkowa 醃黃瓜味

⊙類別：
拉麵
⊙口味：
鹽味小黃瓜
⊙製法：
油炸麵條
⊙調理方式：
水煮3分鐘

1.5

■總重量：67g ■熱量：320kcal

[配料]調味粉包[麵]扁平白色油炸麵帶有蓬鬆感，符合Amino產品的一貫作風，感覺很像古早的日本杯麵[高湯包]帶有發酵般的酸味，就像醃黃瓜的味道。沒有鮮味和油脂，味道相當清淡[其他]味道只有酸和鹹，吃起來不夠味。若勉強打個比喻，有點像用醬菜配飯[試吃日期]2011.11.19[保存期限]2012.02.29[購買管道]Ueda駐在員送我的

[波蘭] Amino Pomidorowa　番茄口味

⊙類別：
拉麵
⊙口味：
番茄
⊙製法：
油炸麵條
⊙調理方式：
熱水沖泡3分鐘

1.5

■總重量：64g ■熱量：310kcal

[配料]調味粉包[麵]扁平的白色油炸麵，符合Amino產品的特色，感覺很像古早的日本杯麵[高湯包]吃得出番茄的氣味和酸味，還有些許甜味。不過橫豎只是乾燥番茄粉的味道，感覺廉價[其他]喝不出鮮味，也缺乏辛香料的刺激，味道單調。如果要全部吃完，得花上不少耐力[試吃日期]2011.12.30[保存期限]2012.02.29[購買管道]Ueda駐在員送我的

其他國家

[波蘭] Amino Danie Z Sosem Bolonskim 波隆納肉醬口味

⊙類別：
拉麵
⊙口味：
番茄
⊙製法：
油炸麵條
⊙調理方式：
熱水沖泡5～6分鐘

■總重量：70g ■熱量：310kcal

[配料]調味粉包[麵]扁平的白色油炸寬麵，口感硬，表面粗糙，有蓬鬆感。感覺像很久以前的速食烏龍麵[高湯包]湯頭濃稠，番茄的酸味很強。羅勒的味道只有一點點，缺乏肉類的鮮味，口味單調[其他]整體的感覺很沉重，如果不加任何配料，只想靠這碗麵解決一餐，實在有點吃力[試吃日期]2011.08.06[保存期限]2011.10.31[購買管道]Ueda駐在員送我的

[波蘭] Amino Danie Z Sosem Pieczarkowym 蘑菇口味

⊙類別：
拉麵
⊙口味：
蘑菇
⊙製法：
油炸麵條
⊙調理方式：
熱水沖泡5～6分鐘

■總重量：68g ■熱量：340kcal

[配料]調味粉包[麵]白色油炸麵又粗又扁平，稍帶蓬鬆感，感覺像烏龍麵杯麵[高湯包]很鹹，刺激性低的奶油口味。鮮味十足，味道很接近培根蛋奶義大利麵[其他]醬料的顏色看起來很難吃要扣分，不過在Amino系列當中，味道算是最平易近人的一款[試吃日期]2011.09.03[保存期限]2011.11.30[購買管道]Ueda駐在員送我的

[捷克] Kureci Instantni Nudlova Polevka 雞肉口味

1. Vložte nudle a obsah sáčku s kořením do misky.
2. Do misky nalijte 350 ml vroucí vody a nechejte stát asi 3 minuty.
3. Trochu promíchejte a podávejte jako polévku nebo hlavní jídlo.

⊙類別：**拉麵** ⊙口味：**雞肉**
⊙製法：**油炸麵條**
⊙調理方式：**熱水沖泡3分鐘**

■總重量：60g
■熱量：265kcal

[配料]調味粉包[麵]蓬鬆的油炸細麵，表面粗糙，缺乏潤澤度，分量少[高湯包]雞湯口味的湯頭清澈，鮮味以化學調味料為主，味道單調。有胡椒和辣椒的刺激[其他]這款泡麵和其他歐洲的泡麵一樣，感覺味道都很樸素，一點也不花俏[試吃日期]2010.07.30[保存期限]2011.11.30[購買管道]Kihara特派員送我的

[捷克] Hovezi Instantni Nudlova Polevka 牛肉口味

⊙類別：
拉麵
⊙口味：
牛肉
⊙製法：
油炸麵條
⊙調理方式：
熱水沖泡3分鐘

■總重量：60g ■熱量：267kcal

[配料]調味粉包[麵]蓬鬆的油炸細麵，缺乏口感，吃起來像以前的杯麵，有一股廉價的油耗味[高湯包]鹹得驚人，鮮味也單調沒有刺激感。幾乎聞不出來牛肉的香味[其他]只加了少許乾燥的胡蘿蔔，對習慣日本泡麵的消費者而言，可能會覺得太過簡陋，無法接受[試吃日期]2010.12.29[保存期限]2011.11.30[購買管道]Kihara特派員送我的

[捷克] Knorr Snacky Noodles, Prichut Pecene Kure Csirkeleves Pui cu fidea 烤雞口味

⊙類別：
拉麵
⊙口味：
雞肉
⊙製法：
油炸麵條
⊙調理方式：
熱水沖泡3～5分鐘

■總重量：64g ■熱量：290kcal

[配料]調味粉包[麵]蓬鬆的油炸細麵，口感如同杯麵般，不是很有咬勁。味道也不香[高湯包]稍有濃稠感的雞湯口味，雖然帶著淡淡的香味，刺激性卻不強。整體印象很模糊，缺乏明顯的特色[其他]洋蔥的味道很濃，所以不覺得是亞洲口味，反而比較接近西式口味[試吃日期]2012.09.06[保存期限]2013.03.31[購買管道]Kihara特派員送我的

[捷克] Knorr Snacky noodles,Pikantni Gulas 燉牛肉口味

⊙類別：**拉麵**
⊙口味：**牛肉**
⊙製法：**油炸麵條**
⊙調理方式：**熱水沖泡3分鐘**

■總重量：68g
■熱量：260kcal

[配料]調味粉包[麵]油炸細麵的蓬鬆感強，口感很輕不紮實。感覺歐洲似乎不是很講究麵條的品質[高湯包]湯頭混濁，融合了番茄的酸味、牛肉的湯汁、甜椒的苦味和辣椒，屬複雜的西式口味[其他]適合成人口味的湯頭。感覺可以從一碗泡麵，略窺中歐家庭料理的風貌[試吃日期]2012.07.07[保存期限]2013.02.28[購買管道]Kihara特派員送我的

其他國家

[德國] Nissin Yakisoba Deluxe Classic 日清炒麵 Original JAPANISCHE Gebratene Nudeln

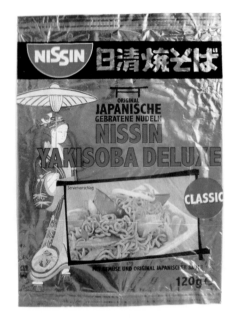

⊙類別：拉麵
⊙口味：炒麵
⊙製法：油炸麵條
⊙調理方式：炒到湯汁收乾

 2.5

■總重量：120g　■熱量：No Data

[配料]液體湯包、佐料包（高麗菜・胡蘿蔔）[麵]和日本的日清炒麵比起來，麵條更細，水分稍乾，不過品質沒有相差太多[高湯包]因為是液體湯包，所以比起日本的日清炒麵，反而接近札幌一番的醬汁炒麵。甜味適中，辣椒的刺激很強[其他]附帶大量的高麗菜，這點是日本炒麵沒有的優點。沒想到歐洲製的炒麵，口味還挺不錯的[試吃日期]2010.02.11[保存期限]2010.09.30[購買管道]Asuka & Junko特派員送我的

[德國] 出前一丁　九州豚骨拉麵
Demae Ramen[Tonkotsu]Pork Flavour

⊙類別：**拉麵**　⊙口味：**豚骨**
⊙製法：**油炸麵條**
⊙調理方式：**水煮3分鐘**

 2.5

■總重量：100g　■熱量：450kcal

[配料]調味粉包、調味油包[麵]油炸細麵柔軟，雖然缺乏明顯特色，但是沒有蓬鬆感，香味也不錯。品質可媲美日本麵條[高湯包]溫和的豚骨口味，沒有腥味也沒有刺激，讓人覺得有點不夠味。芝麻粒倒是很多[其他]以8種語言標示的國際化產品，口味是相當大眾化的日式風。最大的顧客群會是住在歐洲的日本人嗎？[試吃日期]2012.08.21[保存期限]2012.09.26[購買管道]Ueda駐在員送我的

[瑞典] Katoz Chicken Instant Noodles

⊙類別：
　拉麵
⊙口味：
　雞肉
⊙製法：
　油炸麵條
⊙調理方式：
　熱水沖泡3分鐘

 1

■總重量：85g　■熱量：349.7kcal

[配料]調味醬包[麵]油炸麵偏粗，乍看之下質地紮實，其實口感很模糊，好像入口即化[高湯包]湯頭濃稠，香氣和味道都很一般，幾乎沒有刺激感。雖然感覺單調，倒也沒有令人特別討厭的味道[其他]整體的印象和右上的牛肉口味差不多。如果不想辦法改善麵質，很難在全世界吃得開[試吃日期]2012.09.14[保存期限]2012.12.30[購買管道]Ueda駐在員送我的

其他國家

7 392022 615205

[瑞典] Katoz Beef Instant Noodles

⊙類別：拉麵
⊙口味：牛肉
⊙製法：油炸麵條
⊙調理方式：熱水沖泡3分鐘

■總重量：85g　■熱量：349.1kcal

[配料]調味粉包[麵]油炸麵條偏粗，完全沒有咬勁可言。麵條軟弱無力，入口就快要化掉[高湯包]清澈的茶色湯頭，喝起來沒有醬油味。香味和刺激很弱，味道單調。湯頭的組合元素很少[其他]就算是客套話，我也很難稱讚它很美味，不過產品本身有一種歐洲產品的趣味性。希望Katoz要再加把勁啊[試吃日期]2012.08.28[保存期限]2012.12.27[購買管道]Ueda駐在員送我的

---

8 711200 189205

[荷蘭] GOOD NOODLES Kip （雞肉）

⊙類別：
拉麵
⊙口味：
雞肉
⊙製法：
油炸麵條
⊙調理方式：
水煮3分鐘 / 熱水沖泡3
分鐘，再把水倒掉

■總重量：70g　■熱量：147kcal

[配料]調味粉包、調味油包（豬油）[麵]（沖泡後，把水倒掉再吃）彈性不錯的油炸細麵，卻意外帶有黏性。油炸氣味很弱[高湯包]味道的組成元素很簡單，除了化學調味料的鮮味，還有辣椒的刺激和高鹽分。整體感覺有點像沒營養的垃圾食品[其他]麵條纖細，分量偏少，調味也平凡無奇。不過多了動物性油脂的加持，表現出一定的力道。非日式口味[試吃日期]2005.01.22[保存期限]2005.05.28[購買管道]Iwa2駐在員送我的

---

8 711200 188901

[荷蘭] GOOD NOODLES Groente （蔬菜）

⊙類別：
拉麵
⊙口味：
蔬菜
⊙製法：
油炸麵條
⊙調理方式：
水煮3分鐘 / 熱水沖泡3
分鐘，再把水倒掉

■總重量：70g　■熱量：147kcal

[配料]調味粉包、調味油包（豬油）[麵]（水煮調理）我按照說明加了水250ml，結果水分都被麵條吸走，變得糊糊的一片。應該把水倒掉算了[高湯包]印象和左邊的雞肉口味差不多，鮮味都很人工，沒有醬油成分。吃完感覺有點噁心，千萬別讓我連續吃好幾餐[其他]難道歐洲人都習慣只用少量水煮泡麵嗎？雖然我覺得味道絕對稱不上美味，但還蠻有趣的[試吃日期]2005.01.23[保存期限]2005.05.28[購買管道]Iwa2駐在員送我的

其他
國家

[法國] Maggi Nouilles Asiatiques Saveur Boeuf a l'orientale

⊙類別：
拉麵
⊙口味：
東方
⊙製法：
油炸麵條
⊙調理方式：
**水煮3～4分鐘 /
微波3分鐘**

■總重量：70g ■熱量：232kcal

[配料]調味粉包（內含胡蘿蔔片‧香草）[麵]膨脹後，推測為寬1mm左右的細麵。了無生氣、缺乏個性，還帶有飼料味。既不是日式作風，也不屬於中式風格[高湯包]基本上屬於牛肉口味，搭配少量的醬汁和醋，是以前從未體驗過的滋味[其他]我只加了300ml的水去煮，所以煮出來只剩下一點點湯。這點和No.2476～78介紹的英國製品很像[試吃日期]2003.02.17[保存期限]2004.02.28[購買管道]Paris Champion 0.85euro

[法國] Maggi Nouilles Asiatiques Saveur poulet a la Pekinoise

⊙類別：
拉麵
⊙口味：
雞肉
⊙製法：
油炸麵條
⊙調理方式：
**水煮3～4分鐘 /
微波3分鐘**

■總重量：70g ■熱量：233kcal

[配料]調味粉包（內含胡蘿蔔片‧香草）[麵]和No.2489如出一轍的極細麵條，雖然沒有質地脆弱的問題，存在感依然不強。麵條很容易被湯汁黏住[高湯包]黃色湯頭有透明感，帶有獨特的香草味。稍帶勾芡，整體挑不出大缺點[其他]包裝上有筷子的照片和漢字，讓人聯想到日式或中式風格，實際吃起來是無國籍口味，很不可思議[試吃日期]2003.02.18[保存期限]2004.02.28[購買管道]Paris Champion 0.85euro

[英國] Batchelors Super Noodles / Sweet&Sour Flavour

⊙類別：
拉麵
⊙口味：
酸味
⊙製法：
油炸麵條
⊙調理方式：
水煮4分鐘

■總重量：100g ■熱量：524kcal

[配料]調味粉包[麵]油炸麵的粗細中等，質地柔軟，香味差強人意。用的油質不壞，口感也有中等水準[高湯包]半調子的酸甜味，喝得出適度的鮮味，但是幾乎沒有辛香料的刺激或點綴，味道溫吞沒有個性[其他]我只加了300ml的水去煮，以標準的英式作風，煮到幾乎不剩湯汁。日本人很難接受這種作法，所以要吃光是件苦差事[試吃日期]2009.05.31[保存期限]2009.04.26[購買管道]Miura駐在員送我的

[英國] Batchelors Super Noodles / Mild Curry Flavour

⊙類別：
拉麵
⊙口味：
咖哩
⊙製法：
油炸麵條
⊙調理方式：
**水煮3分鐘 /
微波5～6分鐘**

■總重量：100g ■熱量：524kcal

[配料]調味粉包[麵]麵條吸收了水分，演變成接近炒麵的狀態。麵條糊在一起，沒有嚼勁和口感可言[高湯包]湯汁被麵條吸得一點不剩。很單純的咖哩味，帶著一點點辣椒的刺激[其他]我一開始無法接受這種英式作風的泡麵，可是吃了幾次以後就慢慢習慣了[試吃日期]2009.06.21[保存期限]2010.09.30[購買管道]Miura駐在員送我的

其他國家

[英國] Batchelors Super Noodles / Chicken Flavour

⊙類別：拉麵　　⊙口味：雞肉
⊙製法：油炸麵條
⊙調理方式：水煮3分鐘／微波
　　5～6分鐘

■總重量：100g ■熱量：524kcal

Cooking Instructions

On the Hob:
1. Add noodles to 300 ml (¹/₂ pint) of boiling water. Bring to the boil.
2. Add contents of flavour sachet and reduce heat.
3. Simmer for 4 minutes or until noodles have absorbed the water. Stir occasionally.
4. Remove from heat and serve noodles in their sauce immediately.

Microwave guidelines:
Microwave ovens vary the speed at which they heat food, so for best results in your particular oven you need to adjust the time and/or power setting.
1. Put the noodles into a large dish suitable for microwave cooking and add the contents of the sachet.
2. Pour over 300ml (¹/₂ pint) boiling water. Cook, uncovered, on HIGH for about 5-6 minutes (850W-65/1W), stirring twice, or until the noodles have absorbed the liquid.
3. Stir and serve.

[配料]調味粉包[麵]就外觀而言，是和日本麵條沒有多大差異的油炸麵，不過味道和嚼感都很單調，平凡無奇[高湯包]幾乎沒有剩下湯汁。感覺像是失去焦點的雞湯口味，刺激性低[其他]我的心得是，英國的泡麵不要放進鍋裡水煮，用微波加熱比較好吃[試吃日期]2009.07.19[保存期限]2010.08.31[購買管道]Miura駐在員送我的

[英國] Sainsbury's Instant Noodles / Prawn Flavour

⊙類別：
拉麵
⊙口味：
蝦子
⊙製法：
油炸麵條
⊙調理方式：
水煮2.5分鐘

■總重量：85g ■熱量：630kcal

[配料]調味粉包[麵]油炸粗麵沉甸甸的，口感偏硬，吃起來有一股類似飼料的味道，讓人提不起食慾[高湯包]水分被麵條差不多吸光後，整體變得很稠。味道很模糊，說不出是什麼滋味，鮮味也很人工[其他]價格將近是No.4119的3倍，除了分量較多，基本上的組成很類似[試吃日期]2009.06.07[保存期限]2010.04.16[購買管道]Miura駐在員送我的

[英國] Sainsbury's Instant Noodles / Vegetable Flavour

⊙類別：
拉麵
⊙口味：
蔬菜
⊙製法：
油炸麵條
⊙調理方式：
水煮2.5分鐘／微波3分鐘

■總重量：85g ■熱量：618kcal

[配料]調味粉包[麵]微波加熱後，原本就偏細的麵條，好像顯得更加單薄，也缺乏有助提振食慾的香味[高湯包]水分都被麵條吸光，只剩下仰賴化學調味料的鮮味和類似咖哩的味道，沒有刺激性的味道[其他]整體的味道很不乾脆，風格迥異於日本的拉麵，應該是英國才有的滋味吧[試吃日期]2009.08.11[保存期限]2010.04.19[購買管道]Miura駐在員送我的

其他
國家

[英國] Sainsbury's Basics Instant Noodles ／ Chicken Curry Flavour

⊙類別：拉麵　　⊙口味：咖哩
⊙製法：油炸麵條
⊙調理方式：水煮2.5分鐘

 1.5

■總重量：65g　■熱量：452kcal

[配料]調味粉包[麵]要吃的時候沒有完全泡開，但是吃著吃著就變得剛剛好。味道平凡，沒有特徵[高湯包]咖哩的香氣和味道很弱，鮮味單調而人工，但是沒有討人厭的味道[其他]水量只需200ml，很少，吃起來和日本的拉麵完全不一樣。不過以英國製品而言，品質已經不錯了？[試吃日期]2009.05.24[保存期限]2010.05.04[購買管道]Miura駐在員送我的

[英國] Sainsbury's Basics Instant Noodles ／ Chicken Flavour

⊙類別：
拉麵
⊙口味：
雞肉
⊙製法：
油炸麵條
⊙調理方式：
水煮2.5分鐘 /
微波3分鐘

1.5

■總重量：65g　■熱量：418kcal

[配料]調味粉包[麵]麵條的嚼勁很弱，沒有怪味。微波加熱後，雖然有些部分還有點硬，但很快就習慣了[高湯包]水分完全被麵條吸收了。湯頭的味道低調單薄，香氣和鮮味也很平板，完全沒有帶攻擊性的味道[其他]奇怪的是，原本覺得超級難吃的英國製泡麵，吃著吃著也沒那麼討厭了[試吃日期]2009.07.05[保存期限]2010.01.29[購買管道]Miura駐在員送我的

[英國] Blue Dragon 3min Noodles ／ Crispy Duck Flavour

⊙類別：
拉麵
⊙口味：
鴨肉
⊙製法：
油炸麵條
⊙調理方式：
水煮3分鐘

1

■總重量：85g　■熱量：388kcal

[配料]調味粉包[麵]油炸麵條的粗細中等，看似頗有重量，口感卻偏軟爛，味道也差強人意[高湯包]幾乎沒有香味和鮮味，只有重鹹味。這樣的配方，該不會是要消費者另外準備配料吧？[其他]我按照說明，只用250ml的水，結果變得幾像炒麵。老實說，吃起來真是一大折磨[試吃日期]2009.11.15[保存期限]2010.09.28[購買管道]Ogura特派員送我的（購於希臘）

其他
國家

[英國] Blue Dragon 3min Noodles WON TON Flavour 廣東雲吞

⊙ 類別：拉麵
⊙ 口味：豬肉
⊙ 製法：油炸麵條
⊙ 調理方式：水煮3分鐘

■總重量：85g　■熱量：402kcal

[配料]調味粉包[麵]油炸麵的粗細中等，因為澱粉溶解，口感顯得很笨重，味道的表現也不甚理想[高湯包]水分幾乎都被麵條吸收的英國式泡麵，鹽分高，類似豬肉的高湯和氣味單調微弱[其他]雖然標榜是餛飩口味，裡面卻吃不到餛飩。雖然是中國製造，口味卻完全為歐洲人量身訂做[試吃日期]2009.08.16[保存期限]2010.07.12[購買管道]Ogura特派員送我的（購於希臘）

[英國] Blue Dragon 3MINUTE NOODLES Shrimp Flavour with Parsley

⊙ 類別：
拉麵
⊙ 口味：
蝦子
⊙ 製法：
油炸麵條
⊙ 調理方式：
水煮3分鐘

■總重量：85g　■熱量：298kcal

[配料]調味粉包、巴西利[麵]缺乏香氣，吃起來平淡無味，但是有達到東南亞的水準。幾乎聞不到油炸的臭味[高湯包]我按照說明只加了250ml的水，煮出來的口味鹹淡適中。雖然是標準的化學調味麵，倒也沒有討厭的味道[其他]巴西利的味道吃起來有點新鮮，雖然煮好後幾乎沒有湯汁，吃起來卻不覺得哪裡不對勁[試吃日期]2003.02.03[保存期限]2003.11.20[購買管道]Roma / Termini車站地下的超市

[英國] Blue Dragon 3MINUTE NOODLES Crab Flavour with Green Ginger

⊙ 類別：
拉麵
⊙ 口味：
螃蟹
⊙ 製法：
油炸麵條
⊙ 調理方式：
水煮3分鐘

■總重量：85g　■熱量：334kcal

[配料]調味粉包、生薑[麵]印象和左邊的蝦子口味差不多，沒有軟爛感，用的油質也不差，只是欠缺潤澤度和平滑度[高湯包]若要勉強比較，蝦子口味的個性屬於外向，螃蟹屬於內向。不過湯頭的差異基本上不大[其他]和蝦子口味最大不同處是有乾薑味[試吃日期]2003.02.04[保存期限]2004.01.11[購買管道]Roma / Termini車站地下的超市

其他國家

[俄羅斯] ВЕРМШЕЛЬ БЫСТРОГО ПРИОТОВЛЕНИЯ, ГРИ БНАЯ

⊙類別：拉麵　⊙口味：蘑菇
⊙製法：油炸麵條
⊙調理方式：熱水沖泡3分鐘

■總重量：60g　■熱量：203kcal

[配料]調味粉包、調味油包[麵]麵條雖細，但不曉得是不是油炸的程序不當，導致口感軟爛。而且油質也感覺不佳[高湯包]以化學調味料為主的廉價蘑菇＋雞湯口味，意外的是，喝起來有刺激性，極具個性[其他]無法掩飾製造技術方面的落後，但是能夠窺得俄羅斯人飲食生活的片段，還是很有意思[試吃日期]2003.05.25[保存期限]2003.02.24[購買管道]Kaneko特派員送我的（購於俄羅斯的地下道）

[巴西] Miojo Nissin Lamen Carne

⊙類別：拉麵　⊙口味：醬油　⊙製法：油炸麵條　⊙調理方式：水煮3分鐘／微波5分鐘

■總重量：85g　■熱量：383kcal

[配料]調味粉包[麵]油炸細麵的嚼勁很弱，口感單薄，感覺很像日本30年前的泡麵，讓人懷念[高湯包]以醬油為主，帶著淡淡的蒜味。清淡的牛肉口味對日本人來說，不會覺得突兀[其他]從公司的名稱可以想見一段暗藏隱情的歷史，讓我不禁產生這樣的感慨：即使在地球的另一頭，泡麵依然受到大家的喜愛啊[試吃日期]2008.08.12[保存期限]2008.08.16[購買管道]Tucano 日幣99圓

其他
國家

後　記

　　泡麵的產業規模相當龐大，全世界年消費量號稱高達一千億包，行銷無遠弗屆，遍布世界的每一個角落。就連各位在閱讀本書的同時，也有人正在世界某處吃著泡麵。這些正在吃泡麵的人可能是：

吃著媽媽煮的泡麵，看起來一臉滿足的小朋友
淚眼婆娑，正吃著被淚水調味得更鹹一點的泡麵的女性
抱著征服世界的野心，正在吃著泡麵的邪惡組織的成員
因為趕時間，正大口吃著泡麵的人
懷著即將宣洩而出的滿腔愛意，正在吃泡麵的人
從災難中死裡逃生，正在吃泡麵果腹的人

　　如果我坐在這些人的旁邊，一起大口吃麵，就算彼此語言不通、膚色不同，信仰也各不相同，甚至年齡天差地遠，但我相信彼此的心意仍然可以相通。是的，因為泡麵除了是世界共通的語言，也是人類共同的希望。

　　雖然泡麵的蹤跡遍布全球，但是本書力有未逮，沒有深入探究的國家還有很多。例如墨西哥、巴西、俄羅斯，還有出乎意料的泡麵大國——奈及利亞和沙烏地阿拉伯等。老實說，想到這些尚待探索的領域，我恨不得馬上跳上飛機，立刻前往。另外，就像味之素的親方拉麵，許多日本企業都在海外另設品牌，搶攻當地市場，所以出於部分想替自己人加油打氣的心情，我也很希望有機會能前往當地觀摩。

　　基於我畢生的使命，今後我還會繼續造訪各國，追尋以前沒看過的泡麵。我想，追求泡麵的旅程，是永無止境、沒有終點的吧。為了確保這項活動能夠長久進行，我規定自己一個星期只能吃5包泡麵，一年下來的總量大約是250包。相信這種程度，就完全不會有健康上的問題。一週有兩天是泡麵休假日，就能讓我持續渴望著泡麵。

　　我不只一次在國外泡麵的包裝上，看到特地印有「以日本技術製造」為宣傳的標語。這除了讓我了解到其他國家把優良的技術當作宣傳賣點，也讓我感受到各國有意識到日本是泡麵的發祥地。日本的泡麵廠商和國外的泡麵廠商，進行資本、技術合作的情況相當普遍，所以我也非常期待，透過他們的努力，今後能引爆新的世界潮流，或者以研發實力，帶動技術的革新。

　　另外，在本書的產品介紹中，時常會出現「來自○○特派員的禮物」「△△駐在員贈送」的註解。藉此機會，我要感謝許多幫我買泡麵的朋友，還有和前一本書一樣，我要向讓我受益良多的社會評論社濱崎譽史郎先生、MB北村卓也先生，致上深深的謝意。

國家圖書館出版品預行編目(CIP)資料

世界泡麵評鑑百科 / 山本利夫作；藍嘉楹譯.
-- 初版. -- 新北市：智富, 2015.08
面； 公分. -- (風貌；A19)
ISBN 978-986-6151-85-9(平裝)

1.麵 2.食品加工

439.21   104009834

風貌A19

世界泡麵評鑑百科

作　　者／山本利夫
譯　　者／藍嘉楹
主　　編／陳文君
責任編輯／楊鈺儀
出 版 者／智富出版有限公司
發 行 人／簡玉珊
地　　址／(231)新北市新店區民生路19號5樓
電　　話／(02)2218-3277
傳　　真／(02)2218-3239（訂書專線）
　　　　　(02)2218-7539
劃撥帳號／19816716
戶　　名／智富出版有限公司
　　　　　單次郵購總金額未滿500元（含），請加50元掛號費
世茂網站／www.coolbooks.com.tw
排版製版／辰皓國際出版製作有限公司
印　　刷／祥新彩色印刷股份有限公司
初版一刷／2015年8月

I S B N／978-986-6151-85-9
定　　價／350元

SOKUSEKIMEN SAIKUROPEDIA2-SEKAI NO FUKUROMENHEN
Copyright © 2013 Yamamoto Toshio
Chinese translation rights in complex characters arranged with SHAKAI HYORONSHA
through Japan UNI Agency, Inc., Tokyo and JIA-XI BOOKS CO., LTD.

合法授權・翻印必究
Printed in Taiwan